Silesian School of Health Sciences

Zdrowy styl życia:
bezpieczeństwo żywności i zdrowe żywienie

Healthy Lifestyle
Food Safety & Healthy Eating

Lesław T. Niebrój

Elżbieta Grochowska-Niedworok

Marek Kardas

Raleigh, NC

2015

© 2015 by LT Niebroj All rights reserved.

Reviewers: Maria Kosińska, RN PhD
             Monika Bąk-Sosnowska, PhD

ISBN: 978-1-329-01771-9

Za stronę językową prezentowanych tekstów odpowiadają ich autorzy

Spis treści

Wkład Wydziału Zdrowia Publicznego Śląskiego Uniwersytetu Medycznego w Katowicach w rozwój nauk o zdrowiu.
Niebrój LT.   5

Wprowadzenie: bezpieczeństwo żywności i żywienia
Grochowska-Niedworok E.   11

Ocena sposobu żywienia kobiet uczęszczających do szkoły rodzenia
Bielaszka A., Kardas M., Kiciak A., Grajek M., Pietrowska M.   13

Częstość spożycia słodyczy i napojów słodzonych przez pacjentów chorujących na cukrzycę
Białek-Dratwa A., Kukielczak A., Grajek M, Całyniuk B., Szczepańska E., Polaniak R.   23

Ocena częstości spożycia wybranych produktów spożywczych wśród osób z cukrzycą typu 1 i 2.
Białek-Dratwa A., Kukielczak A., Grajek M, Całyniuk B., Szczepańska E., Polaniak R.   33

Świadomość zasad odżywiania się u chorych na cukrzycę.
Leszczyńska K, Łabuś P., Maciejewska-Paszek I., Podsiadło B., Irzyniec T., Serzysko B.   45

Częstotliwość spożycia produktów typu *light* przez mieszkańców województwa śląskiego z uwzględnieniem wieku, wykształcenia i BMI
Całyniuk B., Preidl K., Szczepańska E., Białek-Dratwa A., Jędrzejowska K., Grochowska-Niedworok E.   59

Ocena punktowa przekąsek zbożowych zawierających substancje aktywne
Grajek M., Kardas M., Białek-Dratwa A., Kiciak A., Bielaszka A., Grochowska-Niedworok E.   67

Spożycie produktów typu instant wśród studentów uczelni wyższych Górnego Śląska.
Janion K., Stanuch B., Szeja N., Więckowska M., Szczepańska E. 77

Ocena tekstury i innych wyróżników jakości sensorycznej pieczywa.
Kardas M., Kiciak A., Bielaszka A., Szczepańska E., Grochowska-Niedworok E. 87

Ocena spożycia wybranych witamin przez młodzież w wieku 16-18 lat.
Kiciak A., Grochowska-Niedworok E., Kardas M., Bielaszka A., Dul L., 97

Nowoczesne narzędzia ułatwiające przeprowadzenie 24-godzinnego wywiadu żywieniowego.
Rydelek J. 105

Styl życia słuchaczy Uniwersytetów Trzeciego Wieku ze szczególnym uwzględnieniem sposobu odżywiania.
Szczepańska E., Pilch P., Całyniuk B., Polaniak R., Białek-Dratwa A., Kardas M., Grochowska-Niedworok E. 111

Procentowa zawartość tkanki tłuszczowej w jamie brzusznej kobiet mierzona metodą bioimpedancji elektrycznej
Wanat G., Grajek M., Osowski M. 125

Ocena jadłospisów w żłobku miejskim w Bielsko-Białej
Maciejewska-Paszek I., Kastura A., Leszczyńska K., Szczerba H., Irzyniec T. 131

Flawonoidy jako przykład naturalnie występujących w żywności substancji biologicznie aktywnych.
Nieć J. 139

Noty o autorach tomu 149

Wkład Wydziału Zdrowia Publicznego w Bytomiu Śląskiego Uniwersytetu Medycznego w Katowicach w rozwój nauk o zdrowiu.

Lesław T. Niebrój

Drugi już tom wydawany w serii wydawniczej pt. *Silesian School of Health Sciences* został w całości poświęcony zagadnieniom dietetycznym. Oddawany do rąk Czytelnika tom powstał niewątpliwie z inspiracji dr hab. n. farm. Elżbieta Grochowskiej-Niedworok, Dziekana Wydziału Zdrowia Publicznego w Bytomiu Śląskiego Uniwersytetu Medycznego w Katowicach. Tematyka przedstawiana w zebranych w niniejszym tomie pracach odzwierciedla jeden z głównych nurtów zainteresowań badawczych, dydaktycznych i organizacyjnych Wydziału. Co więcej autorami przedstawianych prac są nauczyciele akademicy zatrudnieni i/lub ściśle współpracujący z Wydziałem Zdrowia Publicznego. Zasadnym wydaje się zatem, aby – przed przystąpieniem do lektury poszczególnych rozdziałów niniejszej książki – zapoznać Czytelnika (nawet jeżeli jedynie w najbardziej ogólnym, schematycznym wręcz zarysie) z działalnością tego Wydziału i jego miejscem w rozwoju nauk o zdrowiu na Śląsku.

Nawet jeżeli historia Wydziału może wydawać się relatywnie krótka, gdyż został on utworzony na mocy Uchwały nr 148/2001 z dnia 28 marca 2001 roku Senatu Śląskiej Akademii Medycznej w Katowicach (jak wówczas nazywał się Śląski Uniwersytet Medyczny)[1], to trzeba pamiętać, że dzieje tego Wydziału osadzone są w znacznie dłuższej tradycji Uczelni, przy której został powołany, a co najważniejsze, że kilkanaście lat swojego istnienia wypełnił bardzo dużą aktywnością tak na niwie naukowej, jak i dydaktycznej oraz społecznej (popularyzacja nauki, działania prozdrowotne). A łącząc tradycje z aktualnymi osiągnięciami, można by zapewne powiedzieć, że utworzenie Wydziału pozwoliło zarazem wydobyć i rozwinąć to wszystko, co dorobek Śląskiego Uniwersytetu Medycznego miał do zaoferowania konstytuującym się (zwłaszcza jako grupa dyscyplin naukowych) w naszym kraju de facto dopiero na początku XXI wieku naukom o zdrowiu.

Obecnie struktura organizacyjna Wydziału składa się z 21 jednostek [3]. Wśród nich wymienić należy katedry (z istniejącymi w ich strukturze zakładami): Katedrę i Oddział Kliniczny Chorób Wewnętrznych, Katedrę Epidemiologii i Biostatystyki, Katedrę Medycyny Ratunkowej i Neurochirurgii Dziecięcej, Katedrę Dietetyki, Katedrę i Zakład Podstawowych Nauk Medycznych, Katedrę Toksykologii i Uzależnień oraz istniejące samodzielnie zakłady: Zdrowia Środowiskowego, Ekonomiki i Zarządzania w Ochronie Zdrowia, Polityki Zdrowotnej, Profilaktyki Chorób Żywieniowozależnych, Medycyny Społecznej i Profilaktyki, Higieny Komunalnej i Nadzoru Sanitarnego oraz Zakład Zdrowia Publicznego.

Troską Wydziału jest przy tym dbałość o systematyczne unowocześnianie bazy naukowej, dydaktycznej i klinicznej, z której korzystają posadowione na nim jednostki. Klarownym przykładem może być w tym zakresie remont i modernizacja Oddziału Chorób Wewnętrznych i Diabetologii Szpitala Specjalistycznego nr 1 w Bytomiu [4]. Oprócz remontu polegającego na istotnej poprawie warunków lokalowych (tak związanych z działalnością kliniczną jak i dydaktyczną prowadzoną na tym oddziale), cenne wydaje się wskazanie, że modernizacja wiązała się także ze wzbogaceniem oddziału w wysokospecjalistyczną aparaturę medyczną. Również nowa siedziba Katedry Dietetyki pozwala na realizację procesu dydaktycznego w oparciu o najnowsze wyposażenie pracowni antropometrycznej, sensorycznej oraz specjalistycznych pracowni technologicznych.

To, co stanowi o istocie tradycji uniwersyteckiej, a co zarazem wyróżnia od wszelkich innych form kształcenia (także tych na jego wyższym poziomie) to niewątpliwie jednoznaczne powiązanie tzw. nauki funkcjonalnej (tj. nauki rozumianej jako prowadzenie badań naukowych) z dydaktyką, kształceniem studentów i dalszym rozwojem kadry naukowej [5]. Analiza bibliograficzna i bibliometryczna dorobku naukowego pracowników Wydziału Zdrowia Publicznego [6] jednoznacznie dowodzi, że rolę nauczycieli akademickich pełnią tu osoby, które są aktualnie zaangażowane w prowadzenie badań naukowych, a prestiż czasopism, w których publikują swoje prace dowodzi wysokiej jakości prowadzonych badań. Świadczą o tym chociażby publikacje w takich czasopismach naukowych jak: *The Lancet Oncology, Pediatrics, European Journal of Cancer, European Respiratory Journal, Clinical Nutrition, European Journal of Epidemiology*.

Zwraca uwagę udział pracowników Wydziału w międzynarodowych zespołach badawczych (np. Uniwersytet w Lund), co niewątpliwie świadczy o uznaniu, jakim cieszą się w międzynarodowej społeczności uczonych.

Międzynarodowy autorytet Wydziału został potwierdzony przyjęciem go dnia 14 listopada 2014 roku w poczet Stowarzyszenia Szkół Zdrowia Publicznego Regionu Europejskiego (ASPHER – Association of Schools of Public Health in the European Region) [7, 8]. Stowarzyszenie to, ufundowane w 1966 roku, ma za swój podstawowy cel wzmocnienie roli zdrowia publicznego w rejonie europejskim Światowej Organizacji Zdrowia (które obejmuje szerszy zakres niż geograficzne czy polityczne rozumienie Europy) poprzez kształcenie najwyższej klasy specjalistów, zarówno teoretyków, badaczy, jak i praktyków, w zakresie zdrowia publicznego. Stowarzyszenie to, założone przed blisko pięćdziesięciu laty rozrosło się na tyle, że obecnie skupia ponad 5000 naukowców i specjalistów zrzeszonych w ponad 100 instytucjach z 42 krajów regionu europejskiego. Na podkreślenie zasługuje fakt, że ASPHER świadomie dąży do przezwyciężenia w Europie, w zakresie dotyczącym zdrowia publicznego, tych podziałów, które wciąż są dziedzictwem powojennego porządku politycznego i zimnej wojny.

Niewątpliwie włączenie mgr Katarzyny Brukało, pracującej w Zakładzie Polityki Zdrowotnej w skład Międzyresortowego Zespołu Koordynacyjnego Narodowego Programu Zdrowia dowodzi uznania dla kompetencji zawodowych nauczycieli akademickich zatrudnionych na Wydziale w perspektywie ogólnopolskiej [9]. A jej udział we współpracy tego Zespołu z organizacjami międzynarodowymi dowodzi uznania, jakim mgr Brukało cieszy się w tym gremium [10].

Wyrazem uznania krajowych instytucji dla poziomu naukowego Wydziału Zdrowia Publicznego w Bytomiu jest niewątpliwie przyznanie temu Wydziałowi prawa do doktoryzowania w naukach medycznych (w dyscyplinie: medycyna) oraz w naukach o zdrowiu [11].

Silna kadra naukowa Wydziału Zdrowia Publicznego jest najlepszym gwarantem wysokiej jakości kształcenia studentów różnych poziomów studiów. Obecnie bowiem Wydział kształci studentów nie tylko na studiach pierwszego (tzw. licencjackich) i drugiego stopnia (tzw. magisterskich) [12], ale także na studiach doktoranckich [13]. Te ostatnie zainaugurowały swoją działalność w roku akademickim 2014/2015.

Zarówno na studiach pierwszego, jak i drugiego stopnia Wydział kształci na dwu kierunkach: dietetyka i zdrowie publiczne. Podejmując studia na wybranym kierunku student ma możliwość wybrania specjalizacji. I tak studenci dietetyki wybierają pomiędzy dietetyką kliniczną a dietetyką stosowaną, zaś studenci kierunku zdrowie publiczne mają do wyboru szeroki wachlarz specjalizacji. Na studiach pierwszego stopnia wybierają pomiędzy specjalizacjami: asystent osób starszych, epidemiologia i biostatystyka, ochrona zdrowia pracujących, opiekun medyczny, organizacja i zarządzanie w ochronie zdrowia, promocja zdrowia i edukacja zdrowotna z elementami pedagogiki, statystyk medyczny oraz zdrowie środowiskowe. Na studiach magisterskich oferta specjalizacji dotyczy: bezpieczeństwa i higieny pracy, edukatora zdrowotnego, epidemiologii i biostatystyki w wymiarze rozszerzonym w porównaniu ze studiami licencjackimi, organizacji i zarządzania w ochronie zdrowia, zdrowia publicznego w wymiarze globalnym oraz zdrowia środowiskowego. Na uwagę zasługuje to, że Wydział poszerza ofertę specjalizacji (w roku akademickim 2014/2015 wprowadzono aż trzy nowe specjalności: opiekun medyczny i statystyk medyczny na studiach licencjackich oraz edukator zdrowia na studiach magisterskich) dostosowując w ten sposób ofertę edukacyjną do zmieniających się i wciąż rosnących potrzeb rynku pracy. Warto też dodać, że własne zainteresowania badawcze studenci mają okazje rozwijać w kołach naukowych działających przy poszczególnych jednostkach Wydziału.

Kształcąc w zakresie zdrowia publicznego Wydział dąży do tego, by absolwenci, którzy zdobywali wiedzę i umiejętności na tym kierunku kształcenia, byli dobrze i wszechstronnie przygotowani do wykonywania zawodu w różnych instytucjach ochrony zdrowia, administracji państwowej, w pracy w instytucjach samorządowych, w różnorodnych zakładach pracy, zwłaszcza zaś tych, w których występują czynniki zagrażające zdrowiu, a wreszcie (ta oferta skierowana jest w sposób szczególny do studentów studiów drugiego stopnia i tych słuchaczy Studium Doktoranckiego, którzy zagadnienia ze zdrowia publicznego uczynili przedmiotem swych dociekań naukowych) do pracy w szkołach wyższych i instytutach naukowych [14]. Przy czym dobre i wszechstronne przygotowanie oznacza zdobycie wiedzy (a specyfika kształcenia na kierunku zdrowie publiczne wymaga, aby była to wiedza interdyscyplinarna), umiejętności pozwalających skutecznie wykorzystać zdobyte informacje i zdolności w praktyce zawodowej oraz kompetencje społeczne, które, ze względu na różnorodność 'środowisk pracy' do których trafiają absolwenci tego kierunku, wymagają szczególnie szerokiej gamy pozytywnych, cenionych społecznie postaw. Te, tak wysokie wymagania stawiane studentom i absolwentom kierunku Zdrowie Publiczne wynika poniekąd z samej specyfiki tego właśnie kierunku. Powszechnie podkreśla się, że zarówno badania naukowe, jak i praktyka zawodowa podejmowana przez osoby specjalizujące się w zdrowiu publicznym wymaga od nich wszechstronnego, w tym wielo- i interdyscyplinarnego przygotowania [15].

Od swoich absolwentów na kierunku Dietetyka Wydział oczekuje, że będą przygotowani do wypełniania swojego zawodu w różnych instytucjach ochrony zdrowia (w tym do podejmowania własnej działalności gospodarczej związanej ze zdobytym wykształceniem) i Państwowej Inspekcji Sanitarnej. Wiedza i umiejętności absolwentów tego kierunku mają odpowiadać najwyższym standardom nauki i praktyki zawodowej, zaś kompetencje społeczne wpisują się w te standardy, które stawiane są wszystkim osobom, które zatrudnione są jako tzw. „biały personel" instytucji ochrony zdrowia z zachowaniem wszakże pełnej świadomości specyfiki wymagań etycznych i profesjonalnych właściwych dietetykom [16]

Ofertę edukacyjną Wydziału Zdrowia Publicznego w Bytomiu dopełniają studia podyplomowe i inne formy ustawicznego kształcenia. Wydział oferuje aż osiem kierunków studiów podyplomowych: Żywienie człowieka w zdrowiu i chorobie, Zarządzanie w ochronie zdrowia (w warunkach integracji z Unią Europejską), Zarządzanie podmiotami leczniczymi, Zarządzanie projektami w ochronie zdrowia, Promocja zdrowia i edukacja zdrowotna, Ochrona zdrowia i edukacja osób starszych, Środowiskowe czynniki ryzyka zdrowotnego oraz Zamówienia publiczne w ochronie zdrowia. Na każdym kierunku studia trwają przez dwa semestry.

Wydział Zdrowia Publicznego w Bytomiu otwarty jest także na organizację nauczania z wykorzystaniem nowoczesnych metod dydaktycznych. Warto zwrócić uwagę na kursy organizowane przez pracowników Wydziału z wykorzystaniem tzw. nauczania dystansowego (e-learning), wśród których znajdują się między innymi programy edukacyjne przegotowane przez Zakład Technologii i Oceny Jakości Żywności pt. „Jakość i bezpieczeństwo żywności" oraz „Systemy i metody kontroli jakości środowiska bytowania człowieka", których tematyka jest szczególnie bliska niniejszej, oddawanej do rąk Czytelników książki (*nota bene* jednym z prowadzących pierwszy ze wskazanych kursów jest dr inż. Marek Kardas, współredaktor niniejszej monografii) [17].

Wydział Zdrowia Publicznego w Bytomiu nie ogranicza się w swoich działaniach jedynie do zadań stricte akademickich: prowadzenia badań naukowych i kształcenia studentów. Istotnym, społecznie ważnym elementem działalności Wydziału jest jego zaangażowanie związane z popularyzacją wiedzy i działaniami prozdrowotnymi dla środowiska, w którym Wydział istnieje. Działalność ta dotyczy zarówno kształcenia osób, które nie są studentami Wydziału, jak i działań o charakterze prozdrowotnym.

Jako przykład pierwszego, z wymienionych wyżej typów działalności warto wskazać na projekt pod nazwą: *Kuchnia molekularna, czyli nauka w gastronomii*.[18]. Realizacją tego projektu zajmują się pracownicy Zakładu Promocji Zdrowia Katedry Dietetyki a jest on skierowany do licealistów, zwłaszcza tych szczególnie zdolnych. Będą oni mogli zdobyć wiedzę i umiejętności w zakresie tego, co określa się mianem „kuchni molekularnej' i „food design".

Kuchnia (gastronomia) molekularna postrzegana jest jako nowa, póki co „niewielka" dyscyplina wiedzy, która czerpie jednak z ogromnych zasobów innych dyscyplin [19]. Podobne zapewne jak inne nowopowstające dyscypliny wiedzy, dla których źródłem powstania jest przede wszystkim zapotrzebowanie społeczne bardziej niż dyskurs *stricte* akademicki, kuchnia (gastronomia) molekularna nawet jeżeli dysponuje wciąż niezbyt wielką liczbą publikacji w czasopismach ściśle naukowych, to równocześnie cieszy się wręcz imponującym zainteresowaniem publikacji o charakterze popularnonaukowym. Warto zwrócić uwagę, że sam termin „kuchnia (gastronomia) molekularna (ang. Molecular Gastronomy – MG) powstał raczej w środowisku praktyków zajmujących się przygotowaniem żywności, niż teoretyków dietetyki. Posługiwanie się tym terminem stało się dla wielu szefów kuchni kluczem do sukcesu ekonomicznego, zainteresowanie kuchnią molekularną wśród jej klientów okazało się bowiem nadspodziewanie wielkie. Kuchnia molekularna postrzegana jest dzisiaj zarówno jako dyscyplina wiedzy, jak i określona praktyka zawodowa. Tę praktykę określa się mianem „sztuki", a wyrażenie „sztuka" nie odnosi się tu tylko do takiego jej rozumienia, które wiąże się z terminem „rzemiosło", ale także (jeżeli nie przede wszystkim) z terminem „sztuki piękne"[20]. Spotkanie najnowocześniejszych osiągnięć nauki (i związanych z nimi technologii) ze sztuka kulinarną wydaje się wyznaczać *status quo* kuchni molekularnej [21-24].

Projekt *Kuchnia molekularna, czyli nauka w gastronomii*, który powstał na Wydziale Zdrowia Publicznego w Bytomiu przyciągnął taką uwagę, że otrzymała dofinansowanie ze strony Ministerstwa Nauki i Szkolnictwa Wyższego [18]. Dofinansowanie to zostało przyznane w ramach konkursu pt. Uniwersytet Młodych Wynalazców (projekt mający umożliwić szczególnie zdolnej młodzieży szkolnej rozwijać swoje zainteresowania pod bezpośrednim kierunkiem kadry akademickiej).

Jako przykład prozdrowotnych działań, które Wydział Zdrowia Publicznego w Bytomiu realizuje w środowisku bezpośredniego swojego otocznia społecznego posłużyć może akcja pod nazwą: *Kolorowo znaczy zdrowo* [25]. Akcja została przeprowadzona w dniach 9-10 grudnia 2014 roku. Polegała na tym, by pod okiem specjalistów z zakresu dietetyki, dzieci z pierwszej klasy szkoły podstawowej uczyły się samodzielnie przygotowywać zdrowe i smaczne posiłki. Posiłki, które będą przy tym tak wyglądały, by ich wartości estetyczne stanowiły zachętę do ich spożycia.

Nawet jeżeli przedstawiona powyżej sylwetka Wydziału Zdrowia Publicznego jest jedynie bardzo pobieżna, to i tak wyraźnie wskazuje, że ta młoda jednostka akademicka nie tylko wpisała się w rozwój nauk o zdrowiu na Śląsku, w Polsce i w perspektywie międzynarodowej, ale także to, ze jej miejsce w dydaktyce, nauce i praktyce związanej z ochroną zdrowia jest znaczące.

Niniejsza publikacja nie doszłaby do skutku, gdyby nie grono osób, które zaangażowały swój czas, wiedzę i zdolności w jej przygotowanie. Jako redaktor serii *Silesian School of Health Sciences*, chciałbym tym wszystkim osobom w tym miejscu podziękować. Szczególne słowa podziękowania kieruję pod adresem Recenzentek niniejszego tomu: pani dr n. med. Marii Kosińskiej oraz pani dr n. hum. Moniki Bąk-Sosnowskiej, które opiniując poszczególne, przesłane im do recenzowania prace, swoimi uwagami niewątpliwie wzbogaciły przygotowywaną publikację.

Piśmiennictwo

[1] Uchwała nr 148/2001 z dnia 28 marca 2001 roku Senatu Śląskiej Akademii Medycznej w Katowicach dostępna ze strony http://www2.sum.edu.pl/news.php?extend.246.24 [dostęp dnia 11/02/2015].

[2] Historia Wydziału, dostępna ze strony: http://www.sum.edu.pl/prezentacja-wydzialu-wzp/historia-wzp [dostęp dnia 11/02/2015]

[3] Wykaz jednostek, dostępny ze strony: http://www.sum.edu.pl/wykaz-jednostek-wzp [dostęp dnia 11/02/2015]

[4] Otwarcie wyremontowanego Oddziału Chorób Wewnętrznych i Diabetologii w Szpitalu Specjalistycznym Nr 1 w Bytomiu, dostępne ze strony: http://www.sum.edu.pl/wiadomosci-lista/2525-otwarcie-wyremontowanego-oddzialu-chorob-wewnetrznych-i-diabetologii-w-szpitalu-specjalistycznym-nr-1-w-bytomiu [dostęp 11/02/2015]

[5] Niebrój L. Istota nauczania uniwersyteckiego, *Studium Vilnense A* 2006;.2: 11-13

[6] Informacje w oparciu a analizę danych dostępnych ze strony: http://213.227.100.63/scripts/expertus3e3.exe [dostęp 11/02/2015]

[7] Syrkiewicz-Świtała M., Wydział Zdrowia Publicznego członkiem ASPHER!, dostępne ze strony: http://www.sum.edu.pl/wiadomosci-lista/2366-wydzial-zdrowia-publicznego-czlonkiem-aspher [dostęp 11/02/2015]

[8] http://aspher.org/ [dostęp dnia 11/02/2015]

[9] Mgr Katarzyna Brukało członkiem Międzyresortowego Zespołu Koordynacyjnego Narodowego Programu Zdrowia, dostępne ze strony: http://www.sum.edu.pl/wiadomosci-lista/2346-mgr-katarzyna-brukalo-czlonkiem-miedzyresortowego-zespolu-koordynacyjnego-narodowego-programu-zdrowia [dostęp 11/02/2015]

[10] Spotkanie z przedstawicielami Biura WHO w Kopenhadze, dostępne ze strony: http://www.sum.edu.pl/wiadomosci-lista/2357-spotkanie-z-przedstawicielami-biura-who-w-kopenhadze [dostęp 11/02/2015]

[11] Uprawnienia Wydziału do nadawania stopni naukowych, dostępne ze strony: http://www.sum.edu.pl/posiadane-uprawnienia-do-nadawania-stopni-naukowych-wzp [dostęp 11/02/ 2015]

[12] Informacje ogólne o kierunkach kształcenia, dostępne ze strony: http://www.sum.edu.pl/kierunki-ksztalcenia-wzp/informacje-ogolne-o-kierunkach-ksztalcenia-wzp [dostęp 11/02/2015]

[13] Studia doktoranckie, dostępne ze strony: http://studiapodyplomowe.sum.edu.pl/studia-doktoranckie/studiadoktoranckiewzp [dostęp 11/02/2015]

[14] Cele dydaktyczne Wydziału, dostępne ze strony: http://www.sum.edu.pl/cele-dydaktyczne-wydzialu [dostęp 18/02/2015]

[15] Wall P, Kassinger C. Multiple measures on the environmental public health tracking network. J Public Health Manag Pract. 2015;21 Suppl 2:S36-43. doi: 10.1097/PHH.0000000000000185

[16] Hewko SJ, Cooper SL, Cummings GG, Strengthening Moral Reasoning Through Dedicated Ethics Training in Dietetic Preparatory Programs. J Nutr Educ Behav. 2014 Dec 9. pii: S1499-4046(14)00725-8. doi: 10.1016/j.jneb.2014.10.001.

[17] Platforma e-learningowa Śląskiego Uniwersytetu Medycznego dostępna ze strony: http://elearning.sum.edu.pl/www/ [dostęp 18/02/2015]

[18] Dwa projekty SUM wybrane w konkursie Uniwersytet Młodych Wynalazców. Dostępne ze strony: http://www.sum.edu.pl/wiadomosci-lista/2240-dwa-projekty-sum-wybrane-w-konkursie-uniwersytet-mlodych-wynalazcow [dostęp 25/02/2015]

[19] Barham P., Skibsted L.H., Bredie W. L. P., Frøst MB., Møller P., Risbo J., Snitkjær P., Mortensen LM., Molecular Gastronomy: A New Emerging Scientific Discipline, *Chem. Rev.* 2010, *110*, 2313–2365

[20] Perkel JM., The new molecular gastronomy, or, a gustatory tour of network analysis, BioTechniques 53:19-22, doi: 10.2144/000113886

[21] Bauchard E, This H, Investigating the performance of in situ quantitative nuclear magnetic resonance analysis and applying the method to determine the distribution of saccharides in various parts of carrot roots (Daucus carota L.). Talanta. 2015 Jan;131:335-41. doi: 10.1016/j.talanta.2014.07.097

[22] Spjelkavik AI, Aarti, Divekar S, Didriksen T, Blom R., Forming MOFs into spheres by use of molecular gastronomy methods. Chemistry. 2014 Jul 14;20(29):8973-8. doi: 10.1002/chem.201402464.

[23] This H, Blue garlic challenge. Anal Bioanal Chem. 2014 Jan;406(1):5-6. doi: 10.1007/s00216-013-7464-2

[24] Sacchi R, Paduano A, Savarese M, Vitaglione P, Fogliano V. Extra virgin olive oil: from composition to "molecular gastronomy". Cancer Treat Res. 2014;159:325-38. doi: 10.1007/978-3-642-38007-5_19.

[25] „KOLOROWO ZNACZY ZDROWO" - akcja Wydziału Zdrowia Publicznego SUM, dostępne ze strony: http://www.sum.edu.pl/wiadomosci-lista/2352-kolorowo-znaczy-zdrowo-akcja-wydzialu-zdrowia-publicznego-sum, [dostęp 02/03/2015]

Streszczenie.

Artykuł przedstawia historię i główne osiągnięcia Wydziału Zdrowia Publicznego w Bytomiu Śląskiego Uniwersytetu Medycznego w Katowicach. Przedstawiony został dorobek naukowy, dydaktyczny i organizacyjny Wydziału. Opisano działania Wydziału na rzecz społeczności lokalnej Górnego Śląska.

Słowa kluczowe: Wydział Zdrowia Publicznego w Bytomiu, Śląsk, nauki o zdrowiu

Wprowadzenie: bezpieczeństwo żywności i żywienia

Elżbieta Grochowska-Niedworok

Racjonalne żywienie jest niezbędnym elementem stylu życia, który determinuje zdrowie społeczeństwa i jest czynnikiem warunkującym dobrostan. Żywienie człowieka polega na dostarczaniu ludzkiemu organizmowi odpowiednich pokarmów zapewniających utrzymanie jego podstawowych procesów życiowych. Racjonalne żywienie człowieka jest dostosowane do jego wieku, płci, zapotrzebowania energetycznego, rodzaju wykonywanej pracy, stanu zdrowotnego, klimatu w którym żyje oraz innych czynników. Niedobory ilościowe i jakościowe prowadzą do niedożywienia. Nieprawidłowe proporcje składników odżywczych, ich nadmiary skutkują z kolei niezakaźnymi schorzeniami metabolicznymi, między innymi otyłością, cukrzycą typu 2, schorzeniami układu sercowo-naczyniowego czy osteoporozą. Dotyczą one coraz liczniejszych grup społeczeństwa.

Ważnym elementem jest także jakość żywności. Jak wskazują liczne wyniki badań wybór żywności o odpowiedniej jakości może być generowany oceną takich cech, jak: właściwości sensoryczne, trwałość, niezawodność, funkcjonalność, bezpieczeństwo i aspekty zdrowotne produktu oraz charakterystyki produkcyjne, innowacyjność, koszt nabycia, dostępność.

W przedstawionej monografii zaprezentowano wyniki badań łączących wszystkie te elementy i poszerzających wiedzę dotyczącą bezpieczeństwa żywności ale także żywienia.

Ocena sposobu żywienia kobiet uczęszczających do szkoły rodzenia

Agnieszka Bielaszka, Marek Kardas, Agata Kiciak, Mateusz Grajek, Monika Pietrowska

Ciąża jest wyjątkowym okresem w życiu kobiety. Zdrowy styl życia w tym czasie jest niezmiernie ważny, ponieważ wpływa zarówno na matkę jak i dziecko. Kobieta przez cały okres ciąży powinna zadbać o prawidłową dietę, zalecaną aktywność ruchową oraz unikać czynników szkodliwych (np. palenie tytoniu, spożywanie alkoholu). Sposób odżywiania się kobiety ciężarnej wpływa na prawidłowy przebieg ciąży, co przenosi się bezpośrednio na zdrowie dziecka po urodzeniu oraz w kolejnych latach jego życia, również w życiu dorosłym. Ścisłe przestrzeganie zasad racjonalnego żywienia powinno nastąpić jeszcze przed zajściem w ciążę i trwać przez cały okres ciąży z uwzględnieniem zmiany zapotrzebowania na składniki odżywcze i energetyczne w kolejnych trymestrach ciąży [1]. Dieta powinna pokrywać zwiększające się zapotrzebowanie na składniki pokarmowe, witaminy, minerały i energię w celu uniknięcia niedoborów pokarmowych. Przed planowaną ciążą oraz w pierwszych jej tygodniach zaleca się suplementację kwasu foliowego, który zapobiega wystąpieniu wad cewy nerwowej. W trakcie ciąży wskazana jest także suplementacja witaminowo-mineralna, która będzie stanowić uzupełnienie diety.

Cel pracy

Celem pracy była ocena sposobu żywienia kobiet ciężarnych uczęszczających do szkoły rodzenia.

Materiał i metodyka

Badaniem zostały objęte 202 kobiety z Zabrza będące w III trymestrze ciąży uczęszczające na zajęcia do szkoły rodzenia w Szpitalu Miejskim w okresie od października 2012 do lutego 2013 roku.

Badanie przeprowadzono wśród kobiet w wieku od 19 do 35lat za pomocą autorskiego kwestionariusza ankiety, który składał się z metryczki i pytań ankietowych. Metryczka zawierała pytania dotyczące wieku, aktualnej masy ciała, masy ciała przed ciążą, wzrostu, określenia tygodnia ciąży, oraz poziomu wykształcenia. Pytania ankietowe dotyczyły liczby spożywanych posiłków w ciągu dnia, wyboru i częstotliwości spożycia poszczególnych grup produktów, rodzaju wypijanych płynów oraz stosowania suplementów diety. W celu określenia zależności pomiędzy wybranymi zmiennymi zastosowano test niezależności Chi-Kwadrat (χ^2).

Wyniki

W badanej grupie przeważały kobiety w wieku od 26 do 30 lat (48,02%) a co trzecia badana kobieta (31,68%) miała od 20 do 25 lat, pozostałe grupy wiekowe stanowiły dużo mniejszy udział. Większość badanych kobiet 118(58,42%) przed ciążą miało prawidłową masę ciała, 52(25,74%) -nadwagę, natomiast niedowagę -17(8,42%) badanych kobiet a otyłość -15(7,43%). Większość kobiet 123(60,89%) miała w ciąży prawidłowy wzrost masy ciała, za duży 60(29,70%) badanych, zaś za mały 19(9,41%) kobiet (Tab.1).

Tabela 1. Struktura badanej grupy kobiet ciężarnych uczęszczających do szkoły rodzenia.

		N	%
Wiek	do 19 lat	8	3,96%
	20 -25 lat	64	31,68%
	26 - 30 lat	97	48,02%
	31 - 35 lat	27	13,37%
	powyżej 35 lat	6	2,97%
BMI przed ciążą	niedowaga (<18,5)	17	8,42%
	prawidłowa waga ciała (18,5-24,9)	118	58,42%
	nadwaga (25-29,9)	52	25,74%
	otyłość (>30)	15	7,43%
Wzrost masy ciała w ciąży	prawidłowy	123	60,89%
	za duży	60	29,70%
	za mały	19	9,41%
Wykształcenie	podstawowe	2	0,99%
	gimnazjalne	1	0,50%
	średnie	71	35,15%
	wyższe	117	57,92%
	zawodowe	11	5,45%

Większość ankietowanych kobiet 117(57,92%) miała wykształcenie wyższe; 71(35,15%) średnie a zawodowe 11(5,45%) badanych (Tab.1).

Badane kobiety najczęściej spożywały 5 i 4 posiłki w ciągu dnia (odpowiednio 90(41,58%); 75(37,13%)). Od 2 do 3 posiłków spożywało 31(15,35%) badanych a 6 lub więcej posiłków dziennie 12(5,94%) kobiet. Analiza statystyczna wykazała, że wraz z wiekiem kobiet ciężarnych wzrasta ilość spożywanych posiłków (p=0,016), podobnie wraz z wykształceniem rośnie częstotliwość spożywania 5 posiłków.

Tabela 2. Częstotliwość spożywania produktów spożywczych przez badane kobiety.

	Kilka razy dziennie		Raz dziennie		Kilka razy w tygodniu		Kilka razy w miesiącu		Kilka razy w roku		W ogóle nie jadam	
	N	%	N	%	N	%	N	%	N	%	N	%
Produkty zbożowe	150	74,26	36	17,82	16	7,92	0	0,00	0	0,00	0	0,00
Mleko	64	31,68	90	44,55	31	15,35	10	4,95	0	0,00	7	3,47
Produkty mleczne	69	34,16	63	31,19	58	28,71	12	5,94	0	0,00	0	0,00
Jaja	4	1,98	16	7,92	126	62,38	54	26,73	1	0,50	1	0,50
Mięso, wędliny, drób, ryby	64	31,68	66	32,67	67	33,17	5	2,48	0	0,00	0	0,00
Masło i śmietana	65	32,18	76	37,62	47	23,27	10	4,95	0	0,00	4	1,98
Inne tłuszcze (zwierzęce, roślinne)	25	12,38	60	29,70	61	30,20	42	20,79	7	3,47	7	3,47
Ziemniaki	2	0,99	57	28,22	112	55,45	29	14,36	2	0,99	0	0,00
Warzywa	71	35,15	84	41,58	44	21,78	1	0,50	1	0,50	1	0,50
Owoce	99	49,01	86	42,57	13	6,44	3	1,49	0	0,00	1	0,50
Suche nasiona roślin strączkowych	4	1,98	1	0,50	15	7,43	106	52,48	58	28,71	18	8,91
Cukier	79	39,11	63	31,19	28	13,86	9	4,46	3	1,49	20	9,90
Słodycze	59	29,21	55	27,23	74	36,63	10	4,95	1	0,50	3	1,49

Badane kobiety najczęściej z analizowanych grup produktów spożywczych raz dziennie spożywają mleko 90(44,55%); 76(37,62%) masło i śmietanę; 84(41,58%) warzywa i 86(42,57%) owoce. Kilka razy dziennie spożywają przede wszystkim produkty zbożowe 150(74,26%), następnie owoce 99(49,01%) oraz cukier 79(39,11%). Kilka razy w tygodniu badane najczęściej spożywają jaja 126(62,38%), następnie ziemniaki 112(55,45%) i słodycze 74(36,63%). Suche nasiona roślin strączkowych (fasola, groch, soczewica, soja) są grupą produktów spożywczych spożywanych przeważnie kilka razy w miesiącu przez 106(52,48%) ankietowane kobiety (Tab.2).

Produkty mleczne są przeważnie spożywane przez 93(46,04%) badane kobiety w postaci jogurtów, kefirów i maślanki a przez 63(31,19%) także w postaci mleka. 40(19,80%) kobiet spożywa produkty mleczne najczęściej w postaci serów żółtych, topionych i pleśniowych a tylko 6(2,97%) badanych wskazało na sery twarogowe. Odnotowano zależność statystyczną między BMI badanych kobiet przed ciążą a wyborem najczęściej spożywanych produktów mlecznych (p=0,0032). Wykazano również zależność istotną (p=0,003) między wzrostem masy ciała kobiet a wyborem najczęściej spożywanych produktów mlecznych.

Ankietowane kobiety ciężarne najczęściej spożywały warzywa w postaci surowej 106(52,48%), natomiast pozostałe badane w postaci gotowanej. Wraz z wiekiem zaobserwowano wzrost spożycia warzyw surowych. Również ciężarne z wyższym wykształceniem w większości 124(61,54%) wybierały warzywa w postaci surowej (p=0,010).

Ryby morskie raz w tygodniu spożywa 54(26,73%) badanych kobiet zaś 2 razy w tygodniu lub częściej 38(18,81%). Pozostałe kobiety 68(33,66%) spożywają ryby morskie kilka razy w miesiącu. Natomiast 41(20,30%) nie spożywa ryb morskich. Analiza statystyczna wykazała istotną statystycznie zależność (p=0,011) między poziomem wykształcenia respondentek a częstotliwością spożycia ryb morskich, gdzie wraz z wykształceniem rośnie spożycie ryb 2 razy w tygodniu.

W przeprowadzonych badaniach test Chi-kwadrat wykazał istotną statystycznie zależność (p=0,045) między poziomem wykształcenia ankietowanych kobiet a częstotliwością spożywania owoców. Wraz z wykształceniem rośnie częstotliwość spożycia owoców.

Tabela 3. Częstotliwość spożywania napoi.

	Raz dziennie		Kilka razy dziennie		Kilka razy w tygodniu		Kilka razy w miesiącu		Kilka razy w roku		W ogóle nie jadam	
	N	%	N	%	N	%	N	%	N	%	N	%
Kawa	50	24,75%	8	3,96%	18	8,91%	43	21,29%	10	4,95%	73	36,14%
Herbata	72	35,64%	102	50,50%	21	10,40%	1	0,50%	3	1,49%	3	1,49%
Soki owocowe	56	27,72%	36	17,82%	60	29,70%	42	20,79%	3	1,49%	5	2,48%
Słodzone napoje niegazowane/ gazowane	17	8,42%	12	5,94%	41	20,30%	38	18,81%	15	7,43%	79	39,11%
Woda mineralna	33	16,34%	132	65,35%	19	9,41%	6	2,97%	8	3,96%	4	1,98%
Woda mineralna smakowa	8	3,96%	25	12,38%	10	4,95%	26	12,87%	19	9,41%	113	55,94%

Herbata jest najczęściej wskazywanym napojem spożywanym raz dziennie przez 72(35,64%) kobiety w ciąży. Napój ten dominuje również wśród tych spożywanych kilka razy dziennie 102(50,50%) obok wody mineralnej, którą wskazało 132(65,35%) badanych. Kawę raz dziennie pija 50(24,75%) badanych kobiet, zaś kilka razy w miesiącu 43(21,29%), natomiast 73(36,14%) kobiet nie pije jej w ogóle (Tab.3). Wykazano istotną statystycznie zależność (p=0,039) pomiędzy poziomem wykształcenia respondentek a częstotliwością spożycia kawy. Spożycie kawy malało wraz ze wzrostem poziomu wykształcenia.

Kobiety w zdecydowanej większości 182(90,1%) wskazały, że stosują obecnie suplementy diety. Najwięcej z nich stosuje kompleks witamin dla kobiet w ciąży 97(48,02%) oraz kompleks witamin dla kobiet w ciąży wzbogacony o kwasy DHA 71(35,15%). Kwas foliowy stosuje 8(3,96%) badanych, zaś inne suplementy 6(2,97%). Istnieje statystycznie istotna zależność miedzy wiekiem (p=0,022) a stosowaniem suplementów diety. Im starsze kobiety tym częściej stosowały suplementy diety, również wraz z wykształceniem wzrasta stosowanie suplementów diety wzbogaconych o kwasy DHA.

Badane kobiety wskazywały najczęściej, że przed zajściem w ciążę nie przyjmowały kwasu foliowego 75(37,13%). Nieco mniejszy odsetek 71(35,15%) przyjmował kwas foliowy około 1-3 miesięcy przed zajściem w ciążę a 37(18,32%) – około 4-6 miesięcy. Analiza zależności między wiekiem a przyjmowaniem kwasu foliowego przed ciążą wykazała istotną statystycznie zależność (p=0,002). W przeprowadzonych badaniach wynik testu Chi-kwadrat ($\chi^2 = 27,873$) wskazuje na istotną statystycznie zależność między poziomem wykształcenia ankietowanych kobiet a stosowaniem kwasu foliowego przed zajściem w ciążę. Wraz ze wzrostem poziomu wykształcenia maleje liczba kobiet nie przyjmujących preparatów kwasu foliowego.

Większość kobiet 174(86,14%) przyznało się, że dojada między posiłkami. Między posiłkami kilka razy dziennie pojada 82(40,59%) badanych kobiet.65(32,18%) przyznaje się do podjadania raz dziennie. Kilka razy w tygodniu podjada 27(13,37%) badanych, zaś bardzo rzadko lub wcale 28(13,86%). 48,02% przyznaje, że najczęściej pojada słodycze. Owoce i/lub warzywa pojada najczęściej między posiłkami 76(37,62%) respondentek. Pozostałe produkty: suszone owoce i/lub orzechy; słone przekąski są podjadane przez mniejszy odsetek kobiet.

Dyskusja

Prawidłowy sposób żywienia w czasie trwania ciąży wpływa na rozwój płodu i zachowanie zdrowia matki. Prowadzone badania przez różne ośrodki naukowe wskazują na popełnianie wielu błędów żywieniowych przez kobiety w ciąży, które mogą negatywnie wpływać na przebieg ciąży i zdrowie dzieci.

W diecie kobiet ciężarnych zaleca się spożywanie 3-4 szklanek mleka lub przetworów mlecznych dziennie. Taka ilość pokrywa zwiększone zapotrzebowanie na jeden z ważniejszych składników mineralnych w okresie ciąży jakim jest wapń [2]. Badania własne wykazały iż mleko spożywane było najczęściej przez kobiety ciężarne raz dziennie (44,55%), natomiast po produkty mleczne kilka razy dziennie sięgało 34,16% badanych. Odmienne wyniki uzyskano w badaniach przeprowadzonych przez Suligę [3] w poradniach ginekologiczno-położniczych województwa świętokrzyskiego w 2009 roku, gdzie najczęściej 1-2 razy dziennie respondentki (58%) spożywały mleko i przetwory mleczne, a zalecane 3-4 porcje produktów mlecznych dziennie spożywało 23,50% ciężarnych. Podobny wynik uzyskał również Gacek gdzie najczęściej produkty mleczne były spożywane 1-2 razy (54,90%) dziennie, natomiast 3-4 porcje w ciągu dnia spożywało tylko 11,10% badanych [4]. Natomiast badania Bochanek i wsp. [5] wykazały, że 92,25% kobiet w ciąży spożywało mleko. Godala i wsp. [6] analizując zachowania zdrowotne łódzkich kobiet w ciąży zaobserwowała, że nabiał spożywało kilka razy dziennie zaledwie 24,3%. Z kolei w badaniu Waszkowiak i wsp. [7] spożycie mleka i napojów kilka razy w ciągu dnia deklarowało 65% ciężarnych. Wen i wsp. [8], którzy badali zwyczaje żywieniowe 409 kobiet ciężarnych mieszkających w Sydney, wykazali iż tylko 39% ankietowanych wypija 1 szklankę mleka. W ciąży i laktacji wzrasta zapotrzebowanie m.in. na wapń, którego źródłem są produkty mleczne [9]. Ilość produktów mlecznych w jadłospisach badanych kobiet ciężarnych i innych autorów jest niewystarczająca i może powodować niedobory wapnia, które skutkują nieprawidłowym rozwojem kości dziecka, zwiększają częstotliwość wystąpienia nadciśnienia ciążowego oraz mogą spowodować przedwczesny poród [2].

Badania własne wykazały, że kobiety ciężarne najczęściej spożywały 5 posiłków dziennie (41,58%). Zaobserwowano istotne statystycznie zależności między wiekiem; wykształceniem a ilością spożywanych posiłków. Podobny wynik uzyskali Hyżyk i wsp. [10] gdzie 39,00% ankietowanych spożywało 5 posiłków dziennie. Częste spożywanie posiłków w umiarkowanej ilości nie obciąża przewodu pokarmowego, reguluje stężenie glukozy we krwi, oraz chroni przed napadami głodu. Regularne odżywianie jest podstawą racjonalnego żywienia o którym szczególnie powinny pamiętać kobiety ciężarne ze względu na zwiększone zapotrzebowanie na energię i składniki odżywcze.

Większość ciężarnych kobiet chodzących do szkoły rodzenia (86,14%) deklarowała, że pojada między posiłkami, w tym aż 40,59% respondentek podjadała kilka razy dziennie. Najczęściej wybieraną przekąską były słodycze (48,02%). Zbliżone wyniki zostały uzyskane w badaniu Hyżyk i wsp. gdzie 92% ankietowanych podjadało między posiłkami a słodycze wybierało aż 62,00% respondentek [10]. Zaobserwowano również, że wiek ma istotny wpływ na częstotliwość podjadania. Wraz z wiekiem badanych malała częstotliwość dojadania słodyczy. Podobną zależność zaobserwowano w badaniu Bachanek [5]. Słodycze zawierają duże ilości kwasów tłuszczowych typu trans, które niekorzystnie działają na układ immunologiczny oraz zmniejszają wykorzystanie przez organizm kwasów omega 3 [11].

Słodycze nie dostarczają żadnych potrzebnych składników odżywczych a mimo to są chętnie wybieranym produktem przez kobiety ciężarne. W badanej grupie słodycze najczęściej (36,63%) były spożywane kilka razy w tygodniu. Zbliżone wyniki uzyskano również w badaniach Godala i wsp. przeprowadzonych w Łodzi w 2009 roku, gdzie 36,04% respondentek spożywała słodycze kilka razy w tygodniu [6]. Natomiast w badaniach przeprowadzonych przez Suligę [3] zdecydowanie większy odsetek ankietowanych ciężarnych (54%) spożywał słodycze kilka razy w tygodniu. Kobiety z wykształceniem wyższym w badaniach własnych sięgały po słodycze najczęściej (46,15%) kilka razy w tygodniu. W badaniach Suligi [3] wpływ wykształcenia na częstotliwość spożycia słodyczy zdecydowanie różni się od wyników badań własnych według których wszystkie ciężarne niezależnie od wykształcenia spożywały najczęściej słodycze kilka razy w tygodniu.

Warzywa i owoce stanowią cenne źródło witamin i minerałów niezbędnych dla prawidłowego rozwoju płodu. Zaleca się spożywanie 5 porcji tych produktów dziennie [2]. Kilka razy dziennie warzywa były spożywane jedynie przez 35,15% ankietowanych kobiet a 41,58% respondentek spożywała warzywa tylko dziennie. Gacek [4] zaobserwowała, że zalecane spożycie warzyw kilka razy dziennie było przestrzegane przez 43,8% kobiet, a raz dziennie po warzywa sięgało 32,70%. Natomiast badania przeprowadzone przez Suliga [3] wykazały, że respondentki najczęściej (61%) spożywały warzywa 1-2 razy dziennie, a 3 porcje warzyw były spożywane tylko przez 8,5% respondentek. Badania te wykazy również iż częściej spożywają warzywa kobiety z wykształceniem wyższym [3], podobnie jak w badaniach własnych. Z kolei Godala [6] zaobserwowała, że warzywa spożywa kilka razy dziennie ok. 34% a raz dziennie ok. 32%.

Ankietowane ciężarne zdecydowanie częściej spożywały owoce niż warzywa. Niespełna połowa badanych (49,01%) deklarowała spożycie owoców kilka razy dziennie. Suliga [3] wykazała, że 49% ciężarnych spożywała owoce 1-2 razy dziennie oraz 3-4 razy dziennie (40,5% badanych). W badaniach własnych ciężarne z wyższym wykształceniem najczęściej (55,56%) spożywały owoce kilka razy dziennie a kobiety z wykształceniem zawodowym lub niższym najczęściej (64,29%) tylko raz dziennie. Takiej zależności między wykształceniem a spożyciem owoców nie wykazała Suliga, gdzie wszystkie badane niezależnie od wykształcenia spożywały najczęściej owoce 1-2 razy dziennie [3]. W badaniu przeprowadzonym przez Inskip i wsp [12] spożycie warzyw i owoców kilka razy dziennie deklarowało 53% badanych kobiet w ciąży mieszkających w Wielkiej Brytanii. Prawidłową częstość spożycia owoców i warzyw zaobserwowano u 61,2% ciężarnych pochodzących z Puerto Rico, kobiety z wyższym wykształceniem spożywały więcej warzyw i owoców.[13]. Godala i wsp.[6] analizując nawyki żywieniowe kobiet ciężarnych stwierdzili, że najczęściej spożywały warzywa na surowo (49,55%), a warzywa w postaci gotowanej wybierało 40,54% ankietowanych. Zbliżone wyniki uzyskano w badaniach własnych gdzie po warzywa surowe najczęściej sięgało 52,48% respondentek, a po warzywa w postaci gotowanej 47,52%. Zaobserwowano istotną zależność statystyczną między wykształceniem a spożyciem surowych i gotowanych warzyw, większość kobiet z wykształceniem wyższym spożywało warzywa w postaci surowej, natomiast ankietowane z wykształceniem średnim i zawodowym lub niższym spożywały najczęściej warzywa gotowane. Wiek badanych również miał tutaj istotny wpływ, wraz z wiekiem rosło spożycie warzyw surowym a malało gotowanych. Warzywa spożywane na surowo dostarczają większej ilości witamin i minerałów co pomaga zaspokoić zwiększone zapotrzebowanie organizmu ciężarnej [2].

Kobietom ciężarnym zaleca się spożycie 300g ryb morskich tygodniowo. Zawierają one kwasy tłuszczowe omega 3, które wpływają na prawidłową budowę mózgu oraz siatkówki płodu [14].W badaniach własnych ryby morskie 2 lub więcej razy w tygodniu były spożywane przez 18,81% respondentek, natomiast raz w tygodniu spożywało ryby 26,73% ankietowanych. Podobnie wyniki zostały uzyskane przez Suligę, gdzie 1 lub więcej porcji ryb morskich spożywało 25% badanych [3]. Większy odsetek badanych kobiet w ciąży z Łodzi spożywał ryby kilka razy w tygodniu (ok. 30%) [6]. W badaniu Śmigiel-Papińskiej [15] spożycie ryb 1-2 razy w tygodniu deklarowało 40% badanych, ale w badaniu Plich [16] odpowiednią konsumpcją ryb charakteryzowało się tylko 27% badanych. Kobiety z wykształceniem wyższym częściej spożywały ryby morskie. Wraz z wykształceniem rosła częstość spożycia ryb. Suliga [3] w badanej grupie wykazała również duży odsetek kobiet z wykształceniem wyższym spożywających ryby morskie 1 lub więcej razy w tygodniu.

Nadmiar kofeiny w diecie ciężarnej może zaburzać przepływ krwi i substancji odżywczych przez łożysko, dlatego ciężarne powinny unikać jej spożywania. W badaniach własnych kawę raz dziennie spożywało 24,75% respondentek, kilka razy dziennie 3,96% ankietowanych, a w ogóle tego napoju nie pożywało 36,14% badanych. Podobne wyniki uzyskała Godala i wsp. [6] gdzie kawę raz dziennie spożywało 25,23% badanych, kilka razy dziennie 1,80% ankietowanych, a w ogóle nie spożywało kawy 28,83% respondentek.

Kwas foliowy jest niezbędną witaminą w diecie ciężarnych, która chroni przed wystąpieniem wad cewy nerwowej. Z powodu niedoborów w diecie kwasu foliowego przed zajściem w ciążę niezbędna jest dodatkowa suplementacja [17]. Z przeprowadzonych badań wynika, że 37,13% ankietowanych kobiet nie stosowało kwasu foliowego przez zajściem w ciążę. Dane uzyskane przez Suligę [3] wskazują, że znacznie większa grupa kobiet (67,00%) nie stosowała kwasu foliowego przed zajściem w ciążę. Natomiast Gacek stwierdziła, że aż 72,50% kobiet nie przyjmowało kwasu foliowego przed zajściem w ciążę [4]. W badaniach własnych zaistniała istotna zależność pomiędzy wzrostem poziomu wykształcenia a spadkiem liczby kobiet nie przyjmujących kwasu foliowego przed zajściem w ciążę. Suliga [3] również wykazała, że respondentki z wykształceniem wyższym częściej stosowały kwas foliowy. Niespełna połowa kobiet (46,80%) z wykształceniem wyższym stosowała kwas foliowy. W badaniach własnych wiek ankietowanych istotnie wpływał na przyjmowanie kwasy foliowego. Połowa respondentek do 25 roku życia najczęściej nie suplementowała kwasu foliowego. Gacek [4] wykazał, że grupą która najczęściej (33,70%) stosowała tą witaminę były kobiety powyżej 31 roku życia. W badaniach własnych zdecydowanie częściej był stosowany kwas foliowy przed zajściem w ciążę niż w analizach innych autorów [3,4]. Uzyskane wyniki wskazują na konieczność edukacji kobiet w wieku rozrodczym na temat zapobiegania wystąpieniu wrodzonych wad cewy nerwowej poprzez suplementację kwasem foliowym. Eneroh i wsp.[18] w swoim badaniu wskazują zasadność stosowania preparatów żelaza i kwasu foliowego.

W okresie ciąży wzrasta zapotrzebowanie na witaminy i minerały, kobietom ciężarnym zaleca się dodatkową suplementację witaminowo-mineralną. Większość ankietowanych kobiet (83,17%) stosowała suplementację witaminowo-mineralną. Podobny wynik uzyskała Tymczyna i wsp. [19] gdzie 79,22% respondentek stosowała suplementację. Również analiza przeprowadzona przez Hamułkę i wsp. [20] w 2009 roku w województwie małopolskim, wykazała częste (76,70%) stosowanie preparatów wieloskładnikowych przez ciężarne.

W badaniach własnych najczęściej po suplementy sięgały kobiety w wykształceniu wyższym (93,16%) oraz z wykształceniem średnim (91,55%), natomiast wśród osób z wykształceniem zawodowym lub niższym niewiele ponad połowa badanych (57,14%). Godala i wsp. [6] wykazała, że suplementację witaminowo-mineralną stosowało 49,55% ankietowanych. W tym 60% kobiet z wykształceniem wyższym, 54,0% z wykształceniem średnim i jedynie 38,0% z wykształceniem zawodowym. Weker i wsp.[21] zalecają stosowanie suplementów diety, tylko w przypadku wykazania w niej niedoborów witaminowo mineralnych. Sposób odżywiania kobiet ciężarnych wymaga modyfikacji, konieczne jest wprowadzenie edukacji żywieniowej dla kobiet w wieku rozrodczym

Wnioski

1. Częstotliwość spożycia wybranych produktów przez ankietowane kobiety nie odpowiada zaleceniom żywieniowym dla ciężarnych.

2. Kobiety z wykształceniem wyższym częściej niż pozostałe ankietowane przestrzegały zasad żywienia.

3. Im starsze kobiety tym częściej stosowały suplementy diety, również wraz z poziomem wykształcenia ankietowanych rosła częstotliwość stosowania suplementów diety.

4. Konieczna jest edukacja kobiet w okresie rozrodczym z zakresu zasad prawidłowego żywienia w ciąży oraz stosowania suplementacji kwasu foliowego.

Piśmiennictwo

1. Szostak-Węgierek D. Ciąża. [W:] Jarosz M. Praktyczny podręcznik dietetyki. Warszawa: Instytut Żywności i Żywienia; 2010, 71-77.

2. Szostak-Węgierek D., Cichocka A.: Żywienie kobiet w ciąży. Warszawa: PZWL, 2005.

3. Suliga E.: Zachowania żywieniowe kobiet w ciąży. Pediatric Endocrinology, Diabetes and Metabolism, 2011, 17, 2, 76-81.

4. Gacek M.: Niektóre zachowania zdrowotne oraz wybrane wskaźniki stanu zdrowia grupy kobiet ciężarnych, Probl. Hig. Epidemiol., 2010, 91,(1), 48-53.

5. Bachanek T., Nakonieczna-Rudnicka M.: Nawyki żywieniowe kobiet w ciąży. Czas. Stomatol.,2009,62,10,800-808
6. Godala M., Pietrzak K., Łaszek M. i wsp.: Zachowania zdrowotne łódzkich kobiet w ciąży. Cz. I. Sposób żywienia i suplementacja witaminowo-mineralna. Probl. Hig. Epidemiol. 2012, 93(1), 38-42.
7. Waszkowiak K., Szymandera-Buszka K. i wsp.: Udział produktów mlecznych jako źródła jodu w diecie kobiet ciężarnych. Probl. Hig. Epidemiol. 2010, 91(4), 560-563
8. Wen L., Flood M., Simpson J. et al.: Dietery behaviours during pregnancy: findings from first-time mothers in southwest Sudney, Australia. International Journal of Behavioral Nutrition and Physical Activity, 2010,7(13),1-7
9. Sobczak M., Jabłoński E.: Składniki mineralne w diecie kobiet ciężarnych i karmiących. Część I. Makrominerały: wapń, magnez, fosfor, sód, potas, chlor. Przegl. Lek. 2007, 64, 3,165-169
10. Hyżyk A., Sokalska N.: Ocena zmian masy ciała u kobiet w ciąży. Nowiny Lekarskie, 2011, 80, 3, 174–177.
11. Jamioł-Milc D., Stachowska E., Chlubek D.: Skutki spożywania trans nienasyconych kwasów tłuszczowych w okresie ciąży i laktacji. Annales Academia Emedica Estetinensis, 2010, 56, 1, 21–27.
12. Inskip H., Crozier S., Godfrey K., et al.: Women's compliance with nutrition and live style recommendations before pregnancy: general population cohort study. British Medical Journal, 2009,338,1-6
13. Gollenberg A., Pekow P., Markenson G., et al.: Dietary behaviors, physical activity, and cigarette smoking pregnant Puerto Rican women. American Journal of Clinical Nutrition, 2008,87, 1844-1851
14. Łos-Rycharska E., Czerwionka-Szaflarska M.: Długołańcuchowe wielonienasycone kwasy tłuszczowe szeregu omega-3 w diecie kobiet ciężarnych, karmiących, niemowląt i małych dzieci. Gastroenterologia Polska, 2010, 17(4), 304-312.
15. Śmigiel–Papińska D. Ocena sposobu żywienia kobiet ciężarnych z uwzględnieniem spożycia używek. Brom i Chem. Toksyk., 2003, 36, supl, 173-177
16. Plich D.: Odżywianie w ciąży. Próba oceny wiedzy i nawyków żywieniowych populacji ciężarnych miasta Szczecina. Ann. Universit. Mariae Curie Skłodowska, Lublin ,2005,Vil. LX, supl.XVI,414,348-353
17. Czeczot H.: Kwas foliowy w fizjologii i patologii. Postępy Hig. Med. Dosw., 2008, 62, 405-419
18. Eneroth H., Arifeen S., Persson L. et al.: Maternal Multiple Micronutrient Supplementation Has Limited Impact on Micronutrient Status of Bangladeshi Infants Compared with Standard Iron Folic Acid Supplementation. The Journal of Nutrition, 2010, 10,3945,618-624
19. Tymczyna B, Sarna-Boś K, Krochmalska E. i wsp.: Ocena wiedzy ciężarnych na temat wpływu odżywiania na uzębienie dziecka. Zdrowie Publiczne, 2004, 114(4): 541-544.
20. Hamułka J., Wawrzyniak A., Pawłowska R.: Ocena spożycia witamin i składników mineralnych z suplementami diety przez kobiety w ciąży. Roczn. PZH 2010, 61, 3, 269–275.
21. Weker H., Srucińska M., Więch M. i wsp.: Ocena sposobu żywienia kobiet w ciąży –suplementacja preparatami witaminowo –mineralnymi, uzasadniona czy nie? Przegląd Lekarski, 2004,61,(7),769-775

Streszczenie

Wstęp: Ciąża jest wyjątkowym okresem w życiu kobiety. Sposób odżywiania się kobiety ciężarnej wpływa na prawidłowy przebieg ciąży, co przenosi się bezpośrednio na zdrowie dziecka po urodzeniu oraz w kolejnych latach życia. Przed planowaną ciążą oraz w pierwszych jej tygodniach zaleca się suplementację kwasu foliowego, który zapobiega wystąpieniu wad cewy nerwowej. Celem pracy była ocena sposobu żywienia kobiet ciężarnych uczęszczających do szkoły rodzenia.

Materiał i metodyka: Badaniem zostały objęte 202 kobiety w III trymestrze ciąży uczęszczające na zajęcia do szkoły rodzenia w Szpitalu Miejskim w Zabrzu. Badanie przeprowadzono za pomocą autorskiego kwestionariusza ankiety który składał się z metryczki i pytań ankietowych, dotyczących sposobu żywienia kobiet. W celu określenia zależności pomiędzy wybranymi zmiennymi zastosowano test niezależności Chi-Kwadrat (χ^2).

Wyniki: Najwięcej kobiet w badanej grupie spożywa 5 i 4 posiłki w ciągu dnia -odpowiednio jest to 41,58% i 37,13%. Analiza częstotliwości spożycia produktów spożywczych wykazała, że raz dziennie 44,55%, badanych kobiet spożywa mleko; 37,62% masło i śmietanę, warzywa 41,58% a owoce (42,57%). Im wyższe wykształcenie miały kobiety tym częściej zmieniały nawyki żywieniowe po zajściu w ciążę niż pozostałe ankietowane.

Wnioski: Częstotliwość spożycia produktów spożywczych przez ankietowane kobiety nie odpowiada zaleceniom żywieniowym dla ciężarnych. Kobiety z wykształceniem wyższym częściej niż pozostałe ankietowane przestrzegały zasad żywienia. Im starsze kobiety tym częściej stosowały suplementy diety, wraz z poziomem wykształcenia ankietowanych rosła częstotliwość stosowania suplementów diety. Konieczna jest edukacja z zakresu zasad prawidłowego żywienia w ciąży oraz stosowania suplementacji kwasu foliowego.

Słowa kluczowe: żywienie, kobiety ciężarne, suplementy diety

Częstość spożycia słodyczy i napojów słodzonych przez pacjentów chorujących na cukrzycę

Agnieszka Białek-Dratwa, Anna Kukiełczak, Mateusz Grajek, Beata Całyniuk,

Elżbieta Szczepańska, Renata Polaniak

Żywienie chorych na cukrzycę, może być jedynym z czynników wpływających na regulację poziomu glukozy we krwi, jak również wspomagać leczenie doustnymi lekami przeciwcukrzycowymi, czy insuliną. Taki sposób żywienia powinien być zbliżona do racjonalnego prawidłowego żywienia osób zdrowych.

Węglowodany są istotnym składnikiem diety człowieka zdrowego, jak i chorego. Według Piramidy Zdrowia oraz zaleceń żywieniowych Polskiego Towarzystwa Diabetologicznego dla osób chorujących na cukrzycę, węglowodany powinny stanowić około 40-50% dziennego zapotrzebowania energetycznego. Bardzo istotny jest dobór odpowiednich węglowodanów, zwłaszcza tych o niskim indeksie glikemicznym (IG<50), a także zastępowanie węglowodanów prostych, łatwo przyswajalnych, węglowodanami złożonymi [1, 2, 3, 4].

Rozwój cywilizacji, duży wybór artykułów żywnościowych na rynku spowodował łatwy dostęp do wysokoenergetycznych produktów, w tym słodyczy. W związku z tym obserwuje się coraz większy popyt na te wyroby również w grupie chorych na cukrzycę. Według badań Głównego Urzędu Statystycznego ilość spożycia słodyczy w Polsce wzrasta. W 2013 r. średnie spożycie cukru na 1 mieszkańca wynosiło 41,9 kg na rok. W 2010 r. przeciętny Polak wykorzystał w gospodarstwie domowym 15,6 kg czystego cukru, 1,08 kg czekolady i wyrobów czekoladowych oraz 3,12 kg innych wyrobów cukierniczych [5, 6].

Słodycze oraz słodzone napoje są uznane za produkty, które należy wyeliminować z diety zdrowego człowieka, a tym bardziej chorego na cukrzycę. Są produktami o wysokim indeksie glikemicznym, które w znaczny sposób i bardzo szybko podnoszą poziom cukru we krwi, co jest niepożądane u tych chorych, ze względu konieczność na zapobiegania chorobom wtórnym cukrzycy: uszkodzeniu naczyń krwionośnych: mikroangiopatia, która dotyczy drobnych naczyń krwionośnych oraz makroangiopatia, dotycząca zmian miażdżycowych w naczyniach o średniej i dużej średnicy. Mikroangiopatia może prowadzić do uszkodzenia narządu wzroku poprzez zmiany w naczyniach siatkówki (m.in. retinopatia cukrzycowa, zaćma,) nerkach (cukrzycowa choroba nerek prowadząca często do dializoterapii, a nawet do przeszczepienia nerek), włóknach nerwowych (neuropatie charakteryzujące się uczuciem zmęczenia, drętwienia, bólu, odczuciem parzenia dłoni i stóp, a także zaburzeniami pracy serca, nieprawidłowym ciśnieniem tętniczym, zaburzeniami ze strony przewodu pokarmowego, impotencji.) Z kolei makroangiopatie zwiększają ryzyko wystąpienia choroby niedokrwiennej serca, zawału mięśnia sercowego, udaru mózgu oraz zespołu stopy cukrzycowej [1,4,7].

Aby uniknąć lub opóźnić pojawienie się chorób wtórnych wynikających z cukrzycy ważne jest aby osoby już chorujące na cukrzycę utrzymywały prawidłową masę ciała poprzez stosowanie prawidłowego żywienia w cukrzycy, regularnej aktywności fizycznej, a także ograniczeniu spożywania alkoholu. Prawidłowo ułożona dieta dla tych pacjentów powinna dostarczać cukrów dodanych do 10% ogółu energii [1,4]. Jednakże wielu autorów uważa [8], że węglowodany w postaci cukru krystalicznego dodawane w codziennej diecie pacjentów chorujących na cukrzycę są zbyteczne i w zamian proponują stosowanie słodzików. Dodatkowo słodycze oraz napoje dosładzane pozbawione są ważnych składników odżywczych takich jak składniki mineralne oraz witaminy [7]. Polskie Towarzystwo Diabetologiczne oraz Polskie Towarzystwo Badań nad Otyłością dopuszczają stosowanie niskokaloryczne substancje słodzące w produktach żywnościowych oraz rekomendują zastępowanie nimi zwykłego cukru (sacharozy) zwłaszcza u pacjentów z zaburzeniami gospodarki węglowodanowej (nieprawidłowej glikemii na czczo, nietolerancji glukozy i cukrzycy typu 2) oraz z nadwagą i otyłością [8, 9, 10].

Jest to bardzo niepokojące zjawisko, gdyż nadmierne spożycie wyrobów cukierniczych powoduje przyrost masy ciała, predysponuje do rozwoju miażdżycy, co w konsekwencji może prowadzić do zawału serca, udaru mózgu lub zgonu. Chorzy na cukrzycę są bardziej narażeni na wystąpienie powikłań, które charakteryzuje się cięższym przebiegiem w porównaniu do całej populacji. Cukrzyca jest przyczyną 9% wszystkich zgonów w populacji [11,12,13].

Cel

Celem badania była ocena skali rozpowszechnienia spożywania słodyczy, słodyczy i napojów słodzonych przeznaczonych dla diabetyków oraz porównanie częstości spożywania słodyczy przez pacjentów z różną masą ciała

Materiał i metodyka

Badaniem objęto grupę 147 wybranych pacjentów poradni diabetologicznej chorujących na cukrzycę. Pacjenci zostali poinformowani o celu badania, a ich udział w nim był dobrowolny i anonimowy.

W badaniu zastosowano autorski kwestionariusz ankiety, składający się z trzech części: metryczki (wiek, płeć, masa ciała, wzrost, wykształcenie), części dotyczącej przebiegu choroby (typu cukrzycy, sposobu leczenia, poziomów glikemii na czczo, częstości występowania hipoglikemii), części dotyczącej częstości spożycia słodyczy i słodkich napojów oraz samooceny własnej masy ciała.

Na podstawie zebranych danych antropometrycznych (masy ciała oraz wzrostu) obliczono wskaźnik masy ciała (body mass indeks – BMI) i zgodnie z przyjętymi normami World Health Organization (WHO) podzielono grupę na: osoby z niedowagą (BMI poniżej 18,5 kg/m^2), z prawidłową masą ciała (BMI 18,5-24,9 kg/m^2), nadwagą (BMI 25-29,9 kg/m^2) oraz otyłością (BMI powyżej 30 kg/m^2). Baza danych została utworzona w programie Excel, analiza statystyczna została przeprowadzona za pomocą programu Statistica 10.

Wyniki

Badaną grupę stanowiło 147 pacjentów ze zdiagnozowaną cukrzycą, w tym 96 kobiet i 51 mężczyzn. W badanej grupie 69 (46,9%) pacjentów chorowało na cukrzycę typu 1 i 78 (53,0%) pacjentów chorowało na cukrzycę typu 2. Wśród badanych 39 (26,5%) pacjentów było leczonych farmakologicznie – doustnie, 102 (69,3%) było leczonych insuliną i 6 (4,0%) pacjentów stosowało tylko dietę. Wśród pacjentów leczonych za pomocą insuliny 3 pacjentów nie wiedziało jaką insulinę stosuje, 29 pacjentów zażywało insuliny ludzkie (krótkodziałające, długodziałające, mieszanki insulin-mixy), a 70 pacjentów insuliny analogowe (krótkodziałające, o przedłużonym czasie działania, mieszanki analogowe). Respondenci zostali również zapytani o formę podawania insulinę 12 z nich korzystało z pompy insulinowej, pozostała cześć pacjentów (90 osób) korzystało z penów. W badanej grupie tylko 27 pacjentów tj. 18,3% badanych korzysta z wymienników węglowodanowych (WW) aby ułożyć sobie prawidłowo zbilansowaną dietę. Badani pacjenci mieli wskazać jaki zazwyczaj jest ich poziom glikemii na czczo oraz jak często miewają hipoglikemię. W badanej grupie 36 (24,4%) pacjentów miało poziom glikemii na czczo 80-120 mg/dl, 96 (65,3%) miało 120-150 mg/dl, 12 (8,1%). Natomiast hipoglikemia występuje codziennie u 6 (4,0%) pacjentów, u 27 (18,3%) kilka razy w tygodniu, u 69 (46,9%) rzadko, kilka razy w miesiącu i u 45 (30,6%) bardzo rzadko.

Średnia wieku badanej grupy wynosiła 47,3 lata (min 18 lat - max 76 lat). W badanej grupie 3 (2,0%) osoby miały niedowagę, 66 (44,9%) miało prawidłową masę ciała, 36 (24,5%) miało nadwagę i 42 (28,6%) osoby miały otyłość. Średnie BMI w badanej grupie wynosiło 27,0 ± 5,8.

W badaniu ankietowym respondenci oceniali też swoją masę ciała 3 (2,0%) badanych uznało, że ma niedowagę, 54 (36,7%) oceniło swoją masę ciała na prawidłową, 84 (57,1%) uznało iż ma nadwagę, a 6 (4,0%) nie potrafiło ocenić swojej masy ciała. Nikt z badanych nie uznał iż jest osobą otyłą. 3 osoby z niedowagą (100%) i 51 (96,2%) osób z prawidłową masą ciała właściwie oszacowały swoją aktualną masę ciała. Wszystkie osoby z otyłością uznały, iż są osobami z nadwagą, a nie z otyłością.

Na rycinie 1 przedstawiono wyniki dotyczące codziennego spożywania słodyczy przez badanych pacjentów chorujących na cukrzycę. W całej badanej grupie 129 (87,8%) badanych nie spożywa codziennie słodyczy, 18 (12,2 %) spożywa je codziennie, w tym 9 (13,6%) pacjentów z prawidłową masą ciała i 9 (25,0%) pacjentów z nadwagą.

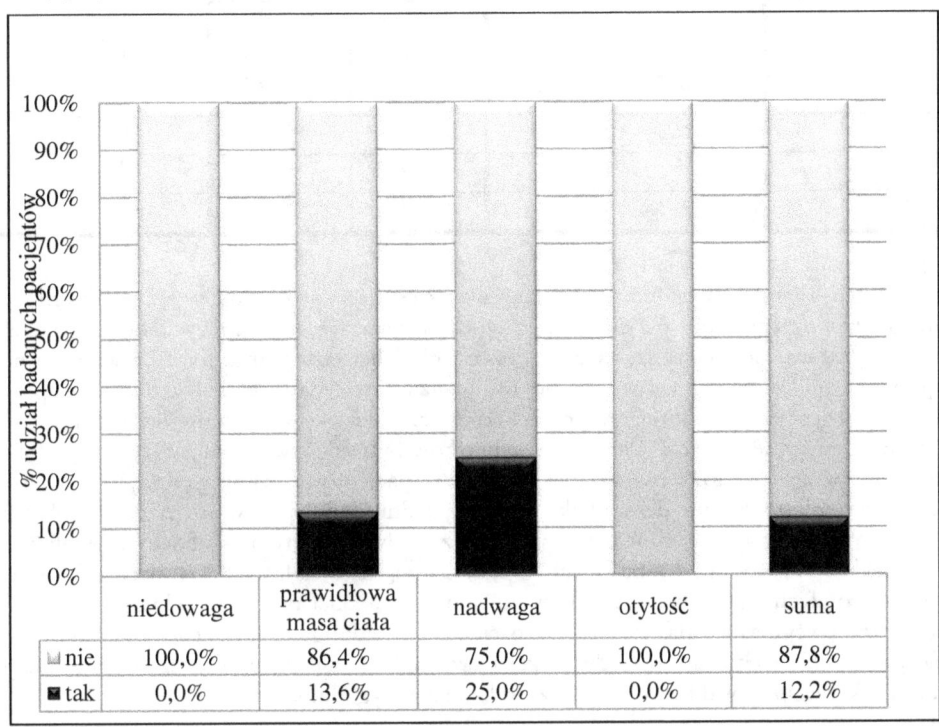

Rycina 1. Codzienne spożywanie słodyczy wśród pacjentów z cukrzycą z uwzględnieniem masy ciała

Zbadano częstość spożycia różnych słodyczy przez pacjentów w tym ciasteczek, drożdżówek, bakalii, lodów, budyniu, kisielu, galaretki, batoników i wafli. Pacjenci określając częstość spożycia słodyczy mieli do wyboru następujące odpowiedzi: w ogóle, kilka razy w miesiącu, kilka razy w tygodniu, raz dziennie, 2-3 razy dziennie oraz 4 i więcej razy dziennie. Nikt z badanych pacjentów nie zaznaczył iż spożywał wymienione w tabeli I słodycze raz dziennie, 2-3 razy dziennie oraz 4 i więcej razy dziennie. Kilka razy w tygodniu ciasteczka spożywało 12 (8,2%), drożdżówki 6 (4,1%), wafle, 6 (4,1%), bakalie 12 (8,2%), lody 3 (2,0%) i budynie, galaretki i kisiele 3 (2,0%). Zaś kilka razy w miesiącu ciasteczka były spożywane przez 66 (44,9%) pacjentów drożdżówki 36 (24,5%), wafle 18 (12,2%), batoniki 39 (26,5%), bakalie 66 (44,9%), lody 60 (40,8%) i budynie, kisiele i galaretki 78 (53,1%). Ciasteczek nie spożywa 69 (46,9%) pacjentów, 105 (71,4%) drożdżówek, 123 (83,7%) wafli, 108 (73,5%) batoników, 69 (46,9%) bakalii, 84 (57,1%) lodów i 66 (44,9%) budyniu, galaretki i kisielu. Wafle bez dodatku cukru spożywane są przez 33 (22,4%) pacjentów kilka razy w tygodniu, 39 (26,5%) spożywa je kilka razy w miesiącu, a 75

(51,0%) nie spożywa ich. Zaś desery przeznaczone dla diabetyków spożywa kilka razy w tygodniu 57 (38,7%) badanych, 75 (51,0%) spożywa je kilka razy w miesiącu i nie spożywa ich 15 (10,2%) badanych.

Tabela I. Częstość spożycia różnych słodyczy przez badanych pacjentów chorujących na cukrzycę N=147

	nie spożywa		kilka razy w miesiącu		kilka razy w tygodniu	
	N	%	N	%	N	%
ciasteczka	69	46,9%	66	44,9%	12	8,2%
drożdżówka	105	71,4%	36	24,5%	6	4,1%
wafle	123	83,7%	18	12,2%	6	4,1%
wafle bez cukru	75	51,0%	39	26,5%	33	22,4%
desery dla diabetyków	15	10,2%	75	51,0%	57	38,7%
batoniki	108	73,5%	39	26,5%	0	0,0%
bakalie	69	46,9%	66	44,9%	12	8,2%
lody	84	57,1%	60	40,8%	3	2,0%
budyń, galaretka, kisiel	66	44,9%	78	53,1%	3	2,0%

W tabeli II przedstawiono wyniki dotyczące częstości spożywanie poszczególnych słodyczy z podziałem na ich spożycie wśród pacjentów według masy ciała. Częstość spożycia oceniano analogicznie jak w tabeli 1 bez uwzględniania częstszego spożycia niż kilka razy w tygodniu. Ze względu na niską liczebność grupy pacjentów z niedowagą (3 osoby) w analizie porównawczej wyłączono tę grupę. Słodycze przeznaczone dla pacjentów chorujących na cukrzycę bez cukru w badanej grupie cieszyły się większą popularnością niż tradycyjne słodycze: desery dla diabetyków były spożywane kilka razy w tygodniu przez 39 (59,1%) pacjentów z prawidłową masą ciała, 9 (25,0%) pacjentów z nadwagą i 6 (14,3%) pacjentów z otyłością, podczas gdy tradycyjne desery kilka razy w tygodniu były spożywane przez 3 (4,5%) pacjentów z prawidłową masą ciała i ani jednego pacjenta z nadwagą i otyłością. Spożycie wafli kilka rady w tygodniu zadeklarowało 3 (4,5%) badanych z prawidłową masą ciała, 3 (8,3%) pacjentów z nadwagą i nikt z pacjentów otyłych. Wafle bez cukru były konsumowane kilka razy w tygodniu przez 18 (27,3%) pacjentów o prawidłowej masie ciała, 15 (41,7%) pacjentów z nadwagą i żaden pacjent z otyłością. Otyli pacjenci unikają jedzenia tych samych słodyczy kilka razy w tygodniu poza słodyczami przeznaczonymi dla diabetyków nikt nie spożywał innych słodyczy kilka razy w tygodniu.

Tabela II. Częstość spożycia różnych słodyczy przez badanych pacjentów chorujących na cukrzycę z uwzględnieniem ich masy ciała.

		prawidłowa masa ciała N=66		nadwaga N=36		otyłość N=42	
		N	%	N	%	N	%
ciasteczka	nie spożywa	39	59,1%	12	33,3%	18	42,9%
	kilka razy w miesiącu	24	36,4%	15	41,7%	24	57,1%
	kilka razy w tygodniu	3	4,5%	9	25,0%	0	0,0%
drożdżówki	nie spożywa	54	81,8%	15	41,7%	33	78,6%
	kilka razy w miesiącu	9	13,6%	18	50,0%	9	21,4%
	kilka razy w tygodniu	3	4,5%	3	8,3%	0	0,0%
wafle	nie spożywa	60	90,9%	30	83,3%	30	71,4%
	kilka razy w miesiącu	3	4,5%	3	8,3%	12	28,6%
	kilka razy w tygodniu	3	4,5%	3	8,3%	0	0,0%
batoniki	nie spożywa	42	63,6%	27	75,0%	36	85,7%
	kilka razy w miesiącu	24	36,4%	9	25,0%	6	14,3%
	kilka razy w tygodniu	0	0,0%	0	0,0%	0	0,0%
bakalie	nie spożywa	27	40,9%	15	41,7%	24	57,1%
	kilka razy w miesiącu	33	50,0%	15	41,7%	18	42,9%
	kilka razy w tygodniu	6	9,1%	6	16,7%	0	0,0%
lody	nie spożywa	36	54,5%	18	50,0%	27	64,3%
	kilka razy w miesiącu	27	40,9%	18	50,0%	15	35,7%
	kilka razy w tygodniu	3	4,5%	0	0,0%	0	0,0%
desery	nie spożywa	24	36,4%	15	41,7%	24	57,1%
	kilka razy w miesiącu	39	59,1%	21	58,3%	18	42,9%
	kilka razy w tygodniu	3	4,5%	0	0,0%	0	0,0%
wafle bez cukru	nie spożywa	30	45,5%	9	25,0%	33	78,6%
	kilka razy w miesiącu	18	27,3%	12	33,3%	9	21,4%
	kilka razy w tygodniu	18	27,3%	15	41,7%	0	0,0%
desery dla diabetyków	nie spożywa	3	4,5%	0	0,0%	12	28,6%
	kilka razy w miesiącu	24	36,4%	27	75,0%	24	57,1%
	kilka razy w tygodniu	39	59,1%	9	25,0%	6	14,3%

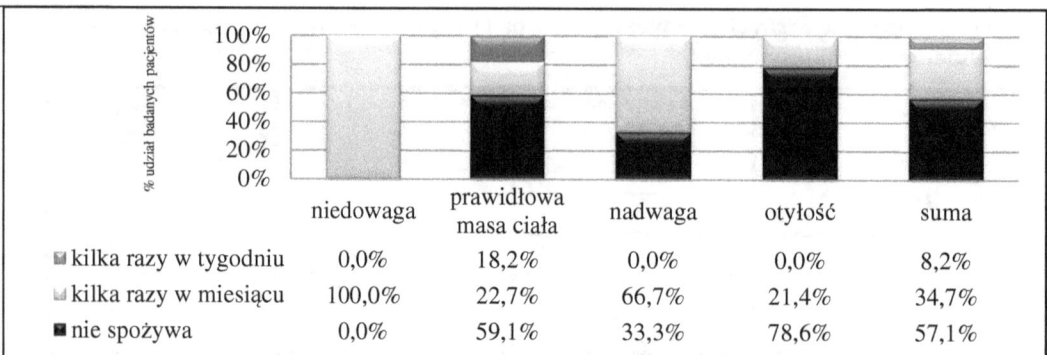

Rycina 2. Częstość kupowania słodyczy przeznaczonych dla diabetyków przez badanych pacjentów chorujących na cukrzycę

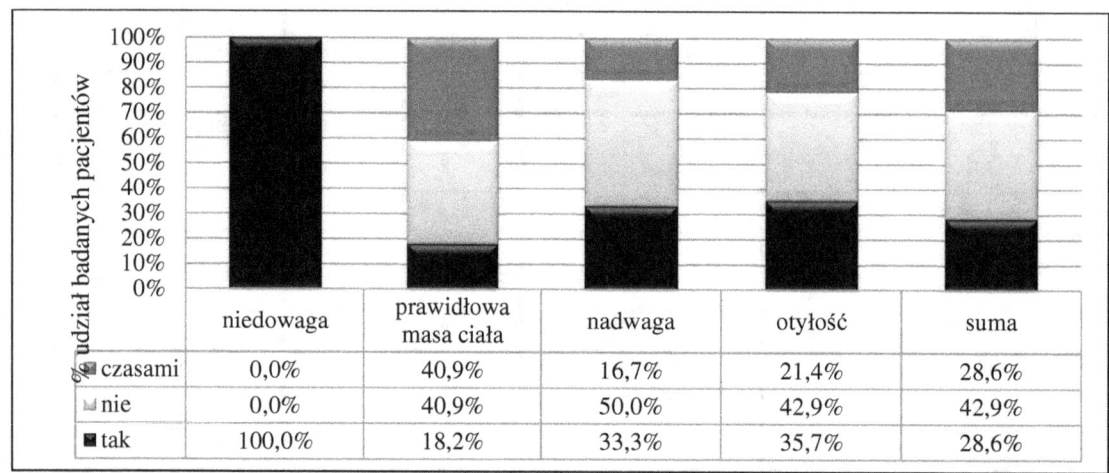

Rycina 3. Zwracanie uwagi na zawartość cukru w produktów spożywczych wśród badanych pacjentów chorujących na cukrzycę

Na rycinie 2 przedstawiono wyniki dotyczące kupowania słodyczy przeznaczonych dla diabetyków o obniżonej zawartości cukru. W całej badanej grupie pacjentów chorujących na cukrzycę 12 osób (8,2%) kupuje takie słodycze kilka raz w tygodniu, 51 (34,7%) kilka razy w miesiącu, 84 (57,1%) nie kupuje tych słodyczy. Wśród pacjentów z prawidłową masą ciała 12 (18,2%) kupuje je kilka razy dziennie, 15 (22,7%) kilka razy w miesiącu, 39 (59,1%) ich nie kupuje. W grupie pacjentów z nadwagą 24 (66,7%) kupuje słodycze o obniżonej zawartości cukru kilka razy w miesiącu i 12 (33,3%) ich nie kupuje, zaś w grupie z otyłością 9 (21,4%) kupuje je kilka razy w miesiącu i 33 (78,6%) nie kupuje ich.

Badani pacjenci chorujący na cukrzycę zostali zapytani czy zwracają uwagę na zawartości cukru w produktach spożywczych: 63 (42,9%) osób nie zwraca na ten fakt uwagi, 42 (28,6%) zwraca uwagę zawsze i 42 (28,6%) zwraca uwagę czasami. Wśród pacjentów z prawidłową masą ciała większość nie zwraca uwagi na zawartość cukru w produktach spożywczych 27 (40,9%) osób lub robi to czasami 27 (40,9%). W grupie pacjentów z nadwagą 18 (50,0%) i wśród z otyłością 18 (42,9%) nie zwraca uwagi na zawartość cukru w produktach spożywczych. Natomiast fakt ten deklaruje 12 (33,3%) pacjentów z nadwagą i 15 (35,7%) z otyłością. W badaniu przeanalizowano również fakt zwracania uwagi na wartość indeksu glikemicznego podczas wyboru produktu spożywczego. Dokonując wyboru produktu spożywczego 21 (14,2%) badanych zawsze zwraca uwagę na indeks glikemiczny, 45 (30,6%) robi to czasami, 57 (38,7%) nie zwraca uwagi na indeks glikemiczny i 24 (16,3%) badanych nie wie czym jest indeks glikemiczny.

W tabeli III przedstawiono wyniki dotyczące częstości spożywania napojów słodzonych cukrem i nie słodzonych cukrem przez pacjentów chorujących na cukrzycę. Zaobserwowano, iż soki słodzone cukrem były wypijane przez 9 (6,1%) badanych kilka razy w miesiącu zaś soki nie słodzone cukrem przez 3 (2,0%) były wypijane codziennie, 9 (6,1%) kilka razy w tygodniu, 24 (16,3%) kilka razy w miesiącu. Napoje gazowane słodzone cukrem były spożywane przez 21 (14,3%) kilka razy w miesiącu, Zaś te napoje które nie zawierają cukru spożywane były przez 36 (24,5%) kilka razy w tygodniu, 38 (26,5%) spożywało je kilka razy w miesiącu. Uwzględniając masę ciała pacjenci z otyłością nie piją soków (100%) i napojów gazowanych słodzonych cukrem (100%), natomiast 6 (14,2%) pacjentów wypija soki słodzone cukrem

Tabela III. Częstość spożywania napojów słodzonych cukrem i nie słodzonych cukrem przez badanych pacjentów chorujących na cukrzycę z uwzględnieniem ich masy ciała

		niedowaga n=3	prawidłowa masa ciała n=66	nadwaga n=36	Otyłość n=42	ogółem n=147
Soki słodzone cukrem	nie spożywa	100,0%	90,9%	91,7%	100,0%	93,9%
	kilka razy w miesiącu	0,0%	9,1%	8,3%	0,0%	6,1%
Soki nie słodzone cukrem	nie spożywa	100,0%	72,7%	66,7%	85,7%	75,5%
	kilka razy w miesiącu	0,0%	27,3%	8,3%	7,1%	16,3%
	kilka razy w tygodniu	0,0%	0,0%	16,7%	7,1%	6,1%
	raz dziennie	0,0%	0,0%	8,3%	0,0%	2,0%
Napoje gazowane słodzone cukrem	nie spożywa	100,0%	81,8%	75,0%	100,0%	85,7%
	kilka razy w miesiącu	0,0%	18,2%	25,0%	0,0%	14,3%
Napoje gazowane nie słodzone cukrem	nie spożywa	100,0%	45,5%	41,7%	57,1%	49,0%
	kilka razy w miesiącu	0,0%	27,3%	25,0%	28,6%	26,5%
	kilka razy w tygodniu	0,0%	27,3%	33,3%	14,3%	24,5%

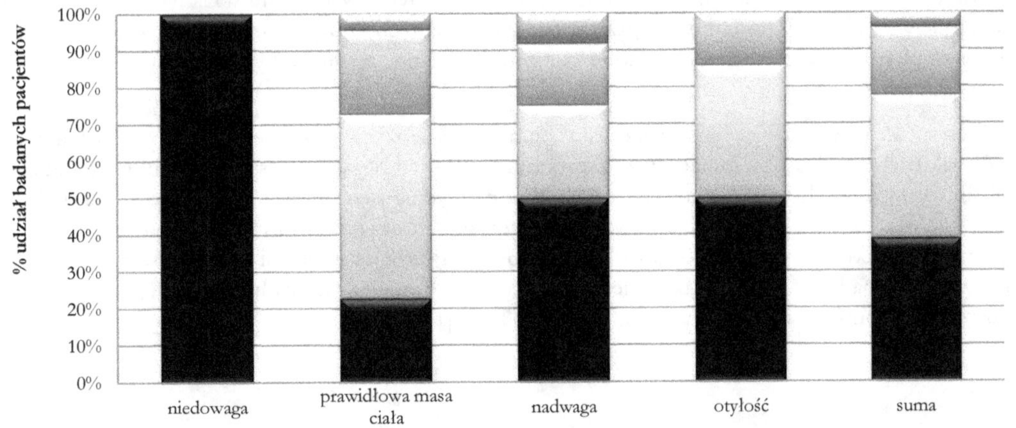

	niedowaga	prawidłowa masa ciała	nadwaga	otyłość	suma
tylko herbatę	0,0%	4,5%	8,3%	0,0%	4,1%
tylko kawę	0,0%	22,7%	16,7%	14,3%	18,4%
nie	0,0%	50,0%	25,0%	35,7%	38,8%
tak	100,0%	22,7%	50,0%	50,0%	38,8%

Rycina 4. Słodzenie napojów przez badanych pacjentów chorujących na cukrzycę

Na rycinie 4 przedstawiono wyniki dotyczące słodzenia napojów takich jak kawa i herbata przez pacjentów z otyłością. W całej badanej grupie tylko 57 (38,8%) nie słodzi obu napojów, 57 (38,8%) słodzi oba te napoje, 27 (18,4%) słodzi kawę i 6 (4,1%) herbatę. Największą grupę osób niesłodzących stanowią pacjenci o prawidłowej masie ciała 33 (50,%) nie słodzi napoi. Spośród pacjentów z otyłością 15 (35,7%) i z nadwagą 9 (25,0%) nie słodzi kawy ani herbaty.

Badani zostali również zapytani czym słodzą napoje: 39 (16,3%) używa do słodzenia białego cukru, 6 (4,0%) używa brązowego cukru, 3 (2,0%) używa miodu i 51 (34,6% używa słodzika w tym 30 (20,4%) używa słodzika z aspartamem, 33 (22,4%) słodzika z sacharyną, 9 (6,1%) używa słodzika, ale nie potrafiło wskazać substancji słodzącej i 3 (2,0%) używa słodzika z sorbitolem.

Dyskusja

Według Tatonia spożywanie większej ilości produktów takich, jak słodycze nie jest wskazane dla zdrowych osób. Powoduje to przyrost masy ciała, predysponuje do rozwoju miażdżycy, nadciśnienia, a w konsekwencji do zawału serca, udaru mózgu czy zgonu. Produkty te bezwzględnie należy wykluczyć z diety chorych na cukrzycę [14].

W badaniu Włodarczyk i wsp. badając nawyki żywieniowe pacjentów z cukrzycą zaobserwowali iż częstość spożywania słodyczy przedstawiała się następująco: 3,2% badanych spożywa je kilka razy dziennie, 21,3% 1 raz dziennie, 7,0% 4-5 razy dziennie, 27,7% 2-3 razy w tygodniu i 40,8% 1 raz w tygodniu lub rzadziej [15]. W badaniu Mędrela-Kuder przeprowadzonym na pacjentach poradni diabetologicznej zaobserwowano niespożywanie słodyczy w grupie 18% kobiet oraz 27% mężczyzn [16].

Jak wykazały badania własne duży odsetek badanych pacjentów spożywa różne słodycze zarówno przeznaczone dla diabetyków jak i te przeznaczone dla ogółu społeczeństwa czyli z zawartością cukru, twierdząc, iż jego żywienie jest właściwe i stosuje się do ogólnych zaleceń żywienia w cukrzycy.

Włodarczyk i wsp. oceniali również częstość spożywania słodkich napojów i tak 8,0% spożywa je codziennie, 3,0% 4-5 razy w tygodniu, 7,7% 2-3 razy w tygodniu i 81,3% spożywa je 1 raz w tygodniu lub rzadziej [15]. Inni autorzy [16] zaobserwowali iż 77% kobiet i 80% mężczyzn nie słodzi napoi. Są to bardzo odmienne wyniki niż uzyskane w badaniu słanym. W badaniu własnym 38,8% słodzi napoje takie jak kawa i herbata, dodatkowo prawie połowa badanych spożywa napoje gazowane bez cukru i ok. 15% wypija napoje gazowane słodzone cukrem, które nie powinny być wypijane nawet przez zdrowe osoby [2, 3].

Instytut Żywności i Żywienia zaleca aby ograniczyć spożycie cukru zwłaszcza w profilaktyce takich chorób jak otyłość, choroby metaboliczne, próchnica zębów i ograniczyć spożycie cukru dodanego do 10% ogółu energii. [17] W związku z tym uzasadnione wydaje się ograniczenie spożycia cukru [18]. W badaniu Napierała i wsp oceniającym stan wiedzy pacjentów chorujących na cukrzycę na temat prawidłowego żywienia w cukrzycy zaobserwowano konieczność zwiększenia edukacji żywieniowej pacjentów, gdyż przeprowadzone badania pokazały iż pacjenci nie potrafią ocenić czy danych produkt spożywczy będzie podwyższać lub obniżać poziom stężenia glukozy we krwi [19].

Wnioski

Najczęściej stosowanym środkiem słodzącym są słodziki. Wielu pacjentów rezygnuje z tradycyjnych słodyczy, na rzecz słodyczy przeznaczonych wyłącznie dla chorych na cukrzycę. Pacjenci z nadwagą i otyłością częściej, niż pacjenci o prawidłowej masie ciała zwracają uwagę na zawartość cukru w produktach spożywczych, a jednocześnie słodzą napoje takie, jak kawa i herbata.

Piśmiennictwo

1. Tatoń J., Czech A.,Bernas M.: Poradnik dietetyczny dla osób z cukrzycą. Polfa Trachomin S.A, Warszawa, 2007.
2. Willet W., Skerrett P.: Eat, drink and be healthy. Free Press/Simon & Schuster Inc. 2005.
3. Food Pyramids: What should you really eat? The Nutrition Source. Harvard School of Public Health.
4. Polskie Towarzystwo Diabetologiczne. Zalecenia kliniczne dotyczące postępowania u chorych na cukrzycę 2014. Diabetologia Kliniczna, 2014, 3, supl.A, 1 -80.
5. Główny Urząd Statystyczny. Dostawy na rynek krajowy oraz spożycie niektórych artykułów konsumpcyjnych na 1 mieszkańca w 2013 r. Materiał na konferencję prasową w dniu 29 sierpnia 2014 r. Źródło internetowe http://stat.gov.pl/
6. Poczta W., Pawlak K., Ratajczak P., Siemiński P. Analiza potrzeb i kierunków wsparcia sektora przetwórstwa, przetwarzania, wprowadzania do obrotu i rozwoju produktów rolnych w Polsce w latach 2014-2020. Instytucja Zarządzająca Programem Rozwoju Obszarów Wiejskich na lata 2007-2013 – Minister Rolnictwa i Rozwoju Wsi
7. Jarosz M., Kłosiewicz –Latoszek L.: Cukrzyca. Zapobieganie i leczenie. PZWL, Warszawa, 2007,47-48.
8. Stanowisko Polskiego Towarzystwa Badań nad Otyłością i Polskiego Towarzystwa Diabetologicznego w sprawie stosowania niskokalorycznych substancji słodzących. Diabetologia Kliniczna, 2013, tom 2, supl.A
9. Juruć A., Pisarczyk-Wiza D., Wierusz-Wysocka B.: Zalecenia dietetyczne i zachowania żywieniowe u osób z cukrzycą typu 1 – czy mają wpływ na kontrolę metaboliczną? Diabetologia Kliniczna 2014, tom 3, nr 1, 22–30
10. Ostrowska L. Leczenie dietetyczne otyłości — wskazówki dla lekarzy praktyków. Forum Zaburzeń Metabolicznych 2010, tom 1, nr 1, 22–30
11. Shaw K.M.: Powikłania cukrzycy. Via Medica, Gdańsk, 1998
12. Tatoń J.: Intensywne leczenie cukrzycy typu 1. PZWL, Warszawa, 2004. 21-24.
13. Nowakowski A.: Epidemiologia cukrzycy. Diabetologia Praktyczna, 2002, tom 3, nr 4.
14. Taton J.: Zdrowe i smaczne żywienie osób z cukrzycą i ich rodzin. PZWL, Warszawa, 2003.
15. Włodarek D., Głąbska D.: Zwyczaje żywieniowe osób chorych na cukrzycę typu 2. Diabetologia Praktyczna, 2010, 11, 1: 17-23.
16. Mędrela-Kuder E., Bis H.: Porównanie aktywności fizycznej i diety u kobiet i mężczyzn chorych na cukrzycę typu 2. Medycyna Ogólna i Nauki o Zdrowiu, 2014, 20, 1, 31-33.
17. Jarosz M., Bułchak-Jachymczyk B., red.Normy żywienia człowieka. Podstawy prewencji otyłości i chorób niezakaźnych. Warszawa. PWN, 2012.
18. Kłosiewicz-Latoszek L., Cybulska B.: Cukier a ryzyko otyłości, cukrzycy i chorób sercowonaczyniowych. Probl Hig Epidemiol 2011, 92(2): 181-186.
19. Napierała M.U., Hermann D., Gutowska I., Bryśkiewicz M.E., Homa K.: Weryfikacja mitów żywieniowych na temat diety cukrzycowej. Diabetologia Kliniczna 2013, tom 2, 1, 3–8.

Streszczenie

Wstęp: Według badań GUS-u ilość spożycia słodyczy w Polsce wzrasta. W 2013 r. przeciętny Polak spożywał min. 1,08 kg wyrobów czekoladowych oraz 3,12 kg innych wyrobów cukierniczych. Wśród pacjentów z rozpoznaną cukrzycą słodycze mogą być spożywane w rozsądnych ilościach jednak istotną rolę odgrywa utrzymanie diety w oparciu o zasady prawidłowego żywienia w cukrzycy. Celem pracy była próba oceny skali rozpowszechnienia spożywania słodyczy oraz napojów słodzonych wśród pacjentów z rozpoznaną cukrzycą.

Materiał i metodyka: W badaniu zastosowano autorski kwestionariusz ankiety. Badaną grupę stanowiło 147 pacjentów ze zdiagnozowaną cukrzycą, w tym 96 kobiet i 51 mężczyzn. W badanej grupie 69 pacjentów chorowało na cukrzycę typu 1 i 78 pacjentów chorowało na cukrzycę typu 2.

Wyniki: W całej badanej grupie 87,8% badanych nie spożywa codziennie słodyczy, 12,2 % spożywa je codziennie, w tym 13,6% pacjentów z prawidłową masą ciała i 25,0% pacjentów z nadwagą. Wśród badanych tylko 38,8% nie słodzi obu napojów, 38,8% słodzi oba te napoje, 18,4% słodzi kawę i 4,1% herbatę. Badani zostali również zapytani czym słodzą napoje. 16,3% używa do słodzenia białego cukru, 4,0% używa brązowego cukru, 2,0% używa miodu i 34,6% używa słodzika.

Wnioski: Najczęściej stosowanym środkiem słodzącym są słodziki. Wielu pacjentów rezygnuje z tradycyjnych słodyczy, na rzecz słodyczy przeznaczonych wyłącznie dla chorych na cukrzycę.

Słowa kluczowe: dieta, cukrzyca typu 1, cukrzyca typu 2, nawyki żywieniowe, słodycze

Ocena częstości spożycia wybranych produktów spożywczych wśród osób z cukrzycą typu 1 i 2.

Agnieszka Białek-Dratwa, Anna Kukielczak, Mateusz Grajek, Beata Całyniuk,

Elżbieta Szczepańska, Renata Polaniak

Cukrzyca jest przewlekłą chorobą, spowodowaną zaburzeniami gospodarki węglowodanów, tłuszczów oraz białek. Charakteryzuje się zwiększonym stężeniem glukozy we krwi, będącym zaburzeniem działania insuliny [1]. Według Światowej Organizacji Zdrowia (WHO) cukrzycę dzielimy na: cukrzycę typu 1 (autoimmunologiczną i idiopatyczną), cukrzycę typu 2, cukrzycę ciążową oraz inne specyficzne typu cukrzycy [2].

Cukrzyca jest jednym z poważniejszych problemów zdrowotnych na świecie zwłaszcza w krajach wysoko rozwiniętych. Z danych International Diabetes Federation (IFD) wynika, że w 2013 roku na całym świecie chorowało na cukrzycę 382 miliony ludzi w tym 56 milionów Europejczyków. Szacuje się, że w 2035 roku liczba ta zwiększy się do 591 milionów na świecie i 68,9 milionów w Europie [3]. Według IFD w 2014 r. w Polsce w populacji 20-79 lat cukrzyca występowała u 2 049 100 osób, w 2010 r. upośledzoną tolerancją glukozy charakteryzowało się 16,9% polskiego społeczeństwa w wieku 20-79 lat (4 843 300 osób) [4].

Niewłaściwie leczona lub późno zdiagnozowana cukrzyca może doprowadzić do poważnych powikłań przewlekłych m.in. mikroangiopatii – nefropatii, retinopatii, neuropatii, makroangiopatii, które mogą przyczyniać się do miażdżycy, nadciśnienia tętniczego oraz chorób naczyń mózgowych i obwodowych[5,6]. Istotne są też ostre powikłania występujące zwłaszcza wśród dzieci i młodzieży chorującej na cukrzycę. Powikłania te są wynikiem nagłego niedoboru lub nadmiaru insuliny i mogą prowadzić do hipoglikemi, hiperglikemii oraz kwasicy ketonowej, a te z kolei do utraty przytomności, śpiączki a nawet do zgonu [7, 8, 9, 10].

Aby zapobiec lub opóźnić występowanie powikłań cukrzycy istotne jest prawidłowe jej leczenie poprzez leczenie dietetyczne, aktywność fizyczną, leczenie farmakologiczne (doustnymi lekami hipoglikemizującymi lub insuliną) oraz edukację terapeutyczną [1]. Zgodnie z zaleceniami Polskiego Towarzystwa Diabetologicznego głównym celem leczenia dietetycznego wśród chorych na cukrzycę jest ustabilizowanie stężenia glukozy w surowicy krwi do wartości prawidłowych, aby nie dopuścić do występowania powikłań cukrzycy, utrzymanie optymalnego stężenia lipoprotein i lipidów w surowicy, a także wartości ciśnienia tętniczego krwi w celu zredukowania ryzyka wystąpienia chorób naczyń krwionośnych oraz uzyskanie i utrzymanie prawidłowej masy ciała [2].

Prawidłowe żywienie ma istotne znaczenie w leczeniu cukrzycy, zarówno w typu 1 i 2, jest jednym z ważniejszych elementów całego procesu terapeutycznego. W związku z powyższym wszyscy pacjenci diabetologiczni powinni być edukowani w zakresie prawidłowego żywienia, a zwłaszcza zachęcani do wykorzystywania tej wiedzy w codziennym prawidłowym żywieniu [2, 11, 12].

Pacjenci chorujący na cukrzycę mający prawidłową masę ciała powinni spożywać zbilansowaną dietę, unikać spożywania węglowodanów prostych oraz łatwo przyswajalnych. Opracowując skład diety mogą korzystać z systemu wymienników węglowodanowych, wartości indeksu oraz ładunku glikemicznego produktów spożywczych [2, 13].

U pacjentów chorujących na cukrzycę i mających nadwagę lub otyłość należy doprowadzić do prawidłowej masy ciała oraz utrzymać ją. W związku z tym należy dostosować całodzienną energetyczność diety do płci, wieku, aktywności fizycznej oraz aktualnej masy ciała pacjenta, tak aby umożliwić pacjentowi redukcję masy ciała i osiągnięcie prawidłowego BMI poprzez ograniczenie spożycia ilości węglowodanów oraz tłuszczów zwłaszcza pochodzenia zwierzęcego [2].

Szczegółowe zalecenia dotyczące sposobu żywienia osób chorujących na cukrzycę obejmują spożycie węglowodanów na poziomie 40-50% wartości energetycznej diety, przy spożywaniu węglowodanów o niskim indeksie glikemicznym (<50 IG), tłuszczów na poziomie 30-35% wartości energetycznej diety, białka 15-20% wartości energetycznej diety przy czym stosunek spożycia białka zwierzęcego do roślinnego powinien wynosić 50/50 oraz błonnika pokarmowego w ilości 25-40 g na dobę. Zaleca się aby zmniejszyć spożycie węglowodanów prostych, przy zwiększeniu spożycia węglowodanów złożonych o niskim indeksie glikemiczny. Dodatkowo węglowodany złożone powinny być spożywane w każdym posiłku tak aby opóźnić wchłanianie się glukozy do krwioobiegu. Istotne jest również częste i regularne spożywanie posiłków – 4-5 posiłków dziennie co 3 godziny [2, 14, 15].

Cel pracy

Celem badania była ocena częstości spożycia produktów pochodzenia roślinnego: produktów zbożowych w tym produktów z pełnego przemiału, warzyw, owoców, nasion roślin strączkowych oraz porównanie sposobu żywienia pomiędzy pacjentami chorującymi na cukrzycę typu 1 i 2.

Materiał i metodyka

Badaniem objęto grupę 234 osób, w tym 153 pacjentów chorujących na cukrzycę typu 1 oraz 81 pacjentów chorujących na cukrzycę typu 2. Pacjenci zostali poinformowani o celu badania, a ich udział w nim był dobrowolny i anonimowy.

W badaniu wykorzystano autorski kwestionariusz ankiety, składający się z trzech części. W pierwszej części uwzględniono pytania metryczkowe (wiek, płeć, masę ciała, wzrost, wykształcenie), druga część kwestionariusza dotyczyła przebiegu choroby (typ cukrzycy, rok zdiagnozowania choroby, częstość dokonywania pomiarów stężenia glukozy we krwi, częstość występowania hiper- i hipoglikemi) oraz sposobu jej leczenia (leki doustne, insulina w tym rodzaj przyjmowanej insuliny oraz stosowana dieta), trzecia część dotyczyła badania nawyków żywieniowych (częstości spożycia poszczególnych grup produktów spożywczych, ilości spożywanych posiłków, częstości podjadania pomiędzy posiłkami).

Na podstawie zebranych danych antropometrycznych: masy ciała (kg) oraz wzrostu (m); obliczono wskaźnik masy ciała (BMI kg/m^2). Zgodnie z obowiązującymi normami przyjęto: BMI poniżej 18,5 kg/m^2 niedowagę, BMI 18,5-24,9 kg/m^2 prawidłową masę ciała, BMI 25-29,9 kg/m^2 nadwagę, BMI powyżej 30 kg/m^2 otyłość. Baza danych została utworzona w programie Excel, analiza statystyczna została przeprowadzona za pomocą programu Statistica 10.

Analizując częstość spożycia warzyw, zostały one podzielone na cztery grupy: I - grupa o zawartości 2–5 %. węglowodanów: brokuły, cykoria, kalafior, ogórek, pomidor, rzodkiewki, sałata, szpinak; grupa II - o zawartości 5–10 %. węglowodanów: brukselka, buraki, cebula, dynia, fasolka szparagowa, marchew, papryka; grupa III - o zawartości 10–25% węglowodanów: bób, groszek zielony, ziemniaki; grupa IV o zawartości 25-75% węglowodanów: groch, fasola, soja, soczewica, kukurydza.

Do analizy częstości spożycia owoców, zastosowano podział na trzy grupy: I grupa o niskiej zawartości węglowodanów (arbuzy, cytryny, grejpfruty), II grupa o średniej zawartości węglowodanów (o zawartości 5–10 % węglowodanów: czereśnie, gruszki, jabłka, mandarynki, pomarańcze) oraz III grupa o wysokiej zawartości węglowodanów (o zawartości 10–25 %. węglowodanów: banany, czarne porzeczki, śliwki, winogrona).

Wyniki

Grupę badaną stanowiło 150 kobiet, w tym 102 pacjentek z cukrzycą typu 1 oraz 48 z cukrzycą typu 2 oraz 84 mężczyzn w tym 51 z cukrzycą typu 1 oraz 33 z cukrzycą typu 2. Średnia wieku badanych pacjentów wynosiła 38,9 lat (min 18 lat, max 76 lat).

W tabeli I przedstawiono charakterystykę badanej grupy uwzględniając masę ciała oraz płeć badanych pacjentów. Niedowagą charakteryzowało się 24 (10,3%) badanych, w tym 18 (12,0%) kobiet oraz 6 (7,1%) badanych mężczyzn, prawidłową masą ciała 129 osób (55,1%) w tym 93 (62,0%) kobiet, 36 (42,9%) mężczyzn, nadwagą 36 (15,4%) osób, w tym 2 (16,0%) kobiet, 12 (14,3%) mężczyzn, otyłością 45 (19,2%) osób, w tym 15 (10,0%) kobiet oraz 30 (35,7%) mężczyzn. Średni wskaźnik masy ciała wśród badanych wynosił 24,4 ± 6,2 w tym wśród kobiet 23,0 ± 5,1, mężczyzn 27,0 ± 7,2, pacjentów z cukrzycą typu 1 21,7 ± 4,4, pacjentów z cukrzycą typu 2 29,7 ± 5,7.

Tabela I. Charakterystyka badanej grupy z uwzględnieniem płci i masy ciała

Wskaźnik masy ciała	Kobieta		Mężczyzna		Suma	
	N	%	N	%	N	%
Niedowaga	18	12,0%	6	7,1%	24	10,3%
Prawidłowa masa ciała	93	62,0%	36	42,9%	129	55,1%
Nadwaga	24	16,0%	12	14,3%	36	15,4%
Otyłość	15	10,0%	30	35,7%	45	19,2%
Suma	150	100,0%	84	100,0%	234	100%

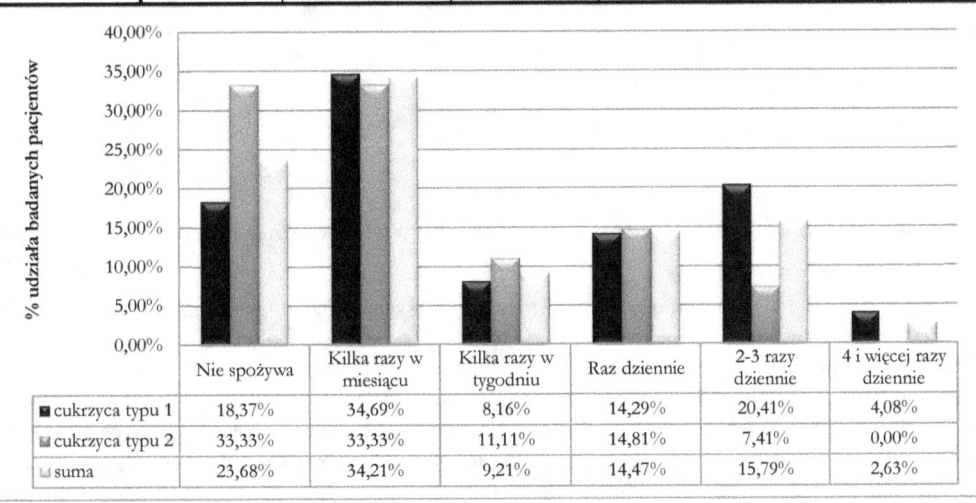

Rycina 1. Częstość spożycia pieczywa białego wśród pacjentów chorujących na cukrzycę z uwzględnieniem typu cukrzycy 1 i 2.

Częstość spożycia pieczywa białego wśród pacjentów chorujących na cukrzycę została przedstawiona na Ryc.1. Wśród badanej grupy 55 (23,6%) badanych nie spożywa białego pieczywa, 34 (14,4%)

spożywa je raz dziennie, 37 (15,7%) spożywa je 2-3 razy dziennie i 6 (2,6%) deklaruje spożycie go 4 i więcej razy dziennie. W badanej grupie pacjentów chorujących na cukrzycę typu 2 - 27 (33,3%) badanych nie spożywało białego pieczywa, 12 (14,8%) raz dziennie, a 6 (7,4%) spożywało je 2-3 razy dziennie. Natomiast w grupie pacjentów z cukrzycą typu 1 częstość spożycia pieczywa białego przedstawiała się następująco: 28 osób (18,3%) go nie spożywa, raz dziennie 22 (14,29%) badanych i 37 (24,4%) spożywa je minimum 2 razy dziennie.

Na rycinie 2 przedstawiono wyniki dotyczące częstości spożycia pieczywa pełnoziarnistego w obu badanych grupach pacjentów. W całej badanej grupie pacjentów pieczywa razowego i pełnoziarnistego nie spożywa 22 (9,2%) badanych, 28 (11,8%) spożywa je kilka razy w miesiącu, 58 (25,0%) kilka razy w tygodniu, 58 (25,0%) raz dziennie, 2-3 razy dziennie 62 (26,3%) i 6 (2,63%) 4 i więcej razy dziennie. Uwzględniając podział badanej grupy pacjentów ze względu na typ cukrzycy częstość spożycia przedstawiała się następująco: więcej niż 2 razy dziennie pieczywo pełnoziarniste było spożywane przez 41 (26,5%) pacjentów chorujących na cukrzycę typu 1 i 21 (25,9%) pacjentów chorujących na cukrzycę typu 2. Jedną porcję dziennie spożywało 37 (24,4%) pacjentów z cukrzycą typu 1 oraz 21 (25,9%) z cukrzycą typu 2. Deklarację dotyczącą braku spożycia pieczywa pełnoziarnistego uznało 10 (6,1%) pacjentów z cukrzycą typu 1 oraz 12 (14,8%) pacjentów z cukrzycą typu 2.

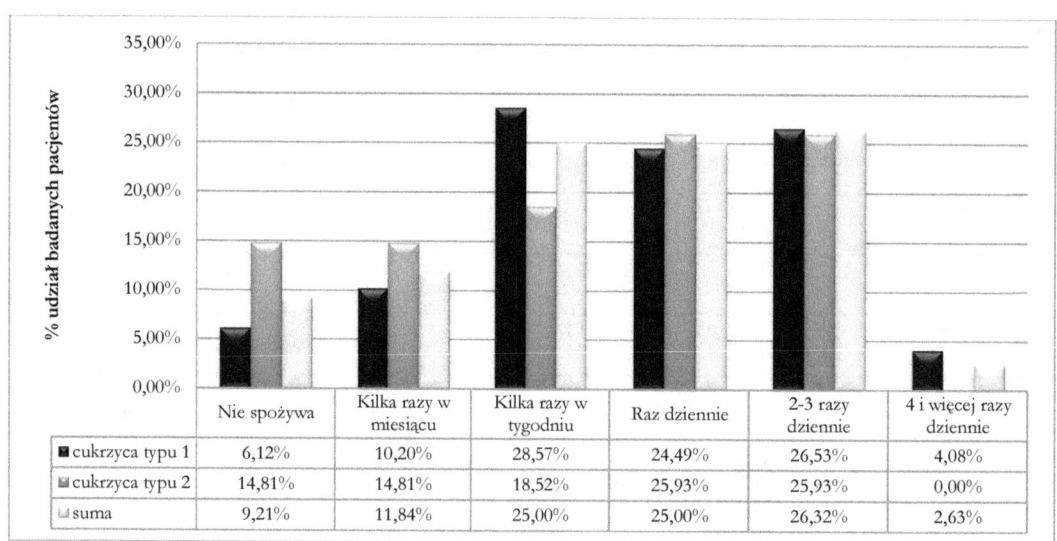

Rycina 2. Częstość spożycia pieczywa pełnoziarnistego/ razowego wśród pacjentów chorujących na cukrzycę typu 1 i 2

Na rycinach 3-6 przedstawiono wyniki dotyczące spożycia warzyw w zależności od zawartości węglowodanów. W badanej grupie pacjentów warzyw z grupy o zawartości węglowodanów 2-5% nie spożywało 9 (3,9%) pacjentów, 40 (17,1%) spożywało je kilka razy w miesiącu, 108 (46,0%) kilka razy w tygodniu, 58 (25,0%) raz dziennie, 15 (6,5%) 2-3 razy dziennie i 3 (1,3%) 4 i więcej razy dziennie. Częstość spożycia warzyw zawierających 5-10% węglowodanów przedstawiała się następująco: 15 osób (6,5%) nie spożywało tych warzyw, 55 (23,6%) spożywało je kilka razy w miesiącu, 105 (44,7%) kilka razy w tygodniu, 50 (21,0%) raz dziennie i 9 (3,9%) 2-3 razy dziennie. Uwzględniając typ cukrzycy i częstość spożycia warzyw zawierających 5-10% węglowodanów 16 (18,5%) pacjentów z cukrzycą typu 2 oraz 43 (28,5%) pacjentów z cukrzycą typu 1 spożywało te warzywa codziennie. Analizując spożycie trzeciej grupy warzyw, które zawierały 10-25% węglowodanów 15 badanych (6,5%) nie spożywa tych warzyw, 47 (19,7%) spożywa je kilka razy w miesiącu, 80 (34,2%) kilka razy w tygodniu, 89 (38,1%) raz dziennie i 3 (1,3%) 2-3 razy dziennie. Częstość spożycia warzyw z grupy IV o zawartości 25-75% węglowodanów przedstawiała się następująco: nie spożywa tych warzyw 34 (14,4%) pacjentów, 160 (68,4%) pacjentów spożywa je kilka razy w miesiącu, 31 (13,1%) kilka razy w tygodniu i 9 (3,9%) raz dziennie. Wśród pacjentów z cukrzycą typu 1 – 3 (2,0%) spożywa je raz dziennie, podczas gdy wśród pacjentów z cukrzycą typu 2 codzienne spożycie deklaruje 6 (7,4%).

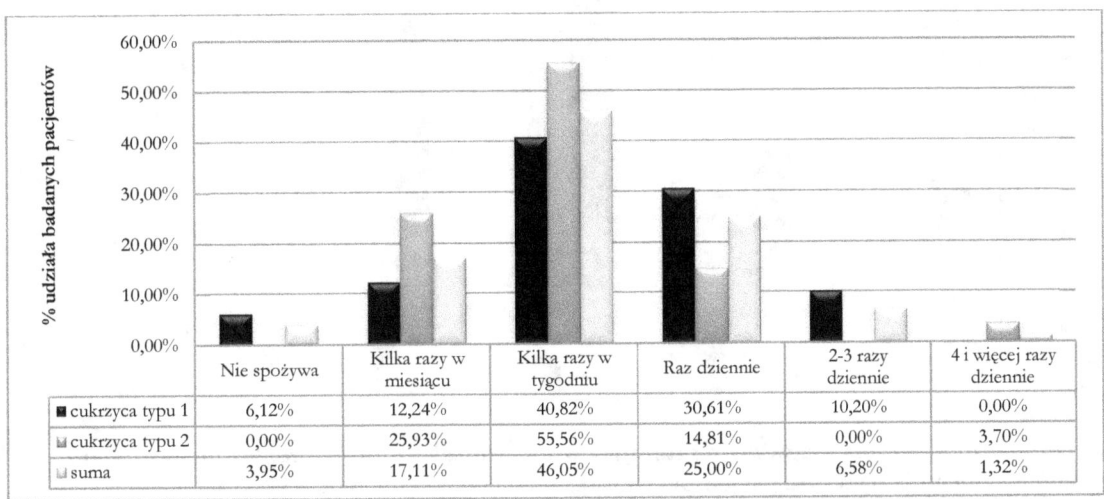

Rycina 3. Częstość spożycia warzyw z grupy I o zawartości 2–5 %. Węglowodanów (brokuły, cykoria, kalafior, ogórek, pomidor, rzodkiewki, sałata, szpinak) wśród pacjentów chorujących na cukrzycę typu 1 i 2.

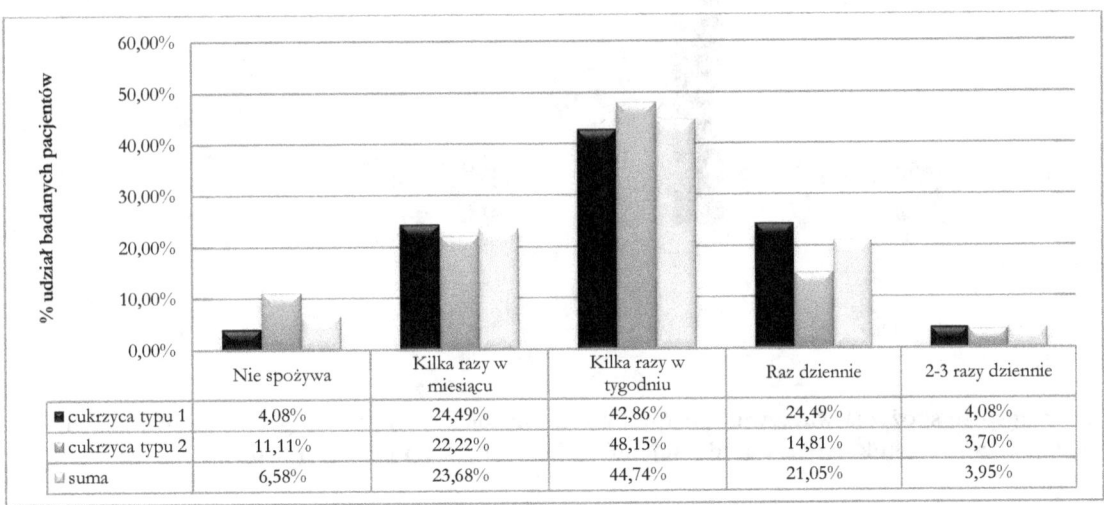

Rycina 4. Częstość spożycia warzyw z grupy II o zawartości 5–10%. Węglowodanów (brukselka, buraki, cebula, dynia, fasolka szparagowa, marchew, papryka) wśród pacjentów chorujących na cukrzycę typu 1 i 2.

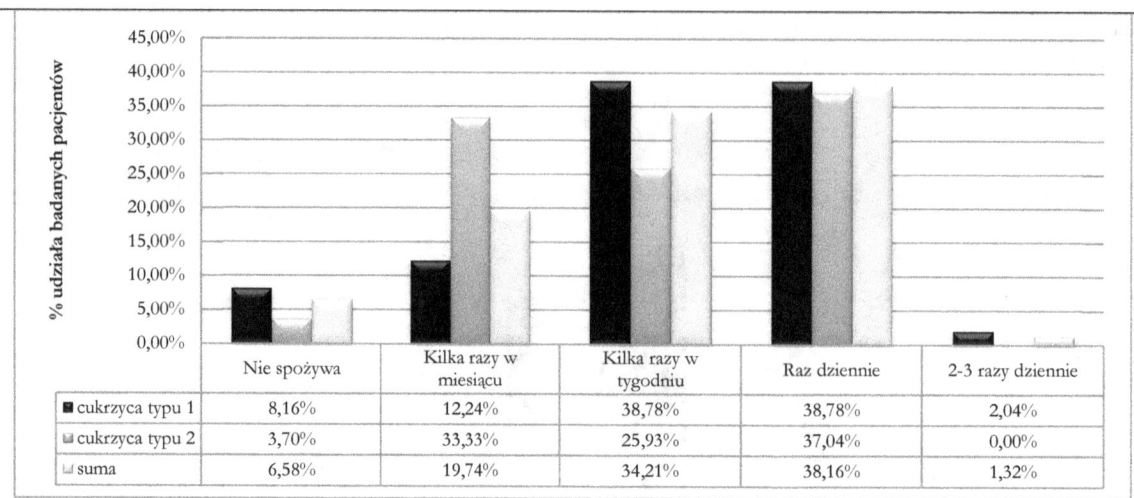

Rycina 5. Częstość spożycia warzywa z grupy III o zawartości 10–25 %. węglowodanów (bób, groszek zielony, ziemniaki) wśród pacjentów chorujących na cukrzycę typu 1 i 2.

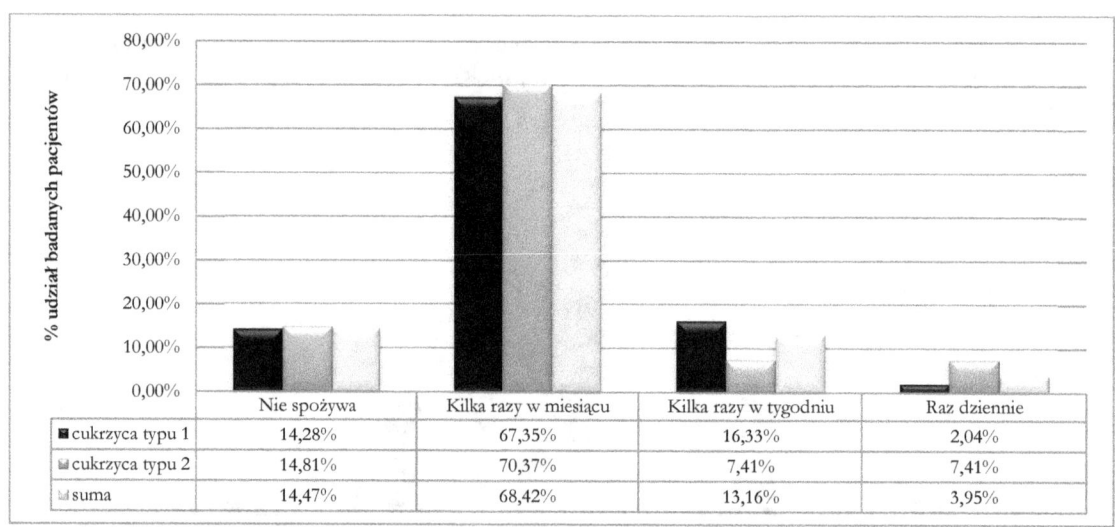

Rycina 6. Częstość spożycia warzywa z grupy IV o zawartości do 75 %. węglowodanów: groch, fasola, soja, soczewica, kukurydza wśród pacjentów chorujących na cukrzycę typu 1 i 2.

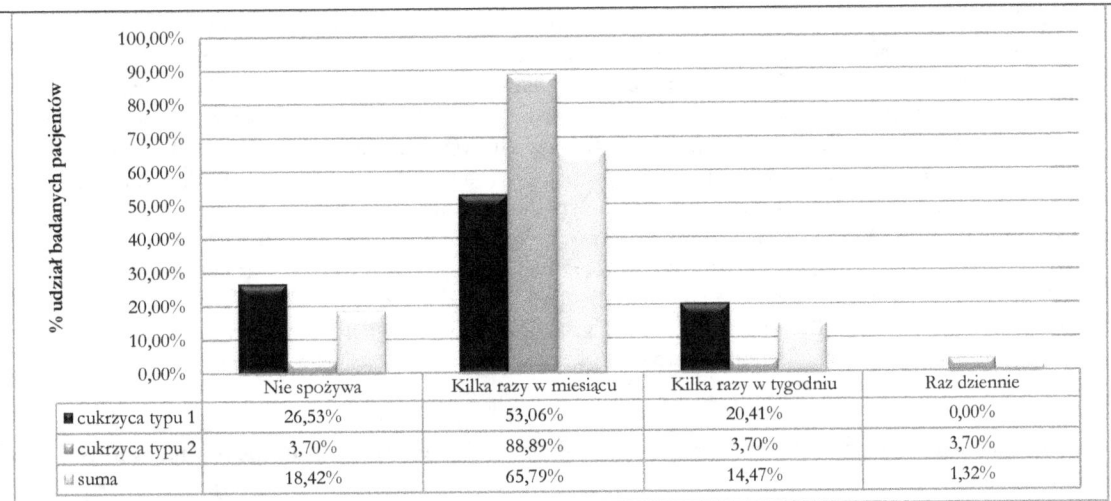

Rycina 7. Częstość spożycia ryżu białego wśród pacjentów chorujących na cukrzycę typu 1 i 2.

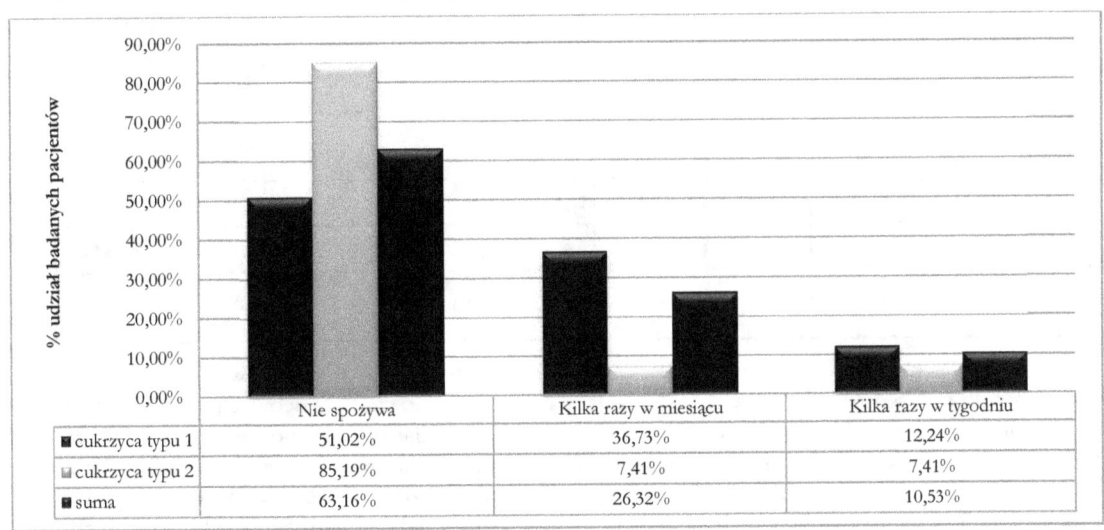

Rycina 8. Częstość spożycia ryżu brązowego/pełnoziarnistego wśród pacjentów chorujących na cukrzycę typu 1 i 2.

Na rycinach 7 i 8 porównano częstość spożycia ryżu białego i ryżu brązowego/pełnoziarnistego wśród pacjentów chorujących na cukrzycę typu 1 i 2. Uzyskane wyniki przedstawiały się następująco: 148 (63,1%) pacjentów nie spożywa ryżu brązowego lub pełnoziarnistego w tym 79 (51,0%) pacjentów z cukrzycą typu 1 i 69 (85,1%) pacjentów z cukrzycą typu 2. Natomiast ryż biały spożywany jest przez 154 (65,7%) pacjentów kilka razy w miesiącu (w tym przez 81 (53,0%) pacjentów z cukrzycą typu 1 i 73 (88,8%) pacjentów z cukrzycą typu 2), przez 34 (14,4%) pacjentów kilka razy w tygodniu (w tym 31 (20,4%) pacjentów z cukrzycą typu 1 i 3 (3,7%) z typu 2) i przez 3 (1,3%) pacjentów raz dziennie (w tym nikt z pacjentów z cukrzycą typu 1 i 3 (3,7%) typu 2).

W badaniu dotyczącym częstości spożycia produktów roślinnych uwzględniono również częstość spożycia kaszy gryczanej oraz otrębów pszennych. W całej badanej grupie pacjentów kaszy gryczanej nie spożywa 77 (32,8%) badanych, 117 (50,0%) spożywa ją kilka razy w miesiącu i 40 (17,1%) kilka razy w tygodniu. W grupie pacjentów z cukrzycą typu 2. – 33 osób (40,7%) nie spożywa kaszy gryczanej, 46 (55,5%) spożywa je kilka razy w miesiącu, 3 (3,7%) kilka razy w tygodniu. Wśród pacjentów z cukrzycą typu 1 44 (28,5%) pacjentów nie spożywa kaszy gryczanej, 71 (46,9%) badanych spożywa ją kilka razy w miesiącu i 37 (24,4%) kilka razy w tygodniu. W przypadku spożycia otrębów nie spożywa ich 148 (63,1%) pacjentów (w tym 82 (53,0%) pacjentów z cukrzycą typu 1 i 66 (81,4%) pacjentów z cukrzycą typu 2.) Spożycie kilka razy w miesiącu deklaruje 30 (13,1%) badanych w tym 21 (14,2%) z cukrzycą typu 1 oraz 9 (11,1%) typu 2, spożycie kilka razy w tygodniu 30 (13,1%) badanych w tym 27 (18,3%) z cukrzycą typu 1 oraz 3 (3,7%) typu 2. Minimum raz dziennie deklaruje 24 (10,5%) pacjentów, w tym 21 (14,2%) pacjentów z cukrzycą typu 1 oraz 3 (3,7%) pacjentów z cukrzycą typu 2.

Tabela II. Częstość spożycia owoców z grupy I, II i III wśród pacjentów chorujących na cukrzycę typu 1 i 2.

	OWOCE Z GRUPY I (o niskiej zawartości cukru: arbuzy, cytryny, grejpfruty)			OWOCE Z GRUPY II (o zawartości 5–10 %. węglowodanów: czereśnie, gruszki, jabłka, mandarynki, pomarańcze)			OWOCE Z GRUPY III (o zawartości 10–25 %. węglowodanów: banany, czarne porzeczki, śliwki, winogrona)		
	CUKRZYCA		SUMA	CUKRZYCA		SUMA	CUKRZYCA		SUMA
	TYPU 1	TYPU 2		TYPU 1	TYPU 2		TYPU 1	TYPU 2	
	N= 153	N=81	N=234	N= 153	N=81	N=234	N= 153	N=81	N=234
NIE SPOŻYWA	8,2%	11,1%	9,2%	0,0%	3,7%	1,3%	4,1%	29,6%	13,2%
KILKA RAZY W MIESIĄCU	20,4%	33,3%	25,0%	24,5%	22,2%	23,7%	71,4%	40,7%	60,5%
KILKA RAZY W TYGODNIU	51,0%	22,2%	40,8%	22,4%	33,3%	26,3%	12,2%	14,8%	13,2%
RAZ DZIENNIE	12,2%	25,9%	17,1%	34,7%	29,6%	32,9%	8,2%	7,4%	7,9%
2-3 RAZY DZIENNIE	8,2%	7,4%	7,9%	18,4%	7,4%	14,5%	4,1%	7,4%	5,3%
4 I WIĘCEJ RAZY DZIENNIE	0,0%	0,0%	0,0%	0,0%	3,7%	1,3%	0,0%	0,0%	0,0%

W tabeli II przedstawiono wyniki dotyczące częstości spożycia owoców wśród pacjentów chorujących na cukrzycę typu 1 i 2. W całej badanej grupie częstość spożycia owoców z grupy o niskiej zawartości węglowodanów przedstawiała się następująco: 21 (9,2%) badanych nie spożywa tych owoców, 59 (25,0%) spożywa je kilka razy w miesiącu, 96 (40,8%) spożywa je kilka razy dziennie, 40 (17,1%) raz dziennie, 18 (7,9%) 2-3 razy dziennie. Owoców z grupy o średniej zawartości węglowodanów nie spożywało w sumie 3 (1,3%) pacjentów, zaś spożycie kilka razy w miesiącu deklarowało 56 (23,7%) badanych, kilka razy w tygodniu 61 (26,3%), raz dziennie 77 (32,9%), 2-3 razy dziennie 34 (14,5%) i 4 i więcej razy dziennie 3 pacjentów (1,3%). Wśród wszystkich badanych pacjentów 31 (13,2%) nie spożywało owoców o wysokiej zawartości węglowodanów tj. o zawartości 10-25% węglowodanów 142 (60,5%) pacjentów spożywało je kilka razy w miesiącu, 31 (13,2%) kilka razy w tygodniu, 18 (7,9%) raz dziennie, 12 (5,3%) 203 razy dziennie.

W grupie pacjentów z cukrzycą typu 1 owoce spożywane codziennie pochodziły najczęściej z grupy owoców o średniej zawartości węglowodanów tj. 5-10 %, również w grupie pacjentów z cukrzycą typu 2 największą popularnością cieszyły się owoce z grupy II. Najrzadziej w obu badanych grupach spożywane były owoce zawierające najwięcej węglowodanów.

Dyskusja

Włodarek i wsp. w swoim badaniu przeprowadzonym wśród 223 pacjentów chorych na cukrzycę zaobserwowali, iż przeciętna częstość spożycia warzyw i owoców w badanej grupie była na poziomie 1 porcji/dzień. Badacze stwierdzili wyższą podaż węglowodanów łatwo przyswajalnych w diecie z owoców tj. 10,10 g niż z warzyw 3,81 g. W podsumowaniu swoich badań Włodarek i wsp. stwierdzili, iż wśród chorych na cukrzycę typu 2 częstość spożycia warzyw jest mała. Zwrócono również uwagę, iż kobiety częściej niż mężczyźni spożywały owoce i w całej badanej grupie węglowodany łatwo przyswajalne pochodziły częściej z owoców niż z warzyw [16].

W innym badaniu Włodarek i wsp. analizowali zwyczaje żywieniowe osób chorujących na cukrzycę typu 2. W ramach tego badania poddano ocenie 328 ankiet uzyskanych od pacjentów chorujących na cukrzycę. W badaniu przeanalizowano m.in. częstość spożycia owoców i warzyw. Wśród badanych 1 raz w tygodniu i rzadziej owoce były spożywane przez 3,8% badanych, 2-3 razy w tygodniu przez 12,3%, 4-5 razy w tygodniu przez 11,0% i raz dziennie przez 72,9% badanych. Częstość spożycia warzyw w badanej grupie przedstawiała się następująco: 1 raz w tygodniu lub rzadziej deklarowało 4,1% badanych, 2-3 razy w tygodniu 13,2%, 4-5 razy w tygodniu 11,3%, codziennie do jednego posiłku 44,8% i 3 razy dziennie 26,6% badanych [17].

Mędrela-Kuder i wsp. Analizowali nawyki żywieniowe pacjentów poradni diabetologicznej w województwie małopolskim. Do badania zakwalifikowali 120 pacjentów z cukrzycą typu 2: 60 kobiet i 60 mężczyzn. Oceniono częstość spożycia owoców i warzyw. 1-2 razy dziennie warzywa były spożywane przez 68% kobiet i 67% mężczyzn, 3-4 razy w tygodniu 24% kobiet i 27% mężczyzn, 5-6 razy w tygodniu 8% kobiet i 6% mężczyzn. Częstość spożycia owoców w badanej grupie przedstawiała się następująco: 1-2 razy dziennie owoce spożywało 85% kobiet i 87% mężczyzn, 3-4 razy w tygodniu 13% kobiet i 13% mężczyzn, 5-6 razy w tygodniu 2 % kobiet i 0% mężczyzn [18].

Sposób żywienia pacjentów z cukrzycą typu 2 oceniano również w Białymstoku. Cieloszczyk i wsp. przebadali 70 pacjentów z cukrzycą typu 2. Częstość spożycia w powyższym badaniu oceniano za pomocą kwestionariusza opracowanego przez Borawska i wsp. [19] gdzie za spożycie częste uznawano wybór produktu spożywczego 2-3 razy w tygodniu i częściej, za rzadkie wybór 1 raz w tygodniu lub rzadziej. W badanej grupie pieczywo jasne (spożycie często deklarowało 74% badanych) było wybierane rzadziej niż pieczywo razowe (często - 78%) [20], kasze (często - 38%), warzywa (często - 94%), owoce (często - 98%), nasiona roślin strączkowych (często – 18%). Podsumowując swoje wyniki Cieloszczyk i wsp. zaobserwowali iż w badanej grupie występuje zbyt częste spożycie pieczywa jasnego oraz zbyt rzadkie spożycie kasz i nasion roślin strączkowych [20].

Porównując badania własne z wyżej wymienionymi badaniami polskich autorów [16, 17, 18, 20] obserwuje się zbyt niskie spożycie warzyw, kasz gruboziarnistych, produktów zbożowych z pełnego przemiału oraz zbyt dużą podaż białego pieczywa, białego ryżu, białego makaronu oraz owoców.

Wnioski

W grupie badanych, bliższe prawidłowym nawykom żywieniowym w cukrzycy były zachowania żywieniowe pacjentów z cukrzycą typu 1: częściej spożywali pełnoziarniste produkty zbożowe i warzywa niż pacjenci z cukrzycą typu 2. Sposób żywienia badanych w obu grupach nie był zgodny z ogólnymi zaleceniami żywieniowymi w cukrzycy, w związku z powyższym należałoby włączyć szerszy proces edukacji żywieniowej w obu badanych grupach.

Piśmiennictwo

1. Jarosz M., Kłosiewicz-Latoszek L.: Cukrzyca. Zapobieganie i leczenie. PZWL, Warszawa, 2007.
2. Polskie Towarzystwo Diabetologiczne. Zalecenia kliniczne dotyczące postępowania u chorych na cukrzycę 2014. Diabelotogia Kliniczna, 2014, 3, supl.A, 1 -80.
3. International Diabetes Federation. IDF Diabetes Atlas, Sixth edition. 2013. http://www.idf.org/diabetesatlas
4. International Diabetes Federation. IDF Diabetes Atlas, Sixth edition. 2014. http://www.idf.org/atlasmap/atlasmap
5. Czech A.: Postępy w diagnostyce i leczeniu ostrych oraz przewlekłych powikłań cukrzycy. Przew. Lek., 2009, 1, 14-21
6. Bajkowska-Fiedziukiewicz A., Mikołajczyk-Swatko A., Cypryk K.: Przewlekłe powikłania w populacji chorych na cukrzycę typu 2. Przegl. Menopauz., 2009, 3, 170-174
7. Ciechanowska M., Nazim J., Starzyk J.: Kwasica ketonowa u dzieci i młodzieży z cukrzycą typu 1 – znaczenie wczesnego rozpoznawania. Pediatr. Pol. 2008, 83 (1): 63-67
8. Fichna P., Skowrońska B., Stankiewicz W.: Leczenie cukrzycy w wieku rozwojowym. Klinika Pediatr. 2005, 13 (2): 286-295
9. Mianowska B.: Hipoglikemia w przebiegu cukrzycy typu 1. W: Cukrzyca typu 1. Otto-Buczkowska E. (red.) Cornetis Wrocław 2006: 209-219
10. Piontek E., Witkowski D.: Cukrzyca u dzieci. PZWL, Warszawa, 2009
11. Szczepańska E., Klocek M., Kardas M., Dul L.: Change of the nutritional habits and anthropometric measurements of type 2 diabetic patients - advantages of the nutritional education carried out. Adv.Clin.Exp.Med, 2014, 23, 4, 589-598.
12. Grochowska-Niedworok E., Szczepańska E., Całyniuk B., Kardas M., Muc-Wierzgoń M. Study of health risks In patients with type 2 diabetes by assessing their diet. Ann. Acad. Med. Siles, 2012, 66, 5, 15-21.
13. Bronisz A., Nieziemska J., Pufal M. i wsp.: Nutrition habits and compliance with dietary recommendations by diabetic patients. Diabetol. Dośw. Klin., 2006, 6(4), 194-200
14. Jarosz M.: Żywienie wpływ na zdrowie człowieka. PZWL, Warszawa, 2014.
15. Kłosiewicz-Latoszek L.: Zalecenia żywieniowe w prewencji chorób przewlekłych. Probl.Hig. Epidemiol., 2009, 90(4), 447-450
16. Włodarek D., Głąbska D.: Spożycie warzyw i owoców przez chorych na cukrzycę typu 2. Diabetologia Praktyczna 2010, tom 11, 6: 221–229.
17. Włodarek D., Głąbska D.: Zwyczaje żywieniowe osób chorych na cukrzycę typu 2. Diabetologia Praktyczna, 2010, 11, 1: 17-23.
18. Mędrela-Kuder E., Bis H.: Porównanie aktywności fizycznej i diety u kobiet i mężczyzn chorych na cukrzycę typu 2. Medycyna Ogólna i Nauki o Zdrowiu, 2014, 20, 1, 31-33.
19. Borawska M.H., Witkowska A.M., Hukałowicz K., Markiewicz R.: Influence of dietary habits on serum elenium concentration. Ann. Nutr. Metab, 2004: 48: 134-140.
20. Cieloszczyk K., Zujko M., Witkowska A.: Ocena sposobu żywienia pacjentów z cukrzycą typu 2. Bromat. Chem. Toksykol. – XLIV, 2011, 1, 89-94.

Streszczenie

Wstęp: Cukrzyca jest przewlekłą niezakaźną chorobą, spowodowaną zaburzeniami w gospodarce węglowodanów, tłuszczów oraz białek. Charakteryzuje się zwiększonym stężeniem glukozy we krwi, będącym zaburzeniem działania insuliny. Aby zapobiec lub opóźnić występowanie powikłań cukrzycy konieczne jest leczenie dietetyczne, aktywność fizyczna, leczenie farmakologiczne oraz edukacja terapeutyczna. Celem badania była ocena częstości spożycia produktów pochodzenia roślinnego oraz porównanie sposobu żywienia pomiędzy pacjentami chorującymi na cukrzycę typu 1(c.t.1) i 2(c.t.2).

Materiał i metodyka: W badaniu wykorzystano autorski kwestionariusz ankiety. Badaniem została objęta grupa 234 pacjentów chorujących na cukrzycę: 153 na c.t.1 oraz 81 c.t.2.

Wyniki: W badanej grupie pacjentów pieczywa razowego i pełnoziarnistego nie spożywa 9,2% badanych, 11,8% spożywa je kilka razy w miesiącu, 25,0% kilka razy w tygodniu, 25,0% raz dziennie, 2-3 razy dziennie 26,3% i 2,63% 4 i więcej razy dziennie. Wśród badanej grupy 23,6% badanych nie spożywa białego pieczywa, 14,4% spożywa je raz dziennie, 15,7% spożywa je 2-3 razy dziennie i 2,6% deklaruje spożycie go 4 i więcej razy dziennie. W grupie pacjentów z c.t.1 owoce spożywane codziennie pochodziły najczęściej z grupy owoców o średniej zawartości węglowodanów tj. 5-10 % (53,1%), również w grupie pacjentów z c.t.2 największą popularnością cieszyły się owoce z grupy II. Najrzadziej w obu badanych grupach spożywane były owoce zawierające najwięcej węglowodanów: nie spożywa ich 4,1% pacjentów z c.t.1 oraz 29,6% pacjentów z c. t.2.

Wnioski: Sposób żywienia badanych w obu grupach nie był zgodny z ogólnymi zaleceniami żywieniowymi w cukrzycy: bliższe prawidłowym nawykom żywieniowym w cukrzycy były zachowania żywieniowe pacjentów z c.t.1

Słowa kluczowe: cukrzyca typu 1, cukrzyca typu 2, nawyki żywieniowe, dieta

Świadomość zasad odżywiania się u chorych na cukrzycę.

Katarzyna Leszczyńska, Paulina Łabuś, Izabela Maciejewska-Paszek, Beata Podsiadło,
Tomasz Irzyniec, Bogusława Serzysko

W ciągu ostatniego dziesięciolecia zaobserwowano dynamiczny wzrost zapadalności i chorobowości na cukrzycę, co spowodowało, iż zaczęto posługiwać się terminem – „epidemia cukrzycy". Aktualnie choroba ta znajduje się na 6 miejscu, co do częstości przyczyn zgonów na całym świecie [1]. Obecnie w Polsce na cukrzycę cierpi 5% społeczeństwa, co daje łącznie sumę około 2 mln osób [1]. Zgodnie z danymi przedstawionymi przez Światową Organizację Zdrowia, liczba zachorowań na cukrzycę po 2020 roku ulegnie podwojeniu [2].

Podstawową metodą terapii we wszystkich typach cukrzycy jest leczenie dietetyczne [3]. Zgodnie z zaleceniami ADA (American Diabetes Association), leczenie dietą osób chorych na cukrzycę ma na celu przede wszystkim:

1. uzyskanie oraz utrzymanie prawidłowych lub jak najbardziej zbliżonych do normy wartości stężenia glukozy we krwi, w celu uniknięcia, bądź zmniejszenia ryzyka wystąpienia powikłań towarzyszących cukrzycy,

2. uzyskanie optymalnego profilu lipidowego, co wiąże się ze zmniejszeniem ryzyka makroangiopatii,

3. osiągnięcie prawidłowych wartości ciśnienia tętniczego krwi,

4. leczenie przewlekłych, już istniejących powikłań cukrzycowych,

5. poprawienie ogólnego stanu zdrowia pacjenta [4].

Cel pracy

Celem niniejszej pracy była ocena zachowań żywieniowych osób z cukrzycą typu I i II w profilaktyce powikłań.

Materiał i metodyka

Badania do niniejszej pracy przeprowadzone zostały na przełomie 2013/2014 roku na terenie Opola wśród pacjentów przebywających w Oddziale Chorób Wewnętrznych i Diabetologii Samodzielnego Publicznego Zakładu Opieki Zdrowotnej Ministerstwa Spraw Wewnętrznych i Administracji oraz w placówce Niepublicznego Zakładu Opieki Zdrowotnej REHAMEDICA. Ponadto osoby należące do Polskiego Stowarzyszenia Diabetyków Oddziału Powiatowego w Wałczu.

Badaniem objęto 120 osób, w tym 66 (55%) kobiet i 54 (45%) mężczyzn chorujących na cukrzycę.

W badaniach posłużono się metodą sondażu diagnostycznego wykorzystując narzędzie w postaci autorskiego kwestionariusza ankiety, składającego się z dwóch części. W pierwszej części zawarto 28 pytań o charakterze zamkniętym, które miały na celu ustalenie, na jaki typ cukrzycy dana osoba choruje, jaką formę leczenia stosuje oraz w jaki sposób się odżywia. Drugą część ankiety stanowiła metryczka, w której zmieszczono pytania dotyczące płci, wieku, miejsca zamieszkania, wykształcenia oraz wzrostu i wagi ciała.

Tab. 1 Charakterystyka badanych osób

		Osoby chorujące na cukrzycę typu I	Osoby chorujące na cukrzycę typu II
płeć	kobieta	30	36
	mężczyzna	30	24
	razem	60	60
wiek	poniżej 40	50	3
	41 – 45	2	1
	46 – 50	4	1
	51 – 55	1	7
	56 – 60	2	11
	powyżej 60	1	37
wykształcenie	podstawowe	5	10
	średnie	22	26
	zawodowe	3	14
	wyższe	30	10

Charakterystyka badanych osób przedstawia się następująco: wśród kobiet większą grupę stanowią osoby chorujące na cukrzycę typu II, wśród mężczyzn większą grupę stanowią osoby chorujące na cukrzycę typu I, najliczniejszą grupę stanowią osoby poniżej 40 roku życia chorujące na cukrzycę typu I, natomiast na cukrzycę typu II osoby powyżej 60 roku życia, na 120 ankietowanych, 95 osób mieszka w miastach, w przypadku cukrzycy typu I przeważająca część osób posiada wyższe i średnie wykształcenie, natomiast w przypadku cukrzycy typu II są to osoby z wykształceniem średnim i zawodowym.

Wyniki

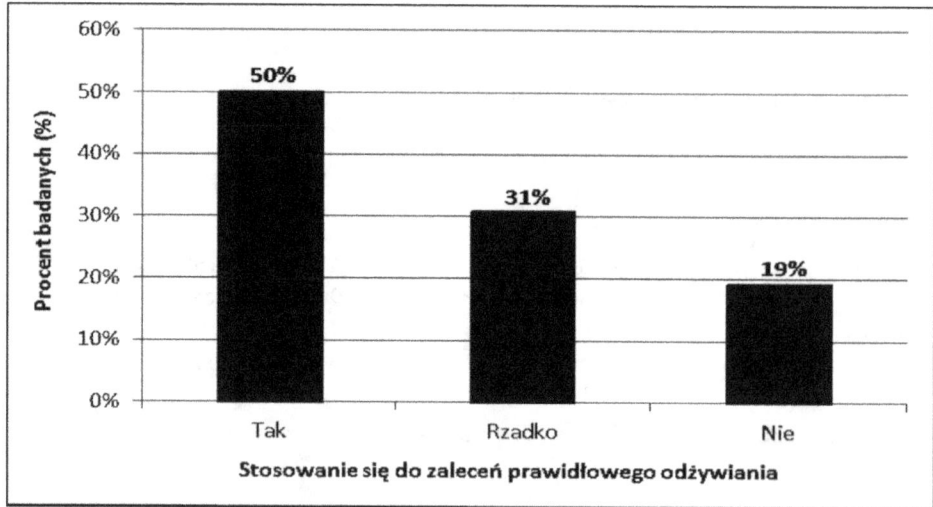

Ryc. 1 Stosowanie diety cukrzycowej przez osoby badane

Wśród odpowiedzi uzyskanych na pytanie „*Czy stosuje się Pan/Pani do zaleceń prawidłowego odżywiania w cukrzycy?*" pozytywnych opinii udzieliło 50% (60) respondentów. Średnio, co 4 badana osoba twierdzi, iż rzadko stosuje dietę cukrzycową, natomiast pozostała część ankietowanych (19%-23 osoby) przyznała, że nie wdraża zasad prawidłowego żywienia.

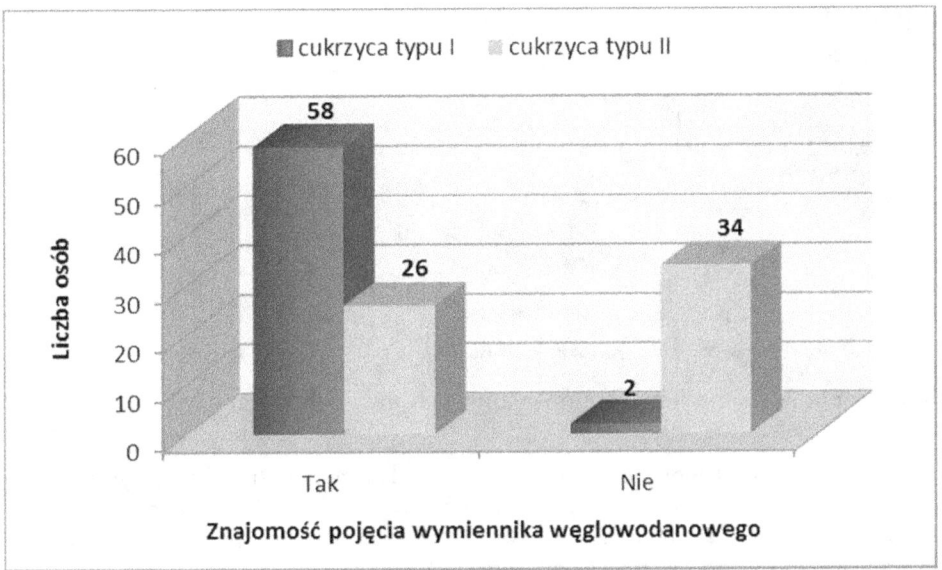

Ryc. 2 Znajomość pojęcia wymiennika węglowodanowego (WW) przez osoby badane

Grupa osób chorujących na cukrzycę typu I (bez względu na wykształcenie) wykazała się znacznie większą znajomością pojęcia „wymiennika węglowodanowego" (58 osób spośród 60) niż osoby z cukrzycą typu II (26 osób spośród 60).

Tab. II Zawartość wymiennika węglowodanowego (WW) w produkcie spożywczym w opinii badanych

Jeden wymiennik węglowodanowy to taka ilość produktu spożywczego, która zawiera?	cukrzyca typu I		cukrzyca typu II		razem
	n	%	n	%	n
10g węglowodanów	58	100	26	100	84
20g węglowodanów	0	0	0	0	0
30g węglowodanów	0	0	0	0	0
40g węglowodanów	0	0	0	0	0

Kolejne pytanie dotyczące zawartości wymiennika węglowodanowego w produkcie zostało skierowane wyłącznie do osób, które pozytywnie odpowiedziały na pytanie „*Czy wie Pan/Pani, co to jest wymiennik węglowodanowy?*". Analiza wykazała, że wszystkie osoby potrafiły wskazać poprawną odpowiedź.

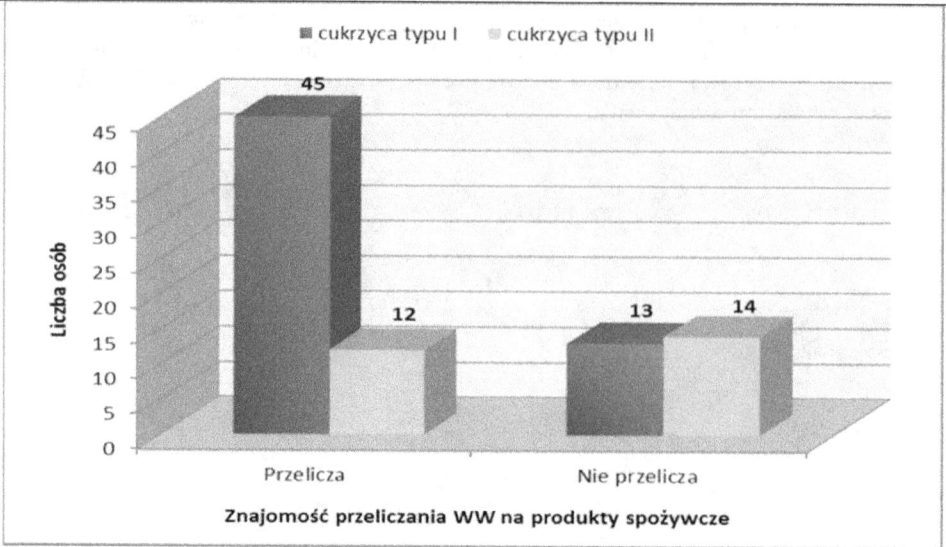

Ryc. 3 Znajomość przeliczania wymienników węglowodanowych na produkty spożywcze przez osoby badane

Analiza zasad przeliczania wymienników węglowodanowych na produkty spożywcze wykazała znajomość zagadnienia u większości osób z cukrzycą typu I (około 3/4 respondentów). W przypadku osób chorujących na cukrzycę typu II liczba osób, która przelicza lub nie przelicza wymienniki węglowodanowe na produkty spożywcze jest prawie taka sama (12/14).

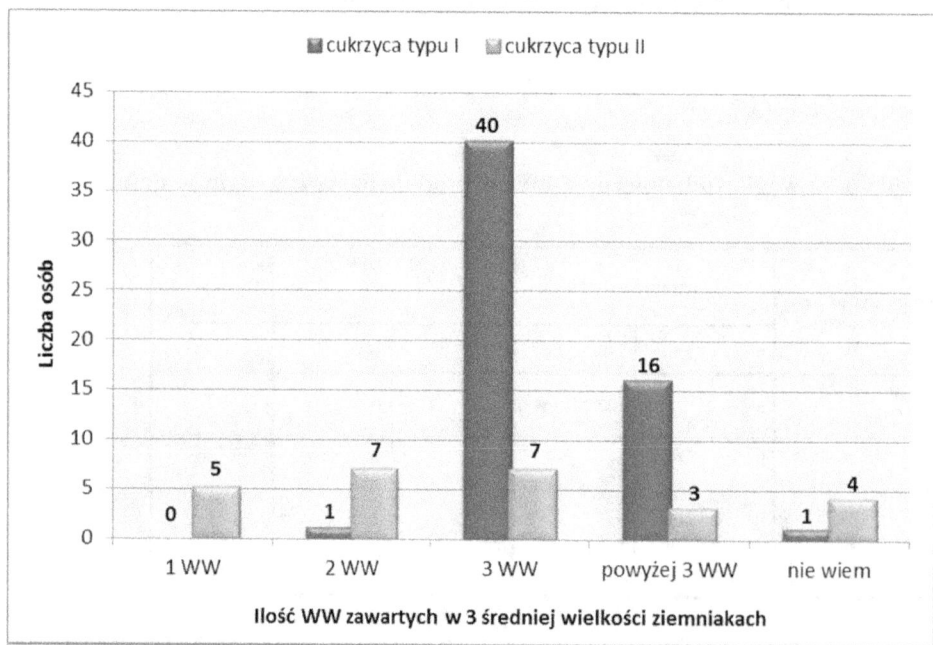

Ryc. 4 Znajomość przeliczania wymienników węglowodanowych na produkty spożywcze przez osoby badane na przykładzie ziemniaka

W pytaniu oceniającym wiedzę chorych dotyczącą znajomości zasad przeliczania wymienników węglowodanowych na produkty spożywcze ponad połowa ankietowanych (40 osób na 58) chorujących na cukrzycę typu I odpowiedziała poprawnie i zaznaczyła odpowiedź, że w 3 średniej wielkości ziemniakach zawarte są 3 wymienniki węglowodanowe (WW). W przypadku osób chorujących na cukrzycę typu II, poprawnej odpowiedzi udzieliło 7 osób spośród 28.

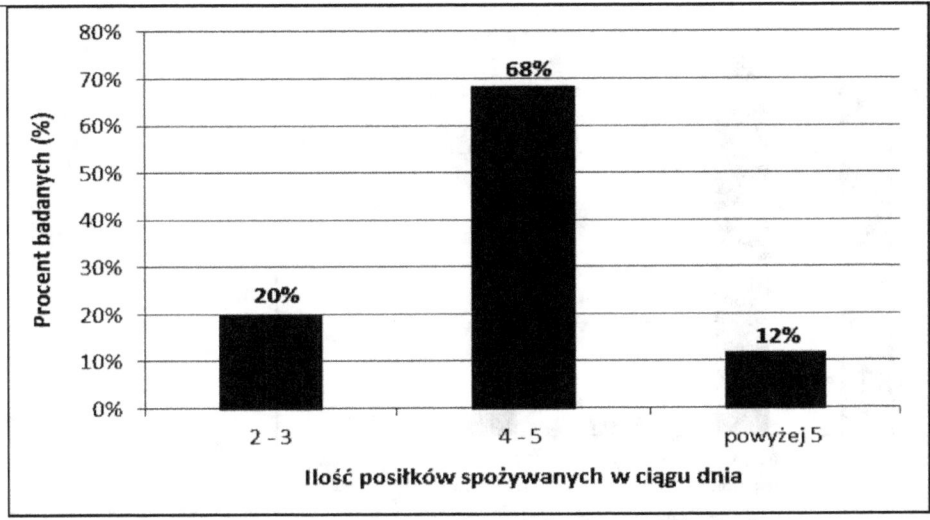

Ryc. 5 Ilość posiłków spożywanych w ciągu dnia przez osoby badane

W przeprowadzonych badaniach ankietowych zaobserwowano, iż spożywanie 4 – 5 posiłków w ciągu dnia było przestrzegane przez 68% (82) ogółu badanych. Spożywanie więcej niż 5 posiłków dziennie dotyczyło 12% (12) badanych. Pozostałe 20% (24) badanych przyjmowało tylko od 2 do 3 posiłków w ciągu dnia.

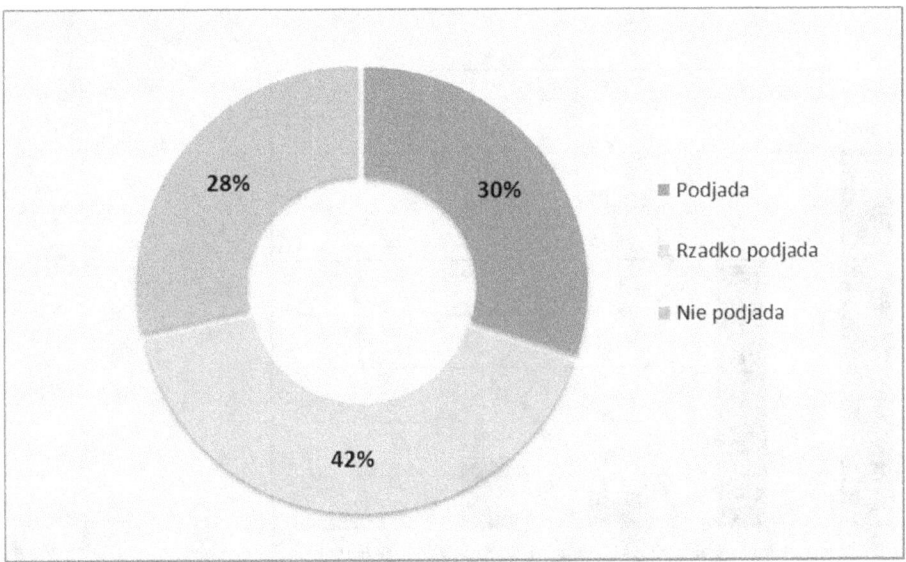

Ryc. 6 Spożywanie dodatkowych pokarmów (podjadanie) między posiłkami przez osoby badane

Wśród badanej populacji 30% (36) przyznało, że ma problemy z „podjadaniem" między posiłkami. Natomiast 1/3 badanych zadeklarowała, że problem „podjadania" pojawia się, ale rzadziej.

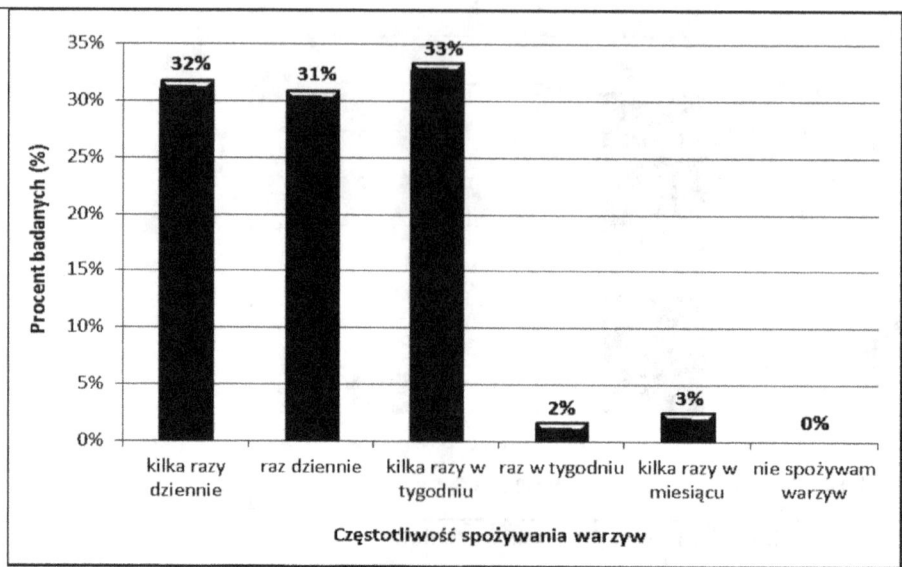

Ryc. 7 Częstotliwość spożywania warzyw przez osoby badane

Jak wynika z danych przedstawionych na rycinie 7 wszyscy respondenci spożywają warzywa. Ponad 30% (36) badanych zadeklarowało, że spożywa warzywa klika razy w tygodniu. Podobny odsetek osób spożywa warzywa raz lub kilka razy dziennie.

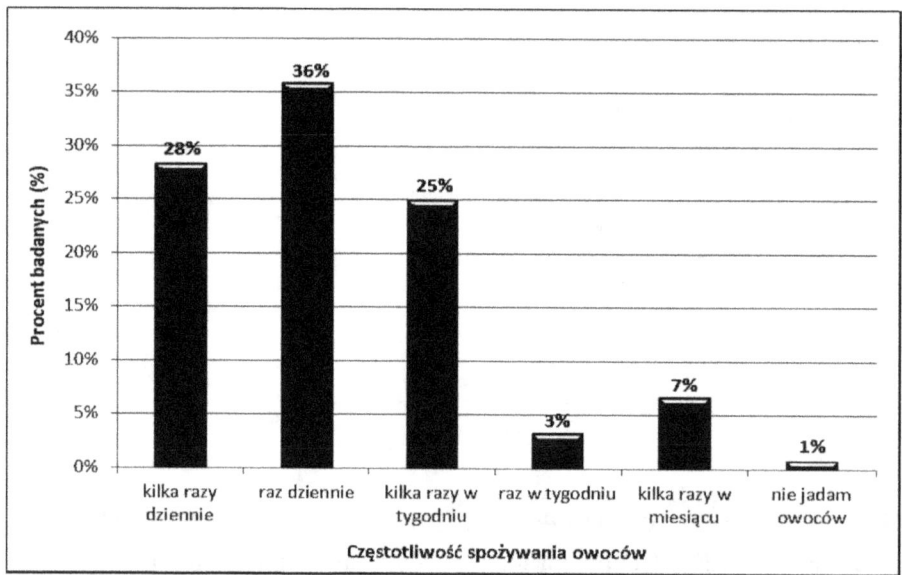

Ryc. 8 Częstotliwość spożywania owoców przez osoby badane

Badania wykazały, że 36% (43) ankietowanych spożywa owoce jeden raz dziennie. Nieco mniej respondentów spożywa owoce kilka razy dziennie (28% - 34 osoby) lub kilka razy w tygodniu (25% - 30 osób).

Tab. III Techniki przygotowywania posiłków przez osoby badane

techniki przygotowywania posiłków	liczba osób
gotowanie w wodzie	90
gotowanie na parze	37
duszenie	70
smażenie	49
pieczenie	44
grillowanie	21

* respondenci mogli wskazać więcej niż jedną odpowiedź

Gotowanie w wodzie, to najczęściej wybierana technika przygotowywania posiłków, którą stosuje aż 90 (75%) osób ogółu badanych. Drugim w kolejności sposobem przygotowywania posiłków jest duszenie 70 (58%) osób ogółu badanych. Grillowanie i gotowanie na parze wybierane było najrzadziej.

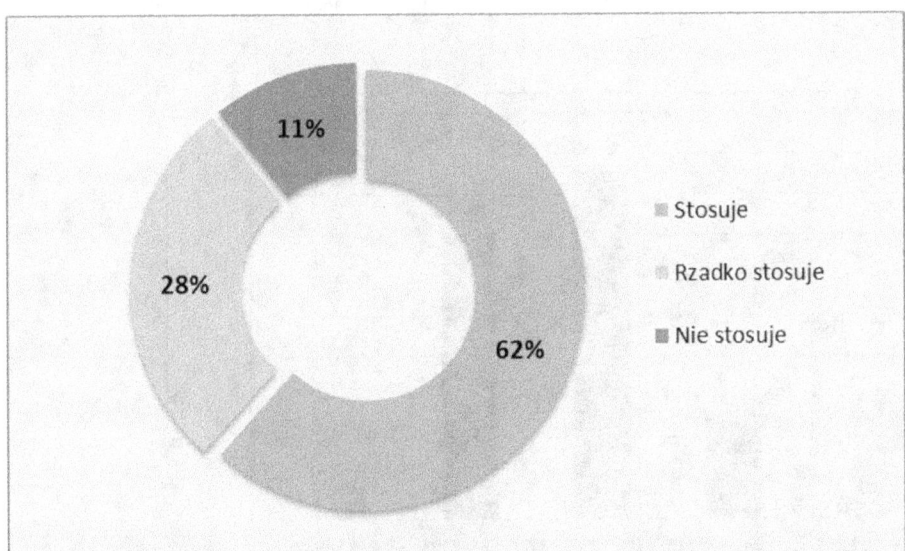

Ryc. 9 Stosowanie soli kuchennej podczas przygotowywania posiłków przez osoby badane

Zaobserwowano, iż ponad połowa badanych używa soli kuchennej podczas przygotowywania posiłków. Jedenaście procent ogółu badanych (13 osób) nie stosuje soli, natomiast pozostali przyznali, że w ich jadłospisie sól pojawia się rzadziej.

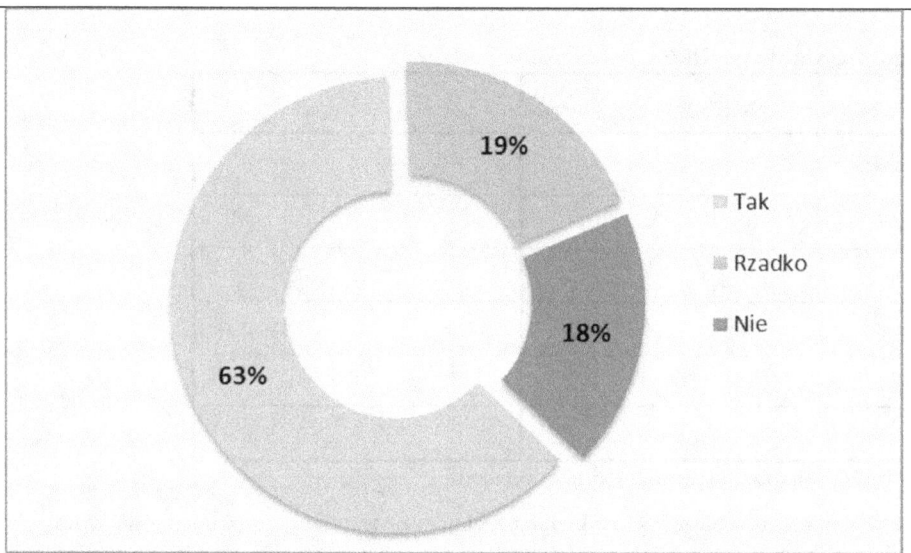

Ryc. 10 Kontrola zawartości tłuszczu w spożywanych produktach przez osoby badane

Na pytanie „*Czy zwraca Pan/Pani uwagę na zawartość tłuszczów w spożywanych produktach?*" znaczna większość ankietowanych odpowiedziała twierdząco. Dziewiętnaście procent badanych (23) rzadko przywiązuje wagę do zawartości tłuszczów w produktach, natomiast na jego zawartość nie zwraca uwagi 18% (22 osoby).

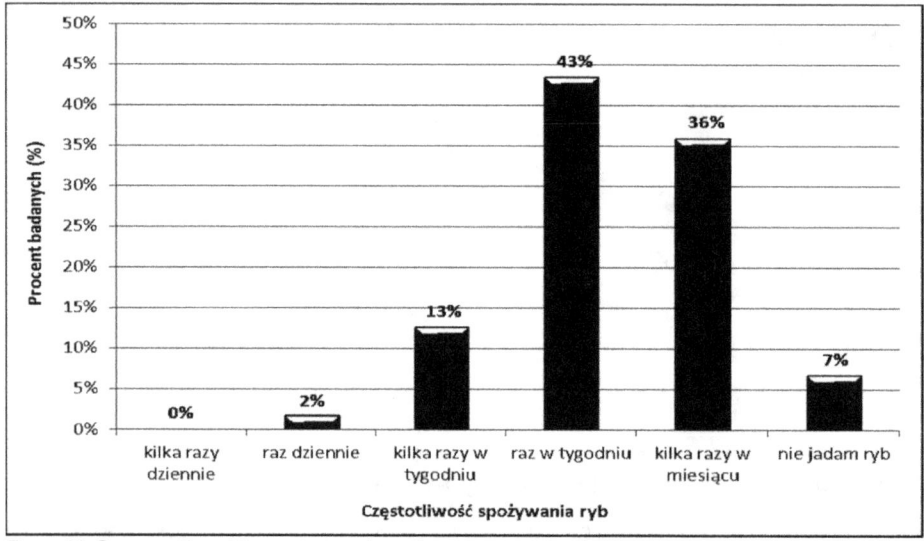

Ryc. 11 Częstotliwość spożywania ryb przez osoby badane

Analiza odpowiedzi na pytanie „*Jak często spożywa Pan/Pani ryby?*" wskazuje, że respondenci konsumowali ryby najczęściej raz w tygodniu (43%-52 osoby). 36% (43) badanych spożywało ryby kilka razy w miesiącu. Tylko 2% (2) ankietowanych odpowiedziało, że w ich diecie ryby występowały codziennie, natomiast aż 7% (8 osób) badanych stwierdziło, że ryby na ich stole nie pojawiają się wcale.

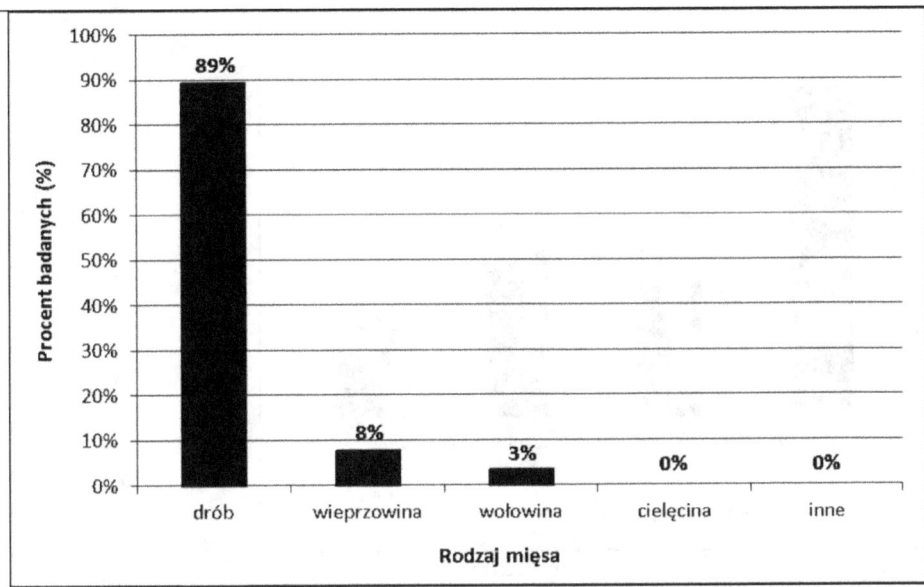

Ryc. 12 **Rodzaj spożywanego mięsa przez osoby badane**

Zaobserwowano, że drób jest najczęściej spożywanym gatunkiem mięsa wśród całej przebadanej populacji. Spożycie drobiu wynosi aż 89% (107 osób). Mięso wieprzowe preferowało 8% (10) osób, natomiast wołowinę tylko 3% (4) badanych.

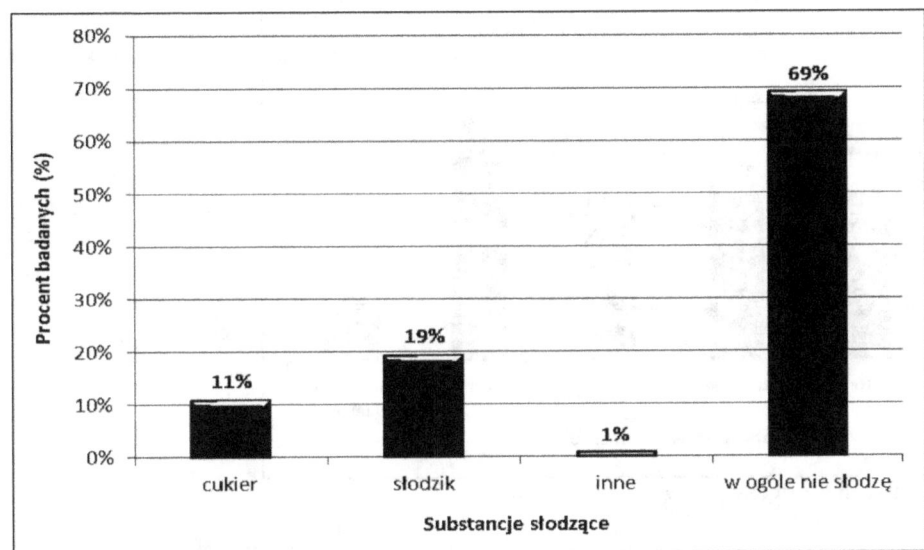

Ryc. 13 **Substancje słodzące stosowane przez osoby badane**

Słodzik będący zamiennikiem cukru preferowany jest przez 19% (23) ogółu badanych. Zaobserwowano ponadto wysoki procent nie stosowania substancji słodzących (69%-82 osoby). Równocześnie za korzystne należy uznać ograniczone spożycie cukru (11%-13 osób).

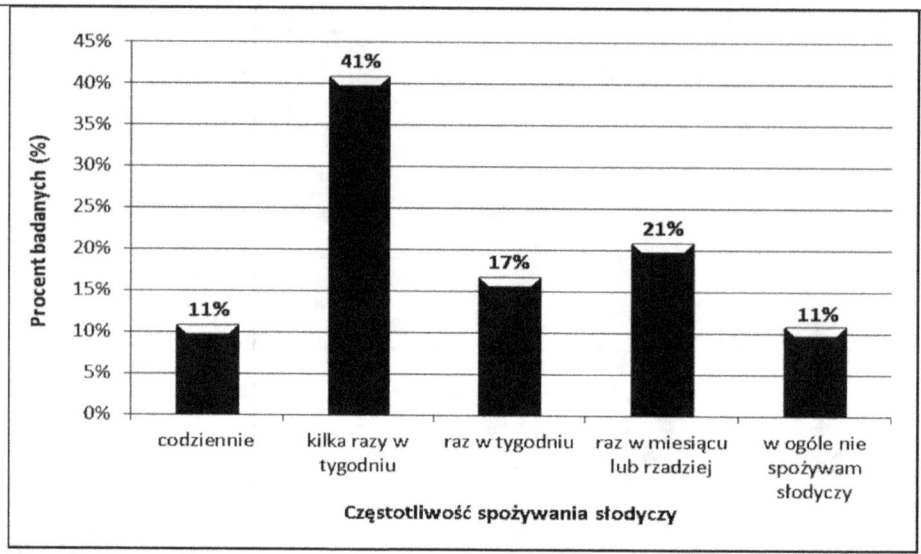

Ryc. 14 Częstotliwość spożywania słodyczy przez osoby badane

Analizując zjawisko spożywania słodyczy, należy uznać, iż codzienne ich spożycie deklarowało 11% (13) badanych. Taki sam odsetek chorych zadeklarował, że w ogóle nie sięga po słodycze. Konsumpcja słodyczy kilka razy w tygodniu dotyczyła największej ilości respondentów, gdyż wyniosła 41% (49 osób). Około 17% (20) ankietowanych deklarowało rzadsze spożycie słodyczy tj. raz w tygodniu.

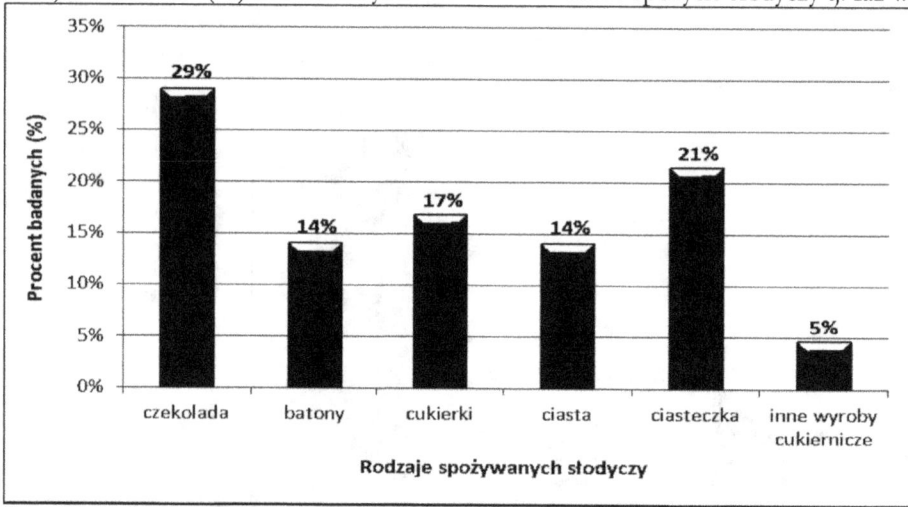

Ryc. 15 Rodzaje spożywanych słodyczy przez osoby badane

Na pytanie „*Jakie słodycze najczęściej Pan/Pani spożywa?*" respondenci wymienili czekoladę (29%-35 osoby) oraz ciasteczka (21%-25 osób). Na kolejnym miejscu znalazły się cukierki (17%-20 osób). Do chętnie spożywanych słodyczy można zaliczyć również batony i ciasta (14%-17 osób).

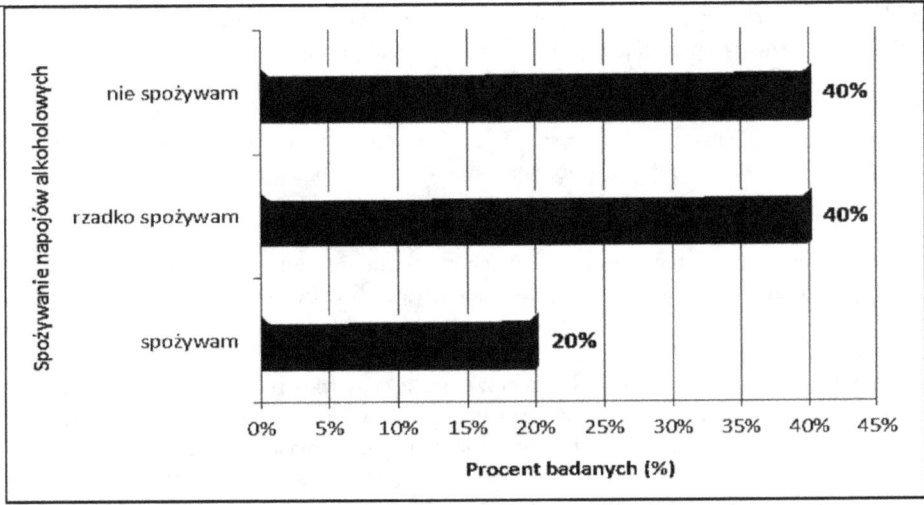

Ryc. 16 Spożywanie napojów alkoholowych przez osoby badane

W przeprowadzonych badaniach odnotowano, że 40% osób nie spożywa alkoholu. Taki sam procent badanych przyznaje się do rzadkiego jego spożywania, natomiast pozostałe 20% (24) ogółu ankietowanych spożywa alkohol.

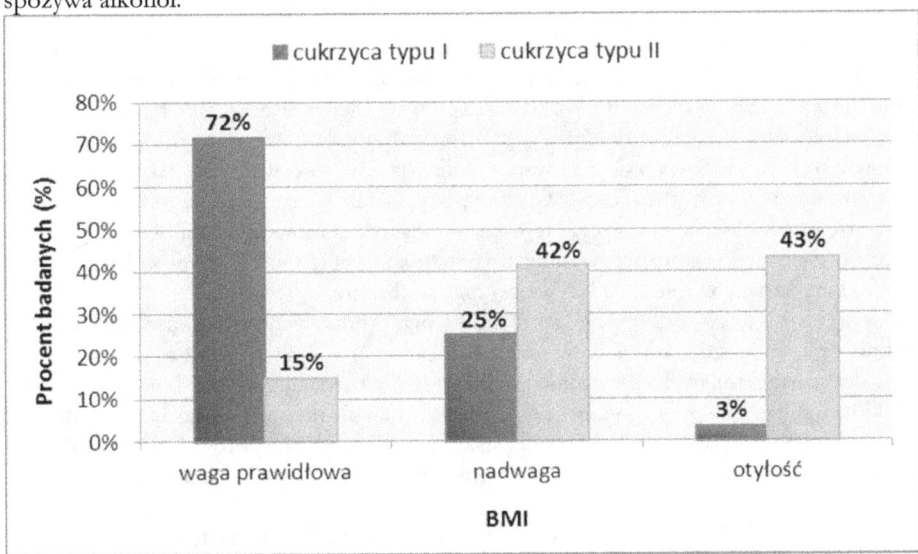

Ryc. 17 Wskaźnik masy ciała (BMI) respondentów

Na podstawie wyliczeń wskaźnika masy ciała (BMI) zaobserwowano, iż największy problem z utrzymaniem prawidłowej masy ciała miały osoby z cukrzycą typu II. U większości badanych tej grupy, stwierdzono otyłość (43%-52 osoby) i nadwagę (42%-50 osób). W grupie osób z cukrzycą typu I otyłość miało tylko 3% (4) ankietowanych, natomiast nadwagę 25% (30 osób). Należy zauważyć, iż prawidłowe BMI odnotowano u 72% respondentów z cukrzycą typu I.

Dyskusja

Na podstawie analizy znajomości pojęcia wymiennik węglowodanowy (WW) przez badanych, ustalono, że 45 respondentów z cukrzycą typu I oraz 12 z cukrzycą typu II przeliczało wymienniki węglowodanowe (WW) na produkty spożywcze. Podobne obserwacje, w odniesieniu do chorych z cukrzycą typu II, prezentuje Gacek M., stwierdzając, że wiedzę z zakresu znaczenia indeksu glikemicznego oraz jego stosowania w żywieniu posiadała jedynie około połowa ankietowanych [5].

Każda osoba chorująca na cukrzycę, aby uniknąć nadmiernego spadku poziomu cukru we krwi powinna spożywać od 4 do 5 posiłków dziennie [6]. Z prezentowanych badań wynika, iż większość badanych (68%), konsumowała zalecaną ilość posiłków na dobę. Nieprawidłowość związaną ze spożywaniem zbyt małej ilości posiłków w ciągu dnia odnotowano u 1/5 respondentów, co stanowi poważny błąd żywieniowy. Podobne wyniki uzyskała Szewczyk A. i wsp. Z analizy niniejszego artykułu wynika, iż zdecydowana większość chorych (71%-85 osób) przyjmowała od 4 do 5 posiłków dziennie. Natomiast około 24% (29) badanych zadeklarowało rzadsze ich spożywanie [7].

Regularne spożywanie posiłków przez chorych zapobiega nadmiernym wahaniom poziomu cukru we krwi. Zauważyć można, że w przedstawionych badaniach regularne jedzenie posiłków przestrzegane było przez 68% (82) respondentów. Natomiast 18% (22) ankietowanych w ogóle nie zwracało uwagi na systematyczne ich spożywanie. W świetle badań przeprowadzonych przez Mędrele – Kuder E. regularne spożywanie posiłków deklarowało tylko 48% (58) chorych na cukrzycę typu II [6].

Niekorzystnym nawykiem, który sprzyja otyłości oraz zwiększa ryzyko rozwoju powikłań towarzyszących cukrzycy jest nawyk „podjadania" między posiłkami. Dowiedziono, iż wśród badanej populacji, 30% (36 osób) miało problemy z nadmiernym „podjadaniem", natomiast 42% (29) badanych przyznało, że problem „dojadania" pojawił się, ale rzadziej. Badania Mędreli – Kuder E., które zostały przeprowadzone wyłącznie na grupie pacjentów z cukrzycą typu II wykazały, że nawyk „podjadania" między posiłkami dotyczył 65% (78) osób [6].

Warzywa i owoce odgrywają ważną rolę w żywieniu pacjentów z cukrzycą. Z literatury przedmiotu wynika, że spożywanie tej grupy produktów powinno być uwzględnione przy każdym posiłku, przy czym spożycie warzyw, ze względu na mniejszą zawartość węglowodanów prostych, powinno być wdrażane znacznie częściej [7].

Badania wykazały, że wszyscy respondenci spożywali warzywa, w mniejszym lub większym stopniu. W przedziale 31 – 33% ogółu badanych mieściła się grupa osób, która spożywała warzywa raz dziennie, kilka razy dziennie lub kilka razy w tygodniu. Natomiast spożycie owoców przedstawiało się następująco: raz dziennie (36%-43 osoby), kilka razy dziennie (28%-34 osoby), kilka razy w tygodniu (25%-30 osób). Z badań przedstawionych przez Szewczyk A. i wsp. wynika, iż zarówno warzywa, jak i owoce spożywane były przez ankietowanych z taką samą częstotliwością, co zostało uznane przez autorów za niezgodne z zaleceniami zdrowego żywienia w cukrzycy. Największy odsetek stanowiła grupa osób, która spożywała warzywa i owoce raz dziennie. Natomiast najmniejszą grupę stanowiły osoby, które zadeklarowały, że jadły niniejsze produkty kilka razy w miesiącu lub więcej niż raz dziennie [7].

W diecie cukrzycowej istotną rolę odgrywa także technika przygotowywania posiłków. Najczęściej wybieraną techniką kulinarną było gotowanie w wodzie. Stosowało ją aż 90 (75%) osób ogółu badanych. Drugim w kolejności sposobem, co do częstotliwości stosowania było duszenie. Z kolei najrzadziej wybieraną techniką było grillowanie i gotowanie na parze. Z badań przeprowadzonych przez Bulzacką M. i wsp. wynika natomiast, że smażenie było najczęstszym sposobem przygotowywania posiłków (87%-104 osoby). W dalszej kolejności wybierane było gotowanie (74%-89 osób) oraz grillowanie (30%-36 osób) [6].

Znaczącym problemem, który może przyczynić się do rozwoju nadciśnienia tętniczego jest nadmierne spożywanie soli kuchennej. Zaobserwowano, iż ponad połowa ankietowanych używała soli do przygotowywania potraw (62%-74 osoby), natomiast rzadsze jej stosowanie zadeklarowało 28% (34) badanych. Podobne wyniki w zakresie spożywania soli dostrzec można w badaniach przeprowadzonych przez Abramczyk A., która odnotowała, że 57% (68 osób) „dosalała" spożywane potrawy [6].

W leczeniu dietetycznym cukrzycy zalecane jest również ograniczenie spożywania tłuszczów. W omawianych badaniach własnych stwierdzono, iż znaczna większość ankietowanych przestrzegała niniejszych zaleceń (63%-76 osób). Rzadsze kontrolowanie zawartości tłuszczów w spożywanych produktach potwierdziło 19% (23) osób. Podobny odsetek respondentów przyznał, że całkowicie nie zwracał uwagi na jego zawartość. Zdecydowanie lepsze wyniki uzyskała Gacek M., odnotowując, iż prawie wszystkie osoby z cukrzycą typu II ograniczały spożycie tłuszczów [5].

Ryby będące głównym źródłem wielonienasyconych kwasów tłuszczowych omega – 3, które przyczyniają się nie tylko do obniżenia złego cholesterolu LDL, ale również ciśnienia tętniczego krwi, powinny być uwzględnione w diecie cukrzycowej [1]. Z uzyskanych danych wynika, że ankietowani najczęściej spożywali ryby raz w tygodniu (43%-52 osoby), natomiast 36% (43) badanych konsumowało ryby kilka razy w miesiącu. Dużą uwagę należy zwrócić na fakt, że 7% (8) badanych nie spożywa ryb, co zostało potwierdzone również w badaniach Szewczyk A. i wsp. Według autorów badań spożycie ryb kilka razy w miesiącu, kształtowało się na poziomie 72% (86 osób) [7].

Najczęściej spożywanym gatunkiem mięsa wśród badanej populacji był drób 89% (107 osób). Podobny wynik można zaobserwować w badaniach Gacek M., która również wykazała, że najbardziej preferowanym rodzajem mięsa był drób [5].

Za pozytywne należy uznać, że prawie 70% (84) ankietowanych nie używało cukru do słodzenia napojów, który wpływa niekorzystnie na wartość indeksu glikemicznego. 19% (23) badanych preferowało słodzik, który jest zamiennikiem cukru i nie podnosi poziomu glukozy we krwi, natomiast 11% (13) respondentów zadeklarowało spożycie cukru. W badaniu przeprowadzonym przez Gacek M. wykazano, że zbliżony procent pacjentów z cukrzycą typu II (9%-1 osoba) nie potrafił zrezygnować z cukru do słodzenia napojów [5].

Z uwagi na dużą zawartość cukrów, znacznemu ograniczeniu powinno ulec także spożycie słodyczy. Przedstawione w niniejszej pracy wyniki wskazują, że największy odsetek badanych (41%-49 osób) spożywał słodycze kilka razy w tygodniu. Podobny odsetek ankietowanych zadeklarował konsumpcję słodyczy raz w tygodniu oraz raz w miesiącu (lub rzadziej) (17%-20 osób i 21%-25 osób). Za pozytywne należy uznać, iż w niniejszej grupie znalazły się również takie osoby, które w ogóle nie sięgały po słodycze (11%-13 osób). Włodarek D. i Głąbska D., dokonując podobnej oceny wykazali, że 41% (49) osób z cukrzycą typu II zgłosiło spożycie słodyczy nie częściej niż raz w tygodniu, natomiast codzienne ich spożycie deklarowało 24% (29) osób [8].

Każda osoba chorująca na cukrzycę powinna całkowicie wyeliminować z diety spożycie alkoholu, gdyż może on doprowadzić do deregulacji glikemii oraz powstania otyłości. Analiza wyników wskazuje, że nie wszystkie osoby stosują się do niniejszych zaleceń. Częste spożywanie alkoholu zadeklarowało 20% (24) osób. Okazjonalną konsumpcję zgłosiło 40% (48) badanych. Taki sam procent badanych dotyczył osób, które całkowicie zrezygnowały z alkoholu. Według badań Brodałko B. i wsp., większość osób chorujących na cukrzycę typu II, pomimo posiadanej wiedzy na temat niekorzystnego wpływu alkoholu na organizm, deklarowała okazjonalne jego spożywanie (67%-80 osób). Jedynie 8% (10) ankietowanych w ogóle nie spożywało alkoholu [7].

Analiza BMI wykazała, że problem z utrzymaniem prawidłowej masy ciała miały w zdecydowanej większości osoby chorujące na cukrzycę typu II. Ustalono, że osoby z tej grupy cierpiały na otyłość (43%-52 osoby) lub nadwagę (42%-50 osób). Korzystniejsze wyniki odnotowano w grupie pacjentów z cukrzycą typu I, gdyż prawidłową masę ciała posiadało aż 72% (86) badanych, natomiast otyłość wystąpiła tylko u 3%. Pozostały odsetek chorych posiadał nadwagę (25%-30 osób). Badania Mędreli – Kuder E., które zostały przeprowadzone wyłącznie na grupie pacjentów z cukrzycą typu II, dowiodły, że u większości osób stwierdzono występowanie otyłości (64%-77 osób) lub nadwagi (32%-38 osób). Prawidłowa masa ciała została zachowana tylko u 4% (5) badanych [6].

Wnioski

Z analizy niniejszych badań można wyciągnąć następujące wnioski:

1. Większość respondentów nie przestrzega zasad żywieniowych stosowanych w cukrzycy.

2. Respondenci nie posiadają wystarczającej wiedzy w zakresie diety cukrzycowej.

3. Osoby z cukrzycą typu I wykazują znacznie większą świadomość żywieniową niż osoby z cukrzycą typu II.

Piśmiennictwo

1. Korzeniowska K., Jabłecka A.: Cukrzyca (Część I). Farmacja Współczesna 2008, 1: 231 – 232.

2. Wierusz – Wysocka B.: Postępy w zakresie rozpoznawania i leczenia cukrzycy. Family Medicine & Primary Care Review 2006, tom 8, nr 3: 1196 – 1197.

3. Piłaciński S., Wierusz – Wysocka B.: Kontrowersje wokół żywienia u chorych na cukrzycę. Diabetologia Praktyczna 2008, tom 9, nr 1: 28.

4. Stanowisko American Diabetes Association: Zasady i zalecenia dotyczące żywienia w cukrzycy. Diabetologia Praktyczna 2004, tom 5 supl. A: A53 – A54.

5. Gacek M.: Wybrane parametry somatyczne, stan zdrowia i zachowania żywieniowe w grupie chorych na cukrzycę typu 2. Endokrynologia, Otyłość i Zaburzenia Przemiany Materii 2011, tom 7, nr 3: 174, 177, 196.

6. Mędrela – Kuder E.: Prawidłowa dieta w cukrzycy typu II jako forma rehabilitacji chorych. Roczniki Państwowego Zakładu Higieny 2011, tom 62, nr 2: 220, 222.

7. Szewczyk A., Białek A., Kukielczak A., Czech N., Kokot T., Muc – Wierzgoń M., Nowakowska – Zajdel E., Klakla K.: Ocena sposobu żywienia osób chorujących na cukrzycę typu 1 i 2. Problemy Higieny i Epidemiologii 2011, tom 92, nr 2: 223, 268 – 270.

8. Włodarek D., Głąbska D.: Zwyczaje żywieniowe chorych na cukrzycę typu 2. Diabetologia Praktyczna 2012, tom 11, nr 1: 19.

Streszczenie

Wstęp: W ciągu ostatniego dziesięciolecia zaobserwowano dynamiczny wzrost zapadalności i chorobowości na cukrzycę. Celem niniejszej pracy była ocena zachowań żywieniowych osób z cukrzycą typu I i II w profilaktyce powikłań.

Materiał i metodyka: Badania przeprowadzone zostały wśród pacjentów chorych na cukrzycę (120 osób). Narzędziem badawczym był autorski kwestionariusz ankiety.

Wyniki: Prawie wszystkie osoby z cukrzycą typu I zadeklarowały znajomość pojęcia wymiennika węglowodanowego (58 osób spośród 60). W przypadku osób z cukrzycą typu II znajomość tą wykazało tylko 26 osób spośród 60. Większość badanych (68%), konsumowała zalecaną ilość posiłków na dobę (4-5) dziennie. Badania wykazały, że 91% ankietowanych rozpoczynało dzień od pierwszego śniadania. Największy odsetek stanowiła grupa osób, która spożywała warzywa i owoce raz dziennie. Najczęściej wybieraną techniką kulinarną było gotowanie w wodzie (90 osób). Zaobserwowano, iż ponad połowa ankietowanych używała soli do spożywanych potraw (62%). Znaczna większość ankietowanych przestrzegała zaleceń odnośnie stosowania diety z ograniczeniem tłuszczów (63%) i cukru (70%). Najczęściej spożywanym gatunkiem mięsa wśród badanej populacji był drób (89%). Ustalono, że osoby chorujące na cukrzycę typu II cierpiały na otyłość (43%) lub nadwagę (42%). W grupie pacjentów z cukrzycą typu I 72% posiadało prawidłową masę ciała.

Wnioski: 1. Większość respondentów nie przestrzega zasad żywieniowych stosowanych w cukrzycy. 2. Respondenci nie posiadają wystarczającej wiedzy w zakresie diety cukrzycowej. 3. Osoby z cukrzycą typu I wykazują znacznie większą świadomość żywieniową niż osoby z cukrzycą typu II.

Słowa kluczowe: cukrzyca, żywienie, świadomość.

Częstotliwość spożycia produktów typu *light* przez mieszkańców województwa śląskiego z uwzględnieniem wieku, wykształcenia i BMI

Beata Całyniuk, Katarzyna Preidl, Elżbieta Szczepańska, Agnieszka Białek-Dratwa,
Katarzyna Jędrzejowska, Elżbieta Grochowska-Niedworok

Spożywanie produktów typu light można uznać za jeden ze sposobów obniżania wartości energetycznej diety w celu osiągnięcia prawidłowej masy ciała i zachowania zgrabnej sylwetki. Aby uniknąć pułapek stawianych przez producentów należy rozważyć kilka kwestii, analizując produkty typu light.

Pierwszy problem pojawia się, gdy chcemy odnaleźć definicję wyrażenia „produkt light" (lub też „żywność light" i podobne). W potocznym rozumieniu, dla przeciętnego konsumenta, produkty typu light są to produkty o obniżonej wartości energetycznej. Ten angielski przymiotnik tłumaczony bezpośrednio oznacza „lekki" lub „nie obciążony" [1]. Z oficjalną definicją tego określenia pojawiają się jednak problemy. Produkt typu light możemy zaliczyć do środków spożywczych specjalnego przeznaczenia żywieniowego [2]. Są to takie produkty które ze względu na specjalny skład lub sposób przygotowania wyraźnie różnią się od środków spożywczych powszechnie spożywanych. Zgodnie z deklaracją zamieszczoną na etykiecie są one wprowadzane do obrotu z przeznaczeniem do zaspokajania szczególnych potrzeb żywieniowych [2]. Dotyczy to między innymi osób które ze względu stan fizjologiczny mogą odnieść szczególne korzyści z kontrolowanego spożycia określonych substancji zawartych w żywności; środki te mogą być określane jako "dietetyczne" [2].

W pewnym stopniu produkty typu light spełniać będą także warunki określające żywność funkcjonalną. Według definicji są to „specjalnie opracowane produkty spożywcze, które wykazują korzystny, udokumentowany wpływ na zdrowie, ponad ten, który wynika z obecności w niej składników odżywczych tradycyjnie uznawanych za niezbędne" [3]. Może ona być żywnością produkowaną tradycyjnymi metodami, ale z wykorzystaniem surowców ze specjalnych upraw czy hodowli, lub tworzona w drodze modyfikacji technologicznych. W tym celu stosuje się między innymi: wzbogacanie w poszczególne substancje, specjalne zestawianie składników jak też eliminację bądź zastosowanie zamienników technologicznych poszczególnych składników pokarmowych takich jak tłuszcz lub cukier [3]. W wyniku takich zabiegów otrzymujemy różnego rodzaju żywność funkcjonalną, w tym między innymi żywność o obniżonej wartości energetycznej.

W rozporządzeniu Ministra Zdrowia z dnia 18 września 2008 roku w sprawie dozwolonych substancji dodatkowych, pojawia się natomiast określenie „produkt o obniżonej wartości energetycznej" – jest to środek spożywczy o obniżonej o co najmniej 30% wartości energetycznej w porównaniu z oryginalnymi lub podobnymi środkami spożywczymi [4]. Również według przepisów Unii Europejskiej produkt o zmniejszonej wartości energetycznej to taki środek spożywczy, którego wartość energetyczna jest zmniejszona o przynajmniej 30% w stosunku do produktu typowego [5]. W rozporządzeniu polskiego Ministra Zdrowia pojawia się również definicja produktu „bez dodatku cukru". Są to środki nie zawierające żadnego dodatku cukru jak też środków spożywczych o właściwościach słodzących [4]. Natomiast zgodnie z propozycjami Komitetu ds. Żywienia i Żywności Dietetycznego Przeznaczenia za produkt "niskoenergetyczny" uznać można środek spożywczy który dostarcza nie więcej niż 40 kcal w 100g produktu, w przypadku produktów o konsystencji stałej, lub 20 kcal na 100ml produktu płynnego. Natomiast za produkt „niedostarczający energii" uznawać można produkty dostarczające do 4 kcal na 100ml produktu. Określenie to stosować można jedynie do produktów płynnych [6].

Oceniając wartość odżywczą produktu pod uwagę bierze się zawartość w produkcie składników odżywczych, a także jego ogólną wartość energetyczną. Analizować należy pełny skład produktu spożywczego między innymi pod kątem substancji dodatkowych, które nie tylko nie posiadają wartości odżywczej, ale często podejrzewane są o działania niepożądane i wywoływanie niekorzystnych skutków zdrowotnych. Aby dokonać oceny wartości odżywczej należy się także zastanowić nad zachowaniem w diecie właściwych proporcji pomiędzy składnikami.

Wartość odżywcza produktów typu *light* zależeć będzie przede wszystkim od sposobu, w jaki zostały one zmodyfikowane, czyli jakie składniki pokarmowe, w tym przede wszystkim odżywcze, zostały z niego usunięte, a co w zamian zostało do składu produktu wprowadzone.

Cel pracy

Celem pracy była ocena częstotliwości spożywania produktów typu *light* i określenie motywów wyboru tego typu produktów przez konsumentów. Określono zależności pomiędzy wartością BMI, wiekiem i poziomem wykształcenia badanych a częstością spożycia i motywami wyboru produktów typu *light*.

Materiał i metodyka

Badania przeprowadzono z wykorzystaniem autorskiego kwestionariusza ankiety. Kwestionariusz zawierał 6 pytań zamkniętych oraz pytania dotyczące płci, wieku, wykształcenia. Dokonano również pomiarów wzrostu i masy ciała. Pytania odnosiły się do częstości spożywania produktów typu *light*, motywów wyboru tego typu produktów, oraz jakie produkty są najczęściej spożywane. Ankietowani proszeni byli o zaznaczenie właściwej grupy produktów oraz o wypisanie nazw produktów, bądź też rodzaju tych produktów. Następnie stworzono bazę danych, w której produkty zostały podzielone na sześć grup asortymentowych: produkty zbożowe i pieczywo, tłuszcze, produkty mleczne, napoje, słodycze i przekąski, inne.

Badania przeprowadzono wśród dorosłych klientów sklepów spożywczych w 4 miastach województwa śląskiego. Badaniem objęto 1550 osób. Uzyskane wyniki zanalizowano następnie uwzględniając wiek, wartość BMI oraz poziom wykształcenia badanych. Respondentów podzielono na 3 grupy wiekowe: 18-33 lata, 34-39 lat oraz 50 lat i powyżej. Wśród respondentów wyróżniono również 2 grupy pod względem poziomu wykształcenia: osoby z wykształceniem wyższym, oraz osoby z wykształceniem średnim zawodowym lub policealnym.

W przypadku podziału respondentów ze względu na wyliczoną wartość BMI dokonano podziału na dwie grupy: osoby wykazujące BMI w granicach normy (18,5 – 24,9 kg/m^2), oraz osoby wykazujące wartość BMI poza granicą normy, to jest wykazujące niedowagę (BMI poniżej 18,5 kg/m^2) lub nadwagę bądź otyłość (BMI równe 25 kg/m^2 więcej). Podział taki przyjęto ze względu na to, że liczba osób z BMI poniżej 18,5 kg/m^2 stanowiła zaledwie 1,4% ogółu badanych (N=25 osób)

Określono zależności pomiędzy wartością BMI, wiekiem, poziomem wykształcenia badanych a częstością spożycia i motywami wyboru produktów typu light. Analizy korelacji występujących w badanej populacji dokonano za pomocą współczynnika korelacji rang Spearmana (Rs) ze względu na brak rozkładu normalnego populacji badanej. Przyjęto następujące poziomy korelacji: w zakresie 0,1 – 0,2 – korelacja słaba; w zakresie 0,2 – 0,4 – korelacja niska; w zakresie 0,4 – 0,7 – korelacja umiarkowana; w zakresie 0,7 – 0,9 – korelacja silna; powyżej 0,9 – korelacja bardzo silna. Poziom istotności statystycznej przyjęto na poziomie $p \leq 0,05$. Analizy statystyczne przeprowadzone zostały za pomocą programów STATISTICA 9 oraz MS Excel.

Wyniki

Ankietowani spożywali łącznie 87 różnych produktów typu *light*, analizując wymieniane produkty zaliczono je do 6 grup asortymentowych. Procentowy udział produktów w każdej grupie asortymentowej prezentuje rycina 1.

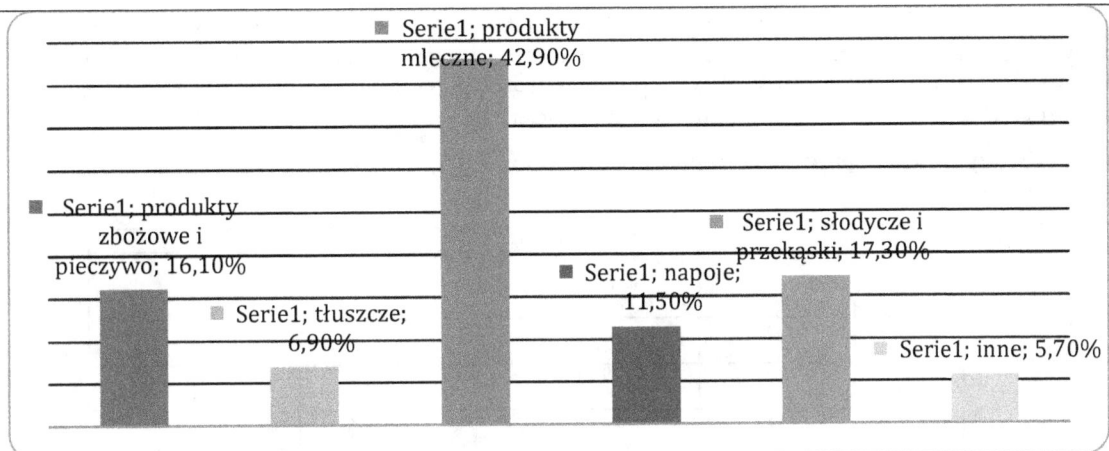

Rycina 1. Udział produktów w poszczególnych grupach asortymentowych N=1550

Określając częstość spożycia produktów typu light respondenci mieli do wyboru jedną z pięciu odpowiedzi od „codziennie" do „okazjonalnie". Wyniki analizy przedstawia tabela 1. Tabela 2 przedstawia powody spożycia produktów typu light a tabela 3 ocenę wpływu produktów na zdrowie dokonaną przez respondentów. Wykorzystując analizę statystyczną określono zależności pomiędzy częstością spożycia, powodami spożycia i oceną wpływu na organizm a takimi czynnikami jak: BMI, wiek, poziom wykształcenia badanych (tabele 1,2,3).

Tabela 1. Częstość spożycia produktów typu light (% odpowiedzi) N=1550

Badany czynnik		Częstość spożycia					Rs	p
		codziennie	3-4 razy w tygodniu	1-2 razy w tygodniu	2-3 razy w miesiącu	okazjonalnie		
Jak często spożywa Pan/Pani produkty typu light?		6,0	18,0	21,0	20,0	35,0		
BMI	norma N=953	4,0	18,0	15,8	22,2	40,0	0,03	>0,05
	inne N=579	5,6	19,4	35,0	15,2	24,8		
Wykształcenie	wyższe N=798	5,5	20,0	20,2	25,7	28,6	0,14	>0,05
	inne N=752	10,6	20,6	24,4	15,3	29,1		
Wiek	18-33 lata N=478	0	22,7	21,8	0	55,5	0,14	>0,05
	34-49 lat N=566	6,1	14,2	21,2	18,6	39,9		
	50 lat i powyżej N=506	0	31,0	23,1	37,9	8,0		

W badanej próbie stwierdzono słabą korelację pomiędzy częstością spożywania produktów typu light a wartością BMI (r=0,03). Korelacja ta nie wykazała istotności statystycznej (p>0,05). Osoby z prawidłową wartością wskaźnika BMI najczęściej spożywały tego typu produkty okazjonalnie, natomiast wśród grupy osób z wartością BMI poza granicami normy najczęściej te produkty były spożywane 1 - 2 razy w tygodniu.

W badanej próbie stwierdzono słabą korelację pomiędzy poziomem wykształcenia, a częstością spożywania produktów typu light (r=0,14). Korelacja ta nie wykazała istotności statystycznej (p>0,05). Najczęściej udzielaną odpowiedzią w obu grupach była odpowiedź „okazjonalnie".

W grupie badanej stwierdzono również słabą korelację pomiędzy częstością spożywania produktów typu light, a wiekiem respondentów (r=0,14). Korelacja te nie wykazała istotności statystycznej (p>0,05). Osoby w wieku 34 – 49 lat spożywały produkty tego typu codziennie (6,1%). Osoby w wieku poniżej 34 roku życia spożywały tego typu produkty najczęściej okazjonalnie.

Tabela 2. Powody spożycia produktów typu light (% odpowiedzi) N=1550

Badany czynnik		Powody spożycia				Rs	p
		Mniejsza wartość energetyczna	Polecił lekarz/dietetyk	Walory smakowe	Inne powody		
Dlaczego spożywa Pan/Pani produkty typu light?		71,0	3,1	10,3	15,6		
BMI	norma N=953	75,9	1,9	10,0	12,2	-0,14	>0,05
	inne N=597	60,0	0,0	12,0	28,0		
Wykształcenie	wyższe N=798	61,0	1,1	19,0	18,9	0,0	0,05
	inne N=752	67,3	0,0	5,7	27,0		
Wiek	18-33 lata N=478	54,0	0,0	20,3	25,7	0,0	0,05
	34-49 lat N=566	69,0	1,9	10,6	18,5		
	50 lat i powyżej N=506	71,1	0,0	20,5	8,4		

Analiza udzielanych odpowiedzi wyjaśniających powody spożycia produktów typu light, w zależności od wartości BMI wykazała słabą korelację o charakterze ujemnym (r=-0,14). Korelacja nie wykazała istotności statystycznej (p>0,05). Najczęstszym motywem wyboru tego typu produktów w obu grupach była ich zmniejszona wartość energetyczna (odpowiednio 60,0% odpowiedzi w grupie osób z wartością BMI poza granicami normy oraz 75,9% wśród osób wykazujących wartości BMI w normie).

Analiza statystyczna nie wykazała korelacji pomiędzy poziomem wykształcenia, a powodem spożywania produktów typu light (r=0,0). W obu grupach respondentów najczęściej podawaną przyczyną, był fakt zmniejszonej wartość energetyczna produktów tego typu.

W badanej grupie nie stwierdzono również korelacji pomiędzy wiekiem respondentów, a powodem spożywania produktów typu light (r=0,0). Odpowiedź „polecił mi lekarz/dietetyk" była wskazywana jedynie przez osoby w wieku 34 – 49 lat.

Tabela 3. Wpływ produktów spożywczych na zdrowie (% odpowiedzi) N=1550

Badany czynnik		Wpływ na zdrowie				Rs	p
		Jest korzystne dla zdrowia	Może mieć negatywny wpływ na zdrowie	Jest obojętne dla zdrowia	Nie wiem		
Według Pan/Pani spożywanie produktów typu ligh......?		61,0	13,8	9,8	15,4		
BMI	norma N=953	60,0	19,4	10,3	10,3	O,03	>0,05
	inne N=597	65.0	10,0	4,1	20,9		
Wykształcenie	wyższe N=798	64,0	19,9	9,8	6,3	0,08	>0,05
	inne N=752	66,0	10,0	10,0	14,0		
Wiek	18-33 lata N=478	55,8	0,0	10,9	33,3	0,14	>0,05
	34-49 lat N=566	58,3	18,9	12,9	9,9		
	50 lat i powyżej N=506	76,9	6,9	1,3	14,9		

Analiza statystyczna w badanej grupie wykazała słabą korelację pomiędzy wykazywaną wartością BMI a własną opinią respondenta na temat wpływu częstego spożywania produktów tego typu na organizm (r=0,03). Korelacja te nie wykazała istotności statystycznej (p>0,05).

W badanej grupie wykazano słabą korelację pomiędzy własną opinią respondenta na temat wpływu częstego spożywania produktów tego typu na organizm, a poziomem wykształcenia (r=0,08). Korelacja ta nie wykazała istotności statystycznej (p>0,05).

W badanej grupie wykazano słabą korelację pomiędzy wiekiem, a własną opinią respondenta na temat wpływu częstego spożywania produktów tego typu na organizm (r=0,14). Korelacja ta nie wykazała istotności statystycznej (p>0,05). Wśród osób w wieku 18-33 lat nie pojawiła się odpowiedź, iż częste spożywanie produktów z etykietą „light" może mieć negatywny wpływ na zdrowie i organizm.

Dyskusja

Przegląd literatury dotyczący tematu pozwala stwierdzić, iż do tej pory nie było prowadzonych szerokich badań dotyczących częstotliwości spożycia produktów typu light. Badanie własne wykazało, respondenci sięgają po produkty typu light okazjonalnie (35,0% i najczęściej są to produkty mleczne (42,9%). Badania Dąbrowskiego i wsp. [7] potwierdzają okazjonalne sięganie po tego typu produkty. W badaniu tym wykazano, że produkty typu light są spożywane rzadziej niż raz w miesiącu przez 32% respondentów. Również w badaniu Jaworskiej [8] najczęściej udzielaną odpowiedzią była odpowiedź „sporadycznie spożywam". Rozbieżności pojawiają się w przypadku częstszego spożywania produktów typu light. W badaniu własnym wykazano iż codziennie oraz 3 - 4 razy w tygodniu produkty takie spożywa 24% respondentów. Natomiast w badaniu Flarczyk i wsp. [9] wykazano, iż produkty typu light są spożywane częściej niż 3 razy w tygodniu aż przez 50% respondentów. Natomiast zaledwie 7% spożywała takie produkty 2 – 3 w miesiącu [9], podczas gdy w badaniu własnym takiej odpowiedzi udzielało 20% badanych. Badanie własne wykazało, że wśród osób spożywający produkty typu light 3 – 4 razy w tygodniu dominują osoby w grupie wiekowej 50 lat i powyżej. Różnice dotyczące częstości spożycia tego typu produktów w zależności od wieku mogą wskazywać na fakt wpływu poziomu wiedzy żywieniowej, który wzrasta wraz z wiekiem, która przejawiać się może między innymi w ograniczaniu spożycia tłuszczu [10,11].

W badaniu własnym wykazano, że najczęstszym powodem spożywania produktów typu light jest ich zmniejszona wartość energetyczna. Takiej odpowiedzi udzieliło 71,0% respondentów. Potwierdzeniem tego są badania Dąbrowskiego i wsp. [7] w których wykazano, ze głównym motywem wyboru produktów tego typu jest przekonanie, że spożywając te produkty można się „odchudzić". Takiej odpowiedzi udzieliło 48% respondentów [7]. Natomiast 44% badanych w wyżej wymienionym badaniu wskazało, iż powodem wyboru produktów typu light jest ich przekonanie, iż są one zdrowsze niż produkty typowe [7]. Pewne podobieństwo wyników widać również w badaniu Jaworskiej [8]. W badaniu tym wykazano, iż 48% ankietowanych wybiera produkty tego typu ze względu na tzw. zdrowy sposób żywienia. Inne powody, które wymienia Jaworska [8] to moda i zaciekawienie produktem, co tylko częściowo pokrywa się z badaniami własnymi – zaledwie jedna osoba udzieliła odpowiedzi, iż spożywa tego typu produkty dlatego że są modne. Również w badaniu Flarczyk i wsp. [9] ankietowani udzielali odpowiedzi, iż przy spożywaniu produktów typu light oczekują utraty masy ciała co mogło stanowić motyw wyboru tego typu produktów. Jednakże takiej odpowiedzi udzieliło zaledwie 13% badanych [9]. Zdecydowana większość badanych w analizach Flarczyk i wsp. [9] udzielała odpowiedzi że spożywa produkty typu light ponieważ takie produkty lubią (31% badanych). W badaniach własnych takiej odpowiedzi udzieliło zaledwie 10,3% ankietowanych. W przypadku badań Dąbrowskiego i wsp. [7] większość ankietowanych wskazała, że produkty tego typu nie są tak smaczne jak produkty typowe. W badaniu Flarczyk i wsp. [9] ponad 50% ankietowanych stwierdziło, że tego typu produkty są smaczniejsze niż typowe.

W przypadku opinii własnej respondentów oraz oczekiwań związanych ze spożywaniem produktów typu light, najczęściej udzielaną odpowiedzią na pytanie odnoszące się do wpływu produktów typu light na organizm była odpowiedź, iż są one korzystne dla zdrowia i sylwetki. Takiej odpowiedzi udzieliło 61,0% respondentów. Również w przypadku badania Dąbrowskiego i wsp. [7] ankietowani najczęściej odpowiadali, iż częste spożywanie produktów typu light daje poczucie „dbania o własną figurę i zdrowie". Zdecydowanie inne wyniki otrzymano w badaniu Flarczyk i wsp. [9], w którym aż 59% respondentów wskazało, iż produkty typu light są „nienaturalne, szkodliwe dla zdrowia" ale jednocześnie 6% osób wskazało, iż produkty takie można spożywać bez żadnych ograniczeń, ze względu na ich „bezkaloryczność". W badaniu własnym natomiast odpowiedzi stwierdzające, że częste spożywanie produktów tego typu może mieć negatywny wpływ na zdrowie udzieliło zaledwie 13,8% badanych. Również w badaniu Gutkowskiej i Osóbki [12], zaledwie 5% respondentów wskazało produkty typu light jako produkty, które dostarczają organizmowi najwięcej korzyści. Różnice w uzyskanych wynikach widać również w odniesieniu opinii własnej respondenta do wieku. U Gutkowskiej i wsp. [12] produkty te jako korzystne wskazały częściej osoby w wieku do 39 lat, natomiast w badaniu własnym odpowiedzi takiej udzielały częściej osoby w wieku powyżej 50 roku życia. Podobne wyniki prezentują badacze w przypadku uwzględnienia poziomu wykształcenia. W badaniu Gutkowskiej i wsp. [12], produkty typu light jako korzystne dla organizmu wskazały częściej osoby z wykształceniem podstawowym, zawodowym oraz średnim niż osoby z wykształceniem wyższym. W badaniu własnym odpowiedzi takiej udzieliło 64,0% osób z wykształceniem wyższym, oraz 66,0% osób z wykształceniem średnim, zawodowym lub policealnym.

Przegląd literatury wskazuje, iż temat dotyczący produktów typu light, zarówno oceny ich wartości odżywczej, jak i spożycia jest tematem mało spotykanym i stosunkowo „nowym". Ze względu na rozwijający się ciągle rynek przetwórstwa żywności konieczne jest prowadzenie badań dotyczących częstości spożycia i preferencji różnych grup produktów spożywczych.

Wnioski

1. Produkty typu light nie są żywnością często spożywaną przez społeczeństwo – większość osób spożywa je okazjonalnie. Najczęściej spożywanymi produktami tego typu są produkty mleczne.

2. Głównym powodem spożywania żywności typu light jest przekonanie, że mają mniejszą wartość energetyczną od produktów typowych.

3. Większość ankietowanych uważa, że spożywanie produktów typu light jest korzystna dla zdrowia.

4. Częstość spożycia produktów light, motywy ich wyboru oraz oczekiwania związane ze spożyciem nie zależą od takich czynników jak: wiek, poziom wykształcenia czy wartość wskaźnika BMI.

Piśmiennictwo

1. Pocket Polish Dictionary. Termin: light. Warszawa, 206.
2. Ustawa o warunkach zdrowotnych żywności i żywienia z dnia 11 maja 2001 roku. Dz. U. Nr 63 z 2001 r.
3. Świderski F., Kolanowski W.: Żywność funkcjonalna i dietetyczna [w:] Żywność wygodna i żywność funkcjonalna. Red. Swiderski F., Wyd. Naukowo – Techniczne, Warszawa 2004: 28 – 36.
4. Rozporządzenie Ministra Zdrowia z dnia 18 września 2008 roku w sprawie dozwolonych substancji dodatkowych. Dz. U. z dnia 3 października 2008 r.
5. Rozporządzenie Parlamentu Europejskiego i Rady z dnia 20 grudnia 2006 roku w sprawie oświadczeń żywieniowych i zdrowotnych dotyczących żywności. (WE) Nr 1924/2006.
6. Waszkiewicz – Robak B., Hoffmann M..: Żywność niskoenergetyczna [w:] Żywność wygodna i żywność funkcjonalna. Red. Swiderski F., Wyd. Naukowo – Techniczne, Warszawa 1999: 259 – 276.
7. Dąbrowski P., Gruszka W., Wikarek T.: Spożywanie produktów light przez osoby otyłe. III Międzynarodowa i XLVII Międzywydziałowa Konferencja Naukowa Studentów Uczelni Medycznych i II Ogólnopolski Kongres Młodej Farmacji. Katowice 2008.
8. Jaworska D.: Jakość sensoryczna serów twarogowych o zróżnicowanej zawartości tłuszczu. Żyw Nauka Technol Jakość 2007; 2(51): 40 – 50.
9. Flarczyk E., Kobus J., Korczak J.: Assesment of consumption of „light" food by students. Acta Sci Pol Technol Aliment 2006; 5(1): 171-179.
10. Pietruszka D., Preidl K., Szymała M.: Próba oceny poziomu wiedzy żywieniowej dorosłych mieszkańców południowej części Polski. XIII Ogólnopolska Konferencja Studenckich Kół naukowych Akademii medycznych, Wrocław 2008.
11. Czarnocińska J., Górecka D., Orłowska H.: Postawy osób dorosłych wobec żywności funkcjonalnej w zależności od poziomu wiedzy żywieniowej. Żyw Człow Metab 2009; 36: 375 – 379.
12. Gutkowska K., Osóbka G.: Żywność jako źródło korzyści dla organizmu w opinii konsumentów. Żyw Człow Metab 2007; 34: 301 – 306.

Streszczenie

Wstęp: Spożywanie produktów typu light można uznać za jeden ze sposobów obniżania wartości energetycznej diety w celu osiągnięcia prawidłowej masy ciała i zachowania zgrabnej sylwetki. Aby uniknąć pułapek stawianych przez producentów należy rozważyć kilka kwestii, analizując produkty typu light.

Cel: Celem badań była ocena częstotliwości spożywania produktów typu light i określenie motywów wyboru tego typu produktów przez konsumentów. Określono zależności pomiędzy wartością BMI, wiekiem i poziomem wykształcenia badanych a częstością spożycia i motywami wyboru produktów typu light.

Materiał i metody: Badania przeprowadzono wśród klientów sklepów spożywczych w 4 miastach województwa śląskiego z wykorzystaniem autorskiego kwestionariusz ankiety. Badaniem objęto 1550 osób. Pytania odnosiły się do częstości spożywania produktów typu light, motywów wyboru tego typu produktów, oraz jakie produkty są najczęściej spożywane. Uzyskane wyniki zanalizowano uwzględniając wiek, wartość BMI oraz poziom wykształcenia badanych. Analizy korelacji dokonano za pomocą współczynnika korelacji rang Spearmana (Rs), przyjęto na poziomie $p \leq 0{,}05$.

Wyniki: 35,0% respondentów spożywa produkty typu light okazjonalnie, najczęściej są to produkty mleczne (42,9%). Najczęstszym powodem spożywania produktów typu light jest ich zmniejszona wartość energetyczna. Takiej odpowiedzi udzieliło 71,0% respondentów. 61,0% badanych uważa, że produkty tego typu są korzystne dla zdrowia.

Wnioski: Produkty typu light nie są żywnością często spożywaną przez społeczeństwo – większość osób spożywa je okazjonalnie. Najczęściej spożywanymi produktami tego typu są produkty mleczne. Głównym powodem spożywania żywności typu light jest przekonanie, że mają mniejszą wartość energetyczną od produktów typowych. Większość ankietowanych uważa, że spożywanie produktów typu light jest korzystna dla zdrowia. Częstość spożycia produktów light, motywy ich wyboru oraz oczekiwania związane ze spożyciem nie zależą od takich czynników jak: wiek, poziom wykształcenia czy wartość wskaźnika BMI.

Słowa kluczowe: produkty light, częstotliwość spożycia

Ocena punktowa przekąsek zbożowych zawierających substancje aktywne

Mateusz Grajek, Marek Kardas, Agnieszka Białek-Dratwa, Agata Kiciak,
Agnieszka Bielaszka, Elżbieta Grochowska-Niedworok

Racjonalne odżywianie przede wszystkim polega na pokryciu zapotrzebowania organizmu na podstawowe składniki pokarmowe, do których zaliczamy blisko 60 różnych substancji, w tym białka, tłuszcze, węglowodany, witaminy i sole mineralne [1, 2, 3]. Współcześni producenci żywności prześcigają się w tworzenia coraz to nowszych produktów, które mają na celu sprostać wymaganiom społeczeństwa, tym bardziej w dobie ciągłego niedostatku czasu. Obecnie coraz to modniejsze stają się produkty zaliczane do tzw. żywności funkcjonalnej i/lub żywności wygodnej [4].

Pierwsze z nich mają oprócz wartości odżywczej wykazywać inne funkcje psychofizyczne i wpływać pozytywnie na organizm ludzki np. poprzez poprawę tempa metabolizmu, przyspieszenie pracy jelit i wpływ na kondycję układu pokarmowego, czy też uzupełnienie niedoborów witaminowo-mineralnych lub dostarczenie większej ilości białek i węglowodanów. Korzystny wpływ żywności funkcjonalnej wynika głównie z obecności w niej substancji bioaktywnych o określonym działaniu prozdrowotnym oraz z optymalnej fizjologicznie proporcji jej składników. Substancje bioaktywne nadające żywności status funkcjonalności to m.in.: probiotyki (bakterie fermentacji mlekowej), prebiotyki (oligosacharydy), błonnik pokarmowy, aminokwasy, peptydy, białka, witaminy, niezbędne nienasycone kwasy tłuszczowe, składniki mineralne (mikro- i makroelementy), substancje fitochemiczne i inne [4, 5]. Druga grupa produktów spożywczych oferuje nam szybkie przyrządzenie potraw poprzez jej odpakowanie i bezpośrednią konsumpcję lub poddanie obróbce (np. zalanie przegotowaną wodą, podgrzanie w kuchence mikrofalowej) [4, 5].

Do produktów, które spełniają powyższe kryteria, należą przekąski zbożowe. Na polskim rynku istnieje wielu producentów i wiele marek batonów oraz ciastek zbożowych, które oprócz bycia słodką przekąską mogą zaspokoić niedobory składników pokarmowych (głównie witamin oraz mikro- i makroelementów). Ponadto są one źródłem łatwo przyswajalnych węglowodanów, które zwiększają bilans energetyczny organizmu i mogą być pożądane w warunkach ekspozycji na wzmożoną pracę fizyczną i umysłową [6].

Przekąski zbożowe składają się z przetworzonych ziaren zbóż, które mogą być połączone z różnymi składnikami np. suszonymi owocami, orzechami, migdałami, miodem, karmelem, czekoladą, itp. [11]. Składniki te muszą być odpowiednio połączone, aby zapewnić odpowiedni smak i konsystencję. Podczas produkcji tego typu przekąsek wykorzystywane są różne procesy technologiczne od tradycyjnego wypiekania po zaawansowane technologie [7].

Jednym z takich procesów jest ekstrudacja (ekstruzja), czyli metoda przetwarzania żywności (w tym przypadku zbóż) polegającą na przetłaczaniu ich przez specjalne ekstrudery poprzez ciśnienie (do 80 barów) i tarcie w warunkach wysokiej temperatury (140-180º C) z użyciem pary wodnej (komory schładzającej). Działania te służą poprawie strawności składników pokarmowych (np. skrobi) zawartej w zbożach, jak również wyeliminowaniu ewentualnych skażeń biologicznych (bakterii, grzybów). Następnie produkt jest odpowiednio formowany i pokrywany warstwą tłuszczu roślinnego lub polewą, wzbogacany w witaminy i minerały oraz składniki nie odporne na opisany wyżej proces ekstruzji [7, 8].

Innym procesem technologicznym wykorzystywanym przy produkcji przekąsek zbożowych jest ekspandacja (ekspansja), proces podobny do „popkornizacji" kukurydzy, polegający na spęcznianiu ziaren zbóż przy pomocy wysokiego ciśnienia i pary wodnej. Szczegóły procesu różnią się w zależności od zastosowanego materiału podlegającego obróbce. W wyniku procesu ekspansji ziarna zwiększają swoją objętości (np. ryż preparowany/dmuchany, amarantus ekspandowany) [9, 10].

Panujący obecnie trend zdrowego, a zarazem wygodnego odżywiania spowodował, że przekąski zbożowe są bardzo rozpropagowane i często pojmowane jako substytut normalnego posiłku. Mimo to skład dostępnych na rynku produktów różni się między sobą składem ilościowym, jak i jakością poszczególnych składników. Wobec powyższego celem niniejszego opracowania była ocena dostępnych na polskim rynku batoników zbożowych metodą punktową i organoleptyczną. Istota pracy zakładała ocenę składu produktów pod względem ilościowym oraz analizę dostępnych produktów biorąc pod uwagę kryterium ceny, marki oraz doznań organoleptycznych.

Materiał i metodyka

W pracy posłużono się etykietami 15 popularnych ekstrudowanych batoników zbożowych oraz ciastek zawierających otręby zbożowe stanowiących asortyment dużych sieci handlowych. Na podstawie etykiet produktów przeanalizowano ich skład ilościowy i zawartość substancji biologicznie czynnych. W analizie składu posłużono się metodą punktową opracowaną przez dr inż. Annę Malinowską z Katedry Higieny Żywienia Człowieka Wydziału Nauk o Żywności i Żywieniu (Uniwersytet Przyrodniczy w Poznaniu) [11]. Założeniem metody była ocena etykiet produktów pod względem zbilansowania jego składu biorąc pod uwagę zapotrzebowanie dla GDA (2000 kcal – kobieta w grupie wiekowej 19-30 lat) w warunkach całodziennej podaży tzn. takiej masy danego produktu, która pokrywałaby całodzienne zapotrzebowanie energetyczne dorosłej zdrowej osoby przy założeniu, że dieta tej osoby składa się jedynie z tego produktu. Produkty były oceniane według następującej skali:

- 18-26 punktów – produkt polecany
- 13-17 punktów – produkt dobry
- 12 i mniej punktów – produkt niepolecany (w tym produkty uzyskujące przynajmniej dwa punkty ujemne).

Opisana metoda została wzbogacona o ocenę organoleptyczną na podstawie testu sensorycznego z zastosowaniem ślepej próby (nieznajomość nazwy ocenianego produktu). Rolą testu była ocena właściwości organoleptycznych badanych przekąsek (smak, zapach, konsystencja, wygląd, w tym barwa i forma). Instrukcję dotyczącą zastosowania metody przedstawiono w tabeli nr 1. W celu nie ujawniania nazw producentów batonów zbożowych produkty zostały zakodowane przy użyciu symbolów literowych (A, B, C, D itd.).

W przypadku braku danych związanych z niepełną informacją producenta dotyczącą składu produktu zawartość niektórych składników szacowano na podstawie tablic wartości odżywczych [12] oraz programu Dieta 5.0 opracowanego w Instytucie Żywności i Żywienia [13].

Uzyskane w ten sposób wyniki zostały zakodowane w bazie danych programu MS Excel i poddane szczegółowej analizie statystycznej w programie StatSoft Statistica 10.0.

Tabela I. Metoda punktowej oceny produktów spożywczych.

PUNKTACJA:	2 pkt.	1 pkt.	0 pkt.	-1 pkt.
Energia [kcal] (w jednej porcji)	≤ 80	80-160	160-300	> 300
NKT [% en.]	≤ 10	10-13	> 13	-
Cholesterol [mg]	< 200	200-300	300-400	> 400
Białko [mg]	≤ 75	75-110	> 110	-
Cukry proste i dwucukry [% en.]	≤ 10	10-13	> 13	-
Błonnik [g]	27-40	20-27	10-20 lub > 40	0-10
Sód [g]	≤ 2,4	2,4-3,4	> 3,4	-
Witaminy[1] (ilość o pokrywanym zapotrzebowaniu)	6-8	4-5	2-3	< 2
Minerały[2] (ilość o pokrywanym zapotrzebowaniu)	4	3	0-2	-
Smak	Bardzo pożądany	Pożądany	Obojętny	Niepożądany
Zapach	Bardzo pożądany	Pożądany	Obojętny	Niepożądany
Wygląd (barwa, forma)	Bardzo pożądany	Pożądany	Obojętny	Niepożądany
Konsystencja	Bardzo pożądana	Pożądana	Obojętna	Niepożądana

1) C, $B_{1, 2, 6, 12}$, D, E oraz foliany   2) Wapń, magnez, żelazo i cynk

Źródło: na podstawie: Malinowska A. Przekąski zbożowo-owocowe i batoniki. Food Forum 2013 (2): 162-169.

Wyniki

Wszystkie wyniki przedstawione w pracy pochodzą z badań własnych.

Na podstawie przeprowadzonej oceny zaobserwowano, że żaden z ocenianych produktów nie uzyskał maksymalnej ilości 26 punktów. Wśród wszystkich produktów 3 charakteryzowały się najwyższą ilością punktów, odpowiednio: 21 punktów – produkt C, po 18 punktów – produkty I i D. Natomiast 5 z 15 produktów zostały ocenione w przedziale od 13 do 17 punktów plasując się na drugiej pozycji (produkty: L, B, K, J, N). Zdecydowanie niepolecane okazały się produkty A, H, F, M, E, O, G (7 z 15 produktów) uzyskując 12 i mniej punktów (tab. II-IV).

Tabela II. Całodzienna podaż analizowanych przekąsek zbożowych

Kod	Postać	Sugerowana 1 porcja [g]	Wartość energetyczna [kcal/100g]	Wartość energetyczna 1 porcji [kcal]	Całodzienna podaż [g]
A	Baton	51,0	497,0	253,5	402,0
B	Baton	30,0	435,0	131,0	460,0
C	Baton	23,5	395,0	93,0	507,0
D	Baton	10,0	367,0	37,0	545,0
E	Ciastko	56,0	423,0	212,0	453,0
F	Baton	22,0	448,0	98,6	446,0
G	Ciastko	34,0	319,0	212,0	443,0
H	Baton	51,0	483,0	246,3	415,0
I	Ciastko	12,5	450,0	56,0	444,0
J	Ciastko	37,0	556,0	205,7	360,0
K	Baton	30,0	383,0	115,0	522,0
L	Baton	20,0	341,0	68,0	587,0
M	Baton	47,0	451,0	212,0	543,0
N	Ciastko	40,0	398,0	159,0	503,0
O	Baton	21,0	298,0	212,0	414,0

Źródło: Opracowanie własne.

Tabela III. Zawartość składników pokarmowych w analizowanych przekąskach zbożowych przy uwzględnieniu całodziennej podaży.

Kod	Postać	Białko [g]	NKT [g]	Cholesterol [mg]	Cukry [g]	Błonnik [g]	Na [g]	Ca [mg]	Mg [mg]	Fe [mg]	Zn [mg]
A	Baton	39,0	53,6	20,2	131,5	11,7	1,4	394,0	289,0	5,2	5,2
B	Baton	27,6	73,1	27,6	133,3	29,9	1,3	2037,0	124,2	3,2	3,5
C	Baton	27,8	16,7	0,0	131,1	20,3	2,0	2587,0	136,8	45,1	4,8
D	Baton	20,7	0,0	0,0	463,4	44,8	0,0	362,0	136,3	9,8	1,4
E	Ciastko	15,9	51,8	35,4	207,3	4,4	0,8	421,0	142,0	5,3	3,1
F	Baton	16,1	47,3	31,2	235,5	2,2	1,1	401,0	94,0	4,9	2,2
G	Ciastko	15,9	52,3	35,4	207,3	10,3	0,8	421,0	142,0	5,3	3,1
H	Baton	21,9	51,3	21,7	156,5	4,1	0,7	451,0	99,0	5,4	2,1
I	Ciastko	37,8	18,7	4,4	66,7	15,1	1,8	252,0	484,4	19,6	4,4
J	Ciastko	25,5	69,8	194,2	113,3	21,4	0,5	1788,0	866,9	36,3	12,3
K	Baton	23,0	17,8	0,0	120,1	41,8	2,5	120,0	308,1	9,9	7,7
L	Baton	34,0	42,8	5,9	45,8	18,8	1,4	528,0	176,0	5,9	4,6
M	Baton	15,9	51,8	35,4	207,3	4,4	0,8	421,0	142,0	5,3	3,1
N	Ciastko	25,6	29,6	5,0	221,1	13,1	0,8	518,0	160,8	5,0	4,7
O	Baton	15,9	51,8	35,4	207,3	4,4	0,8	421,0	142,0	5,3	3,1

Tabela IV. Zawartość witamin w analizowanych przekąskach zbożowych przy uwzględnieniu całodziennej podaży.

Kod	Postać	D [µg]	E [mg]	B_1 [mg]	B_2 [mg]	B_6 [mg]	Foliany [µg]	B_{12} [µg]	C [mg]
A	Baton	0,8	4,0	0,4	0,8	0,8	160,8	0,0	0,0
B	Baton	1,0	12,6	0,3	0,8	0,3	64,4	1,1	5,5
C	Baton	0,0	5,1	4,8	6,0	6,0	860,8	10,6	132,7
D	Baton	0,0	1,6	0,4	0,9	0,8	232,7	0,0	899,6
E	Ciastko	1,3	2,2	0,2	1,0	0,1	44,3	0,0	0,0
F	Baton	1,8	0,5	0,2	0,9	0,1	44,6	0,0	0,0
G	Ciastko	1,3	2,2	0,2	0,9	0,1	44,3	0,0	0,0
H	Baton	1,2	0,8	0,4	0,4	0,4	41,4	0,0	0,0
I	Ciastko	0,0	9,2	5,3	0,5	3,5	302,2	0,3	1,3
J	Ciastko	0,5	21,0	0,9	3,9	0,6	166,9	3,7	9,0
K	Baton	2,6	15,9	0,8	0,3	0,7	204,8	0,1	6,8
L	Baton	0,1	6,2	0,4	0,7	0,5	110,9	1,3	10,6
M	Baton	1,3	2,2	0,2	1,0	0,1	44,3	0,0	0,0
N	Ciastko	1,4	8,5	0,6	0,8	0,5	127,1	0,8	43,7
O	Baton	1,3	2,2	0,2	0,9	0,1	44,3	0,0	0,0

Źródło: Opracowanie własne.

Podczas badania stwierdzono, że wszystkie oceniane produkty spełniają normę dziennego spożycia na białko i cholesterol, a tylko jedna spośród analizowanych przekąsek wypadała gorzej na tle innych pod względem zawartości sodu. Inaczej było w przypadku takich parametrów jak: energia, zawartość nasyconych kwasów tłuszczowych, cukrów oraz związków mineralnych. Zauważono, że 7/15 przekąsek cechuje się złym zbilansowaniem energetycznym (ocena 1-2 punkty). Z kolei 11/15 batoników zawierały zbyt duże dla dobowego spożycia ilości nasyconych kwasów tłuszczowych. W przypadku cukrów prostych i dwucukrów 1 z 15 produktów otrzymał 2 punkty, 14 przekąsek została oceniona na poziomie 0 punktów. Nie inaczej tendencja wyglądała biorąc pod uwagę mikro- i makroelementy, tutaj 2 z 15 artykułów spożywczych otrzymały odpowiednio 1 i 2 punkty, reszta ocenianych przekąsek została oceniona na 0 punktów.

W przypadku oceny organoleptycznej smaku, zapachu, wyglądu (barwa i forma) oraz konsystencji produktu żadna z badanych przekąsek nie została oceniona ujemnie. Smak 14 z 15 przekąsek był akceptowany na poziomie 1 lub 2 punktów, co oznaczało, że jest on pożądanym przez konsumenta doznaniem organoleptycznym. Zapach i konsystencja zostały ocenione jako obojętne (0 punktów) w 4 przypadkach. Wygląd, czyli barwa i forma batonika lub ciastek zbożowych akceptowana była we wszystkich przypadkach.

Według ogólnej oceny żaden z analizowanych produktów nie otrzymał maksymalnej oceny 26 punktów. 21 punktów uzyskał produkt C, następne były artykuły oznaczone literami I i D po 18 punktów, co oznacza, że te produkty polecane są w codziennym spożyciu. Na poziomie 15 i 13 punktów uplasowały się batony i ciastka: L, B, K, J, N. Zdecydowanie niepolecane są produkty w przedziale punktowym 6-11 – A, F, H, M, E, O, G (tab. V).

Tabela V. Ocena punktowa analizowanych przekąsek zbożowych.

Kod	Energia	Białko	NKT	Cholesterol	Cukry	Błonnik	Sód	Witaminy	Minerały	Smak	Zapach	Wygląd	Konsystencja	Suma	Ocena
C	1	2	2	2	0	1	2	2	1	2	2	2	2	21	Polecany
I	2	2	2	2	0	0	2	0	0	2	2	2	2	18	Polecany
D	2	2	2	2	0	0	2	0	0	2	2	2	2	18	Polecany
L	2	2	0	2	2	0	2	-1	0	1	2	1	2	15	Dobry
B	1	2	0	2	0	2	2	-1	0	1	2	2	2	15	Dobry
K	1	2	2	2	0	0	1	-1	0	2	2	2	2	15	Dobry
J	0	2	0	2	0	1	2	0	2	1	1	1	1	13	Dobry
N	1	2	0	2	0	0	2	-1	0	2	2	1	2	13	Dobry
A	0	2	0	2	0	0	2	-1	0	2	1	2	1	11	Niepolecany
F	1	2	0	2	0	-1	2	-1	0	1	1	1	0	8	Niepolecany
H	0	2	0	2	0	-1	2	-1	0	2	1	1	0	8	Niepolecany
M	0	2	0	2	0	-1	2	-1	0	1	0	1	1	7	Niepolecany
E	0	2	0	2	0	-1	2	-1	0	1	0	1	1	7	Niepolecany
O	0	2	0	2	0	-1	2	-1	0	1	0	1	0	6	Niepolecany
G	0	2	0	2	0	0	2	-1	0	0	0	1	0	6	Niepolecany

Źródło: Opracowanie własne.

Dyskusja

Na podstawie badań własnych stwierdzono, że większość batoników i ciastek zbożowych posiada zbilansowany skład biorąc pod uwagę znaczną część ich parametrów. W przypadku białka i cholesterolu (15/15 produktów) oraz sodu (14/15 produktów) artykuły spełniają zalecane normy spożycia. Wynik taki jest tożsamy z badaniami Malinowskiej A. z Uniwersytetu Medycznego w Poznaniu [11].

Warto również wspomnieć, że batoniki zbożowe są najczęściej reklamowane są jako zdrowa przekąska czy też idealne śniadanie. Z tego powodu wiele osób sięga po nie częściej, niż np. po tabliczkę czekolady, ponieważ uważają, że jest to zdrowsza forma przekąski [14]. Pomimo tego podaż takich składników jak witaminy oraz mikro i makroelementy niejednokrotnie nie pokrywa lub przekracza zapotrzebowanie dorosłego człowieka. W badaniach własnych tylko 2 spośród 15 przekąsek zawierały odpowiednią ilość składników mineralnych, a w przypadku witamin, aż 11 przekąsek uzyskało ocenę ujemną.

Badania dowodzą, że batoniki zbożowe są produktami najczęściej spożywanymi przez konsumentów zamiast pierwszego lub drugiego śniadania. Według 40% konsumentów przekąski zbożowe są produktami energetycznymi, a 37% zastępuje nimi niektóre posiłki oraz spożywa miedzy nimi [15]. Znajduje to potwierdzenie w przeprowadzonych badaniach, gdzie 7 na 15 batoników i ciastek zbożowych dostarczało znaczne ilości energii. Warto pamiętać, że w przypadku tego parametru wysoka wartość energetyczna oznaczała niższą ocenę - w tym przypadku 0 punktów.

Pracownicy portalu Which? (www.which.co.uk) dokonali analizy 30 batoników najlepiej sprzedających się marek, wykazując, że tylko kilka z nich odzwierciedla przekonania konsumentów. Spośród wszystkich przebadanych batoników zbożowych, tylko jeden nie charakteryzował się dużą ilością cukru. Wśród 30 przebadanych batonów, 16 składało się w ponad 30% z cukru (w tym 7 batoników skierowanych bezpośrednio do dzieci zawierało nawet do 40% cukrów). Mimo, że w niektórych przypadkach pochodził on z owoców, to wszystkie batoniki zawierały dodatkowo cukier dodany np. syrop glukozowofruktozowy. Przykładowo: 45g baton Nutri-Grain Elevenses zawiera 18g, co przekłada się na trzy łyżeczki cukru, a tym samym stanowi 20% zalecanego dziennego spożycia dla osoby dorosłej. Ponadto, praktycznie wszystkie badane produkty zawierały dużą ilość nasyconych kwasów tłuszczowych i uwodornionych tłuszczów roślinnych [16].

W innych badaniach zwrócono również uwagę na ubogie oznaczenia składu produktów (szczególnie w przypadku dodanego cukru lub odniesienia do norm żywienia), co może powodować niewłaściwe przekonanie konsumentów o jego zdrowych właściwościach. Przykładowo: Baton Kellogg zawierał informacje o dziennym zapotrzebowaniu na składniki żywieniowe, jednak podane wartości dotyczyły ludzi dorosłych, a nie dzieci [17].

Bardzo ważną kwestią w przypadku produktów cukierniczych jest zawartość tłuszczu. Według danych internetowych zawartość kwasów tłuszczowych w batonach zbożowych jest zróżnicowana. Zawartość nasyconych kwasów tłuszczowych waha się od 24 do 58%, jednonienasyconych 23-42%, a wielonienasyconych kwasów tłuszczowych 8-27% [18]. Według Schwartz i wsp. zawartość nasyconych kwasów tłuszczowych w przypadku płatków zbożowych jest znacznie niższa i wynosi 13,9%, niż ich zawartość w batonach zbożowych. Jest to spowodowane przede wszystkim dodatkiem czekolady do produktów [19]. W badaniach Jianga i Wanga udział poszczególnych steroli w otrębach pszennych różnił się i wyniósł dla β-sitosterolu - 4,5 mg/100g tłuszczu, a kampesterolu - 3,6 mg/100g tłuszczu [20]. Badania własne również dowodzą o wysokiej zawartości nasyconych kwasów tłuszczowych w takich artykułach jak batoniki i ciastka zbożowe (11 produktów zawiera nasycone kwasy tłuszczowe stanowiące więcej niż 13% dziennego zapotrzebowania energetycznego).

Na podstawie przedstawionych wyników badań własnych oraz przeprowadzonej kwerendy literaturowej można stwierdzić, że spożywanie przekąsek zbożowych niesie za sobą zarówno korzyści, jak i zagrożenia. Z jednej strony batoniki, czy też ciasteczka opierające swój skład na ziarnach zbóż oraz dodatkach smakowych w postaci owoców i orzechów, mogą być źródłem wielu cennych dla zdrowia składników pokarmowych. Ponadto przekąski zbożowe niejednokrotnie spełniają rolę żywności wygodnej, a tym samym wykorzystywać można je jako uzupełnienie codziennej diety, w której występują zauważalne braki witamin i składników mineralnych [4, 6]. Z drugiej strony spożycie produktów bogatych w cukier, a także nasycone kwasy tłuszczowe może skutkować pogorszeniem stanu zdrowia oraz nadwagą [1]. Jednak opisane skutki są efektem wysokiego spożycia charakteryzowanych produktów. Wykorzystanie batoników i ciastek zbożowych w ilościach umiarkowanych, a także stosowanie ich jako uzupełnienie zbilansowanej diety nie niesie za sobą większych konsekwencji. Należy jednak pamiętać o umiejętnym dobieraniu produktów i czytaniu etykiet, na których uwagę swoją powinniśmy zwracać na skład produktu oraz zawartość niezbędnych dla zdrowia składników pokarmowych.

Podsumowując należy dodać, że liczne badania konsumenckie prowadzone w kraju i za granicą [21, 22] dowodzą, że społeczna świadomość na temat składu produktów, jak i umiejętność czytania etykiet jest niewystarczająca. Takie doniesienia niepokoją i wskazują wyraźnie na konieczność przeprowadzania szeroko zakrojonych akcji edukacyjnych obejmujących nabycie przez uczestników wiedzy teoretycznej i umiejętności praktycznych w zakresie racjonalnego dobierania produktów spożywczych i większego zwracania uwagi na ich jakość oraz walory zdrowotne.

Wnioski

Na podstawie przeprowadzonej oceny można wysunąć następujące wnioski:

- Dostępne na polskim rynku przekąski zbożowe wzbogacane są w różne dodatki, funkcjonalne (poprawiające smak, zapach i konsystencję produktu), oraz bioaktywne, takie jak błonnik, witaminy, czy składniki mineralne.

- Badane przekąski mogą być spożywane jako element zróżnicowanej diety z zastrzeżeniem, iż nadmierna konsumpcja tego typu produktów może skutkować przekroczeniem podaży niektórych składników odżywczych.

Piśmiennictwo:

1. Ciborowska H., Rudnicka A. Dietetyka. Żywienie zdrowego i chorego człowieka. PZWL, Warszawa 2012.
2. Gawęcki J. Żywienie człowieka. Podstawy nauki o żywieniu. PWN, Warszawa 2012.
3. Gertig H., Gawęcki J. Żywienie człowieka. Słownik terminologiczny. PWN, Warszawa 2014.
4. Świderski F. Żywność wygodna i żywność funkcjonalna. WNT, Warszawa 2003.
5. Biecha K., Wawer I. Profilaktyka zdrowotna i fitoterapia. Bonimed, Żywiec 2011.
6. Santos C. i in. Characterization and sensorial evaluation of cereal bars with jackfruit. Maringa 2011 (33): 81-85.
7. Świderski F., Waszkiewicz-Robak B. Towaroznawstwo żywności przetworzonej z elementami technologii. SGGW, Warszawa 2010.
8. Mościcki L. Perspektywy rozwoju ekstruzji w Polsce. Przegląd Zbożowo-Młynarski 1992 (6): 1-3.
9. Praca zbiorowa. Słownik fizyczny. PWWP, Warszawa 1984.
10. Ochęduszko S. Termodynamika stosowana. WNT, Warszawa 1974.
11. Malinowska A. Przekąski zbożowo-owocowe i batoniki. Food Forum 2013 (2): 162-169.
12. Kunachowicz H. Tabele składu i wartości odżywczej żywności. PZWL, Warszawa 2005.
13. http://www.izz.waw.pl/pl/ (dostęp: 18.11.14, 17:00).
14. Achremowicz B., Berski W., Ziobro R.: Rynki nowych produktów zbożowych. Przegląd Zbożowo-Młynarski 2008 (10): 5-9.
15. Bohdan M.: Znaczenie szybkiego pomiaru zawartości wilgoci w przemyśle cukierniczym. Przegląd Piekarniczo-Cukierniczy 2009 (9): 70-73.
16. http://www.which.co.uk/documents/pdf/cereal-bars-full-report-293495.pdf (dostęp: 18.11.14, 17:00).
17. http://greatist.com/health/best-healthy-cereal-brands (dostęp: 18.11.14, 17:00).
18. http://skipthepie.org/snack/ (dostęp: 18.11.14, 17:00).
19. Schwartz M. i in. Examining the Nutritional Quality of Breakfast Cereals Marketed to Children. Journal of American Diet Associacion 2008 (108): 702-705.
20. Jiang Y., Wang T. Phytosterols in Cereal byproducts. JAOCS, 2005 (6): 439-444.
21. http://www.nestle.com/ (dostęp: 18.11.14, 17:00).
22. Wojtasik A. Ocena wybranych produktów spożywczych w aspekcie możliwości ich stosowania w diecie bezglutenowej. Bromatologia 2010 (4): 461-468.

Streszczenie

Wstęp: Batoniki zbożowe są produktami spożywanymi przez konsumentów najczęściej zamiast pierwszego lub drugiego śniadania. Według 40% konsumentów przekąski zbożowe są produktami energetycznymi, a 37% zastępuje nimi niektóre posiłki oraz spożywa miedzy nimi. Są one źródłem węglowodanów, witamin (głównie z grupy B) oraz włókna pokarmowego. Niska kaloryczność i doskonałe walory smakowe powodują, że batony oraz ciasteczka typu musli stają się bardzo popularne w różnych grupach wiekowych. Celem pracy była ocena dostępnych na polskim rynku batoników zbożowych metodą punktową i organoleptyczną. Istota pracy zakładała ocenę składu produktów pod względem ilościowym oraz analizę dostępnych produktów biorąc pod uwagę kryterium doznań organoleptycznych.

Materiał i metodyka: W pracy posłużono się etykietami 15 popularnych przekąsek zbożowych stanowiących asortyment dużych sieci handlowych. Na podstawie etykiet produktów przeanalizowano ich skład ilościowy i zawartość substancji biologicznie czynnych. W analizie składu posłużono się metodą punktową. W celu nie ujawniania nazw producentów batonów zbożowych produkty zostały zakodowane przy użyciu symbolów literowych (A, B, C, D itd.). Uzyskane w ten sposób wyniki zostały zakodowane i poddane szczegółowej analizie statystycznej.

Wyniki i wnioski: Dostępne na polskim rynku przekąski zbożowe wzbogacane są w różne dodatki, funkcjonalne (poprawiające smak, zapach i konsystencję produktu), oraz bioaktywne, takie jak błonnik, witaminy, czy składniki mineralne. Badane przekąski mogą być spożywane jako element zróżnicowanej diety z zastrzeżeniem, iż nadmierna konsumpcja tego typu produktów może skutkować przekroczeniem podaży niektórych składników odżywczych.

Słowa kluczowe: przekąski zbożowe; ocena punktowa; analiza sensoryczna; substancje bioaktywne; żywność funkcjonalna.

Spożycie produktów typu instant wśród studentów uczelni wyższych Górnego Śląska.

Karolina Janion, Beata Stanuch, Nicola Szeja, Monika Więckowska, Elżbieta Szczepańska

W ostatnich latach obserwuje się wzrost popularności produktów typu instant wśród konsumentów, w tym również studentów [1]. Sprzyja temu często trudna sytuacja materialna oraz tryb życia narzucony przez nieregularny harmonogram zajęć. Niejednokrotnie osoby uczące się równolegle podejmują pracę zarobkową, co przekłada się na ograniczenie czasu, który mogą poświęcić na przygotowywanie tradycyjnych posiłków [1,2]. Skłania ich to do poszukiwania żywności wygodnej, do której zaliczamy między innymi produkty typu instant. Ich cechą charakterystyczną jest gotowość do spożycia po zalaniu jedynie wrzątkiem lub bez konieczności przeprowadzania jakiejkolwiek obróbki kulinarnej, przez co stanowią one często alternatywę dla pełnowartościowych posiłków [1,3].

Sukces jaki odniosły produkty typu instant na rynku żywnościowym skłania wielu badaczy do zgłębiania wiedzy na temat ich wartości energetycznej i odżywczej. Istotny aspekt stanowi zawartość soli stosowanej jako dodatek konserwujący. Spożycie jednej porcji zupy instant może pokryć nawet 39,7% ustalonego przez Światową Organizację Zdrowia dziennego maksymalnego spożycia soli [4]. Kolejne zagrożenie związane jest z niską zawartością niektórych witamin. Pomimo procesu fortyfikacji niektóre napoje typu instant nie zawierają deklarowanej przez producenta ilości witaminy C [5,6]. Żywność typu instant jest także często uboga we włókno pokarmowe oraz niektóre składniki mineralne, takie jak: wapń, magnez i żelazo [7, 8].

Ważnym z punktu widzenia toksykologii jest fakt, że produkty typu instant ze względu na swój złożony skład mogą być zanieczyszczone pierwiastkami ciężkimi, takimi jak: ołów, kadm, rtęć czy arsen. Ulegają one kumulacji w organizmie człowieka, stwarzając tym samym zagrożenie dla zdrowia, szczególnie w przypadku ich częstego spożycia. Korzystną kwestią jest to, że w większości tych produktów poziom pierwiastków ciężkich jest bardzo niski, jedynie w pojedynczych przypadkach może okazać się niebezpieczny dla zdrowia [9].

Cel pracy

Celem pracy była ocena częstości spożycia produktów typu instant oraz identyfikacja różnic w popularności tych produktów wśród studentek i studentów uczelni wyższych Górnego Śląska.

Materiał i metodyka

Badaniem objęto 395 studentów uczęszczających do szkół wyższych na terenie Górnego Śląska, spośród których kobiety stanowiły 318 (80,5%), a mężczyźni 77 (19,5%).

Narzędziem badawczym był autorski kwestionariusz ankiety, składający się z metryczki oraz części właściwej, zawierającej m. in. pytania dotyczące częstości spożycia produktów typu instant. Do określenia częstości spożycia tego typu produktów ustalono 5 kategorii, którym przypisano następujące wartości:

0 – nie spożywam,

1 – okazjonalnie,

2 – kilka razy w miesiącu,

3 – kilka razy w tygodniu,

4 – codziennie.

Uzyskane wyniki opracowano przy użyciu programu MS Office Excel 2010, uwzględniając przy tym zróżnicowanie ze względu na płeć. Analizę statystyczną przeprowadzono z wykorzystaniem programu StatSoft, Inc. Statistica version 10.0. Do oceny zależności pomiędzy płcią badanych, a częstością spożycia produktów typu instant wykorzystano test niezależności Chi^2. W celu przeprowadzenia dalszych analiz odpowiedzi połączono, tworząc dwie grupy: I (nie spożywam, n=91) oraz II (spożywam okazjonalnie, kilka razy w miesiącu, kilka razy w tygodniu, codziennie, n=304). Popularność spożycia wymienionych produktów ustalono na podstawie liczby punktów, uzyskanych przez zsumowanie wartości przypisanych odpowiednim kategoriom częstości spożycia. Różnice w popularności spożywania produktów typu instant oceniano za pomocą testu U Manna – Whitneya. Dla wszystkich analiz za istotną statystycznie przyjęto wartość $p<0,05$.

Wyniki

Rycina 1 przedstawia częstość spożycia produktów typu instant przez studentów z uwzględnieniem ich płci.

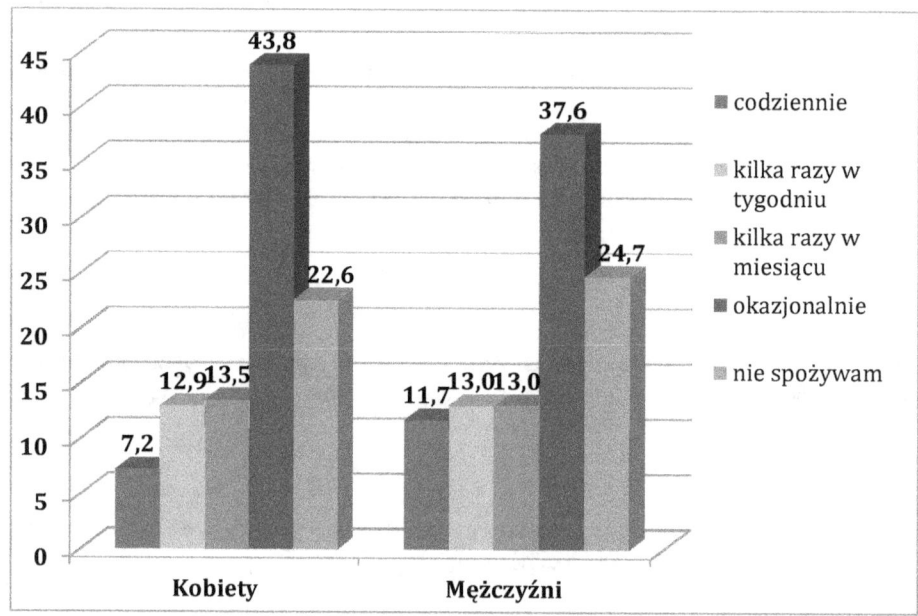

Rycina 1. Częstość spożycia produktów typu instant.

Analiza uzyskanych wyników wykazała, że 246 (77,4%) studentek oraz 58 (75,3%) studentów potwierdziło spożycie produktów typu instant, przy czym odpowiednio 139 (43,8%) i 29 (37,6%) z nich wskazało na konsumpcję okazjonalną. Jednocześnie odpowiednio 72 (22,6%) i 19 (24,7%) wskazywało, iż tych produktów nie spożywa.

Poniżej przedstawione wyniki opracowano na podstawie 304 kwestionariuszy osób w tym (246 studentek oraz 58 studentów), które potwierdziły spożycie produktów typu instant.

Rycina 2 przedstawia okoliczności spożywania produktów typu instant przez studentów z uwzględnieniem ich płci.

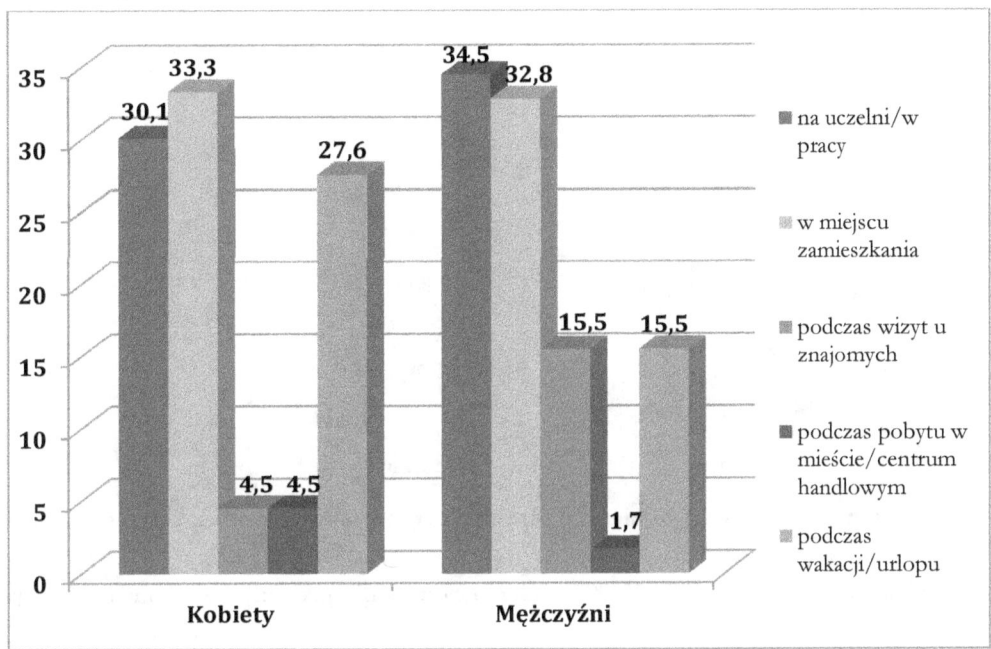

Rycina 2. Okoliczności spożywania produktów typu instant.

Okoliczności spożycia produktów typu instant w badanych grupach są zróżnicowane. Studentki najczęściej spożywają te produkty w miejscu zamieszkania 82 (33,3%), na uczelni i/lub w pracy 74 (30,1%) oraz podczas urlopu i/lub wakacji 68 (27,6%), tymczasem studenci najczęściej na uczelni i/lub w pracy 20 (34,5%) oraz w miejscu zamieszkania 19 (32,8%).

Rycina 3 przedstawia częstość zastępowania tradycyjnych dań produktami typu instant przez studentów z uwzględnieniem ich płci.

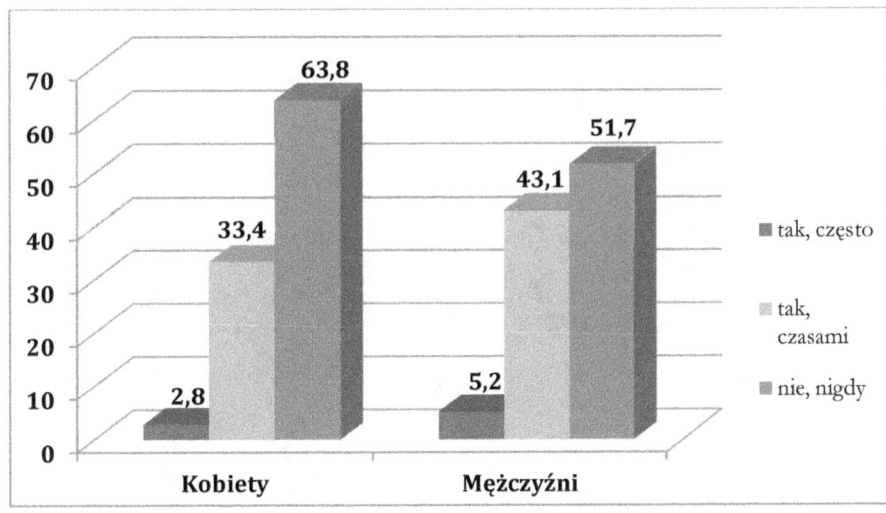

Rycina 3. Zastępowanie tradycyjnych dań produktami typu instant.

Spośród badanych 89 (36,2%) kobiet oraz 28 (48,3%) mężczyzn potwierdziło, iż zastępuje tradycyjne dania produktami typu instant, natomiast odpowiednio 157 (63,8%) i 30 (51,7%) nigdy tego nie robiło.

Rycina 4 przedstawia najczęściej wybierany smak produktów typu instant przez studentów z uwzględnieniem ich płci.

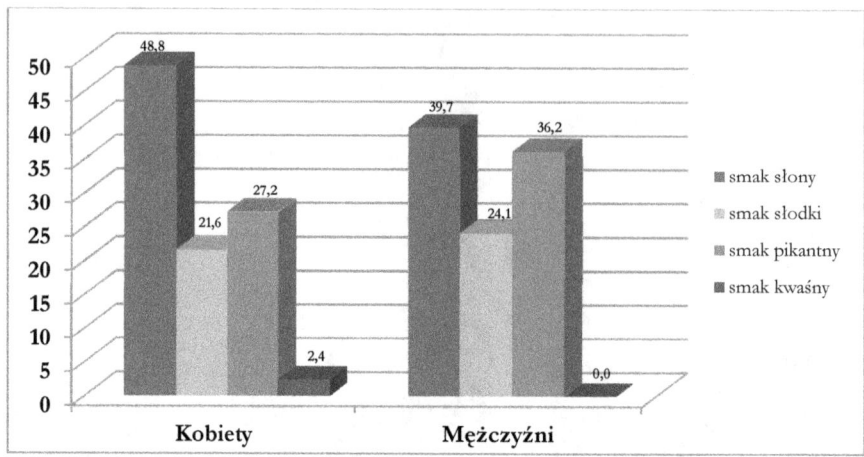

Rycina 4. Najczęściej wybierany przez studentów smak produktów typu instant.

Wśród wybieranych smaków produktów typu instant dominował smak słony, który preferuje 120 (48,8%) badanych studentek i 23 (39,7%) studentów oraz smak pikantny, wybierany przez odpowiednio 67 (27,2%) i 21 (36,2%) badanych.

W tabelach 1 i 2 porównano częstość spożycia poszczególnych produktów typu instant przez studentów z uwzględnieniem ich płci.

Tabela 1. Częstość spożycia poszczególnych produktów typu instant. Część I.

Nazwa produktu	Możliwe odpowiedzi	Kobiety n=246		Mężczyźni n=58		Poziom istotności p*
		n	%	n	%	
Kaszki i/lub muesli do zalania wodą lub mlekiem	Codziennie	7	2,8	0	0,0	0,113
	Kilka razy w tygodniu	34	13,8	9	15,5	
	Kilka razy w miesiącu	37	15,0	10	17,2	
	Okazjonalnie	77	31,4	11	19,0	
	Nie spożywam	91	37,0	28	48,3	
Zupy w proszku	Codziennie	2	0,8	2	3,4	0,722
	Kilka razy w tygodniu	31	12,6	13	22,4	
	Kilka razy w miesiącu	45	18,3	14	24,1	
	Okazjonalnie	125	50,8	20	34,6	
	Nie spożywam	43	17,5	9	15,5	
Zupy błyskawiczne	Codziennie	0	0,0	1	1,7	0,056
	Kilka razy w tygodniu	21	8,5	13	22,4	
	Kilka razy w miesiącu	47	19,1	12	20,7	
	Okazjonalnie	115	46,8	24	41,4	
	Nie spożywam	63	25,6	8	13,8	
Puree ziemniaczane	Codziennie	0	0,0	1	1,7	0,025
	Kilka razy w tygodniu	6	2,4	5	8,6	
	Kilka razy w miesiącu	15	6,1	5	8,6	
	Okazjonalnie	63	25,6	18	31,0	
	Nie spożywam	162	65,9	29	50,1	
Sosy w proszku	Codziennie	0	0,0	1	1,7	0,640
	Kilka razy w tygodniu	5	2,0	7	12,1	
	Kilka razy w miesiącu	58	23,6	8	13,8	
	Okazjonalnie	106	43,1	22	37,9	
	Nie spożywam	77	31,3	20	34,5	
Dania typu FIX	Codziennie	1	0,4	1	1,7	0,015
	Kilka razy w tygodniu	13	5,3	9	15,5	
	Kilka razy w miesiącu	41	16,7	9	15,5	
	Okazjonalnie	94	38,2	26	44,9	
	Nie spożywam	97	39,4	13	22,4	
Kisiel instant	Codziennie	1	0,4	0	0,0	0,992
	Kilka razy w tygodniu	7	2,8	2	3,4	
	Kilka razy w miesiącu	43	17,5	13	22,4	
	Okazjonalnie	110	44,7	23	39,7	
	Nie spożywam	85	34,6	20	34,5	
Budyń instant	Codziennie	0	0,0	0	0,0	0,364
	Kilka razy w tygodniu	8	3,3	4	6,9	
	Kilka razy w miesiącu	35	14,2	11	19,0	
	Okazjonalnie	111	45,1	25	43,1	
	Nie spożywam	92	37,4	18	31,0	

*test niezależności Chi^2

Tabela 2. Częstość spożycia poszczególnych produktów typu instant. Część II.

Nazwa produktu	Możliwe odpowiedzi	Kobiety n=246		Mężczyźni n=58		Poziom istotności p*
		n	%	n	%	
Kawa 2w1 i/lub 3w1	Codziennie	15	6,1	8	13,8	0,013
	Kilka razy w tygodniu	32	13,0	4	6,9	
	Kilka razy w miesiącu	35	14,2	7	12,1	
	Okazjonalnie	84	34,2	10	17,2	
	Nie spożywam	80	32,5	29	50,0	
Cappuccino	Codziennie	6	2,4	1	1,7	$<10^4$
	Kilka razy w tygodniu	25	10,2	6	10,3	
	Kilka razy w miesiącu	43	17,5	7	12,1	
	Okazjonalnie	96	39,0	8	13,8	
	Nie spożywam	76	30,9	36	62,1	
Czekolada w proszku	Codziennie	1	0,4	0	0,0	0,006
	Kilka razy w tygodniu	16	6,5	3	5,2	
	Kilka razy w miesiącu	36	14,6	12	20,7	
	Okazjonalnie	109	44,4	12	20,7	
	Nie spożywam	84	34,1	31	53,4	
Herbata w granulkach	Codziennie	8	3,3	2	3,4	0,185
	Kilka razy w tygodniu	22	8,9	3	5,2	
	Kilka razy w miesiącu	27	11,0	8	13,8	
	Okazjonalnie	60	24,4	9	15,5	
	Nie spożywam	129	52,4	36	62,1	
Napoje z automatu	Codziennie	14	5,7	9	15,5	0,413
	Kilka razy w tygodniu	35	14,2	9	15,5	
	Kilka razy w miesiącu	72	29,3	16	27,6	
	Okazjonalnie	89	36,2	13	22,4	
	Nie spożywam	36	14,6	11	19,0	

* test niezależności Chi^2

Analiza częstości spożycia produktów typu instant wykazała, że kobiety częściej, niż mężczyźni spożywały napoje, takie jak: kawa 2w1 i/lub 3w1, cappuccino, czekolada w proszku. Ich spożycie deklarowało odpowiednio 166 (67,5%), 170 (69,1%), 162 (65,9%) studentek, tymczasem wśród mężczyzn częstość spożycia wymienionych napojów była niższa i wynosiła odpowiednio: 29 (50,0%), 22 (37,9%), 27 (46,6%). Pod względem częstości spożycia wyraźnie wyróżniają się: herbata w granulkach oraz napoje z automatu. Herbata w granulkach była wybierana przez 117 (47,6%) studentek oraz 22 (37,9%) studentów, natomiast napoje z automatu należą do produktów równie często spożywanych przez obie badane grupy. Odpowiednio 210 (85,4%) oraz 47 (81,0%). Różnica w częstości ich spożycia wynosiła zaledwie 4,4%. Powyższe stwierdzenia potwierdzają wyniki testu niezależności Chi^2, na podstawie którego możemy stwierdzić występowanie zależności między płcią badanych, a częstością spożycia kawy 2w1 i/lub 3w1 (p=0,013), cappuccino (p<10^4) oraz czekolady w proszku (p=0,006). W przypadku herbaty w granulkach i napojów typu instant wynik okazał się nieistotny statystycznie (p>0,05).

Do produktów częściej wybieranych przez mężczyzn możemy zaliczyć dania typu Fix oraz puree ziemniaczane. Ich spożycie potwierdzało odpowiednio 45 (77,6%) oraz 29 (49,9%) z nich. Znalazło to potwierdzenie w wynikach testu niezależności Chi^2, zarówno dla dań typu Fix (p=0,015), jak i puree ziemniaczanego (p=0,025).

Kisiele instant oraz zupy w proszku były produktami spożywanymi z podobną częstością, zarówno wśród badanych kobiet, jak mężczyzn. Na ich spożycie wskazało odpowiednio 161 (65,4%) i 203 (82,5%) studentek oraz 38 (65,5%) i 49 (84,5%) studentów.

Średnia popularność spożycia produktów typu instant wynosiła dla kobiet 19,9% (± SD 16,1) podczas, gdy dla mężczyzn 21,2% (± SD 19,4). Nie stwierdzono różnic pomiędzy popularnością spożycia produktów typu instant w badanych grupach (p=0,908, test U Manna-Whitneya).

Dyskusja

Wyniki badań własnych dowodzą, że pomimo, iż większość badanych studentów deklarowała spożycie produktów typu instant, najczęściej wskazywali oni na okazjonalną ich konsumpcję. W badaniach Babicz-Zielińskiej i wsp., którzy oceniali postawy i zachowania konsumentów wobec żywności wygodnej, zaobserwowano codzienne spożycie tej żywności przez 2,0% kobiet i 4,0% mężczyzn oraz mniej więcej jeden raz w tygodniu przez odpowiednio 22,0% i 27,0% badanych [3]. Analiza wyników badań własnych wykazała nieco wyższe codzienne spożycie produktów typu instant, taką częstość spożycia deklarowało 7,2% kobiet i 11,7% mężczyzn, przy jednocześnie niższym odsetku spożywających te produkty kilka razy w tygodniu (12,9% kobiet i 13,0% mężczyzn).

Kolejnym aspektem są okoliczności spożywania produktów typu instant. Badania Gajdy i Jeżowskiej-Zychowicz wskazują na fakt zaopatrywania się młodzieży w żywność w bufetach i sklepikach na terenie placówek oświatowych. Ich oferta obejmuje często produkty powszechnie uważane za niezdrowe dla organizmu, między innymi wysoko przetworzoną żywność, słodycze czy napoje typu instant. Jak wykazali autorzy korzystanie z bufetów zadeklarowało aż 61,4% badanych kobiet i 28,6% mężczyzn [10]. Natomiast z badań własnych wynika, że 30,1% studentek oraz 34,5% studentów spożywało produkty typu instant przebywając na uczelni i/lub w pracy. Niepokojącym zjawiskiem była także konsumpcja produktów typu instant w miejscu zamieszkania, takie okoliczności wskazało 33,3% kobiet oraz 32,8% mężczyzn.

Kolejna kwestia to preferowany smak produktów typu instant, co poniekąd warunkują czynniki genetyczne. Człowiek od urodzenia preferuje smak słodki i słony [11, 12]. Taki fakt potwierdzają także wyniki badań własnych, zgodnie z którymi 48,8% studentek i 39,7% studentów preferowało smak słony, a odpowiednio 21,6% i 24,1% - smak słodki. Natomiast Mojka, która oceniała preferencje i częstotliwość spożycia tego typu produktów wykazała, że 59,0% badanych przez nią osób określiło gotowe potrawy jako „samą chemię" [1]. Inne wyniki badań, prowadzonych przez Borkowską i Śmigielską, polegające na ocenie jakości sensorycznej koncentratów obiadowych wykazały, że ich smak jest na poziomie porównywalnie dobrym [9].

Analiza wyników badań własnych wykazała, że spożycie zup w proszku deklarowało 82,5% badanych kobiet i 84,5% mężczyzn, zup błyskawicznych odpowiednio 74,4% i 86,2%, natomiast sosów w proszku 68,7% i 65,5%. Ocena preferencji konsumentów związana ze spożywaniem żywności wygodnej, przeprowadzona przez Krełowską-Kułas wykazała, że spożycie zup i sosów w proszku potwierdziło 46,0% badanych kobiet i 27,2% mężczyzn. Aż 36,6% spośród nich deklarowało ich codzienną konsumpcję [13]. Zarówno w badaniach własnych, jak i innych autorów wykazano, że kobiety podczas komponowania posiłków często korzystają z sosów w proszku. W badaniach własnych odsetek tych kobiet wynosi 68,7%. Zbliżony wynik uzyskała Kowalczuk w badaniach dotyczących zachowań konsumentów na rynku koncentratów spożywczych, takiej odpowiedzi udzieliło 70% spośród badanych przez nią osób [14].

Wartym uwagi jest również fakt włączania do diety koncentratów deserów, takich jak kisiele i budynie instant. Zgodnie z wynikami badań własnych 65,4% kobiet spożywało kisiele typu instant, które są gotowe po zalaniu gorącą wodą i dokładnym zamieszaniu. Podobne wyniki otrzymała Kowalczuk, według której aż 53,0% badanych kobiet spożywała tego typu produkty, a 65,0% korzystało z kisieli, które wymagają zagotowania. Spożycie budyniów typu instant deklarowało 46,0% badanych kobiet, z kolei w badaniach własnych aż 62,6% [14].

Do najpopularniejszych napojów typu instant zaliczamy kawę i herbatę. 67,5% badanych studentek i 50,0% studentów spożywało kawę instant, w przypadku spożycia herbaty było to odpowiednio 47,6% oraz 37,9% osób. Badania innych autorów wskazują na wzrastające na przełomie lat 2001-2011 spożycie kawy typu instant, zarówno wśród mężczyzn, jak i kobiet. Zmiana ta cechowała się większym wzrostem u mężczyzn (z 48,7 do 63,0%), niż u kobiet (z 45,5 do 55,1%) [15]. Natomiast według wyników badań Rusinek-Prystupy i Samolińskiej herbatę granulowaną spożywa 13,8% badanych kobiet oraz 33,3% mężczyzn [16].

Częstość spożycia produktów typu instant stale się zwiększa, na co wskazują wyniki innych autorów [8, 13, 17, 18]. Zjawisko to skutkuje m. in. wypieraniem żywności naturalnej i/lub jak najbardziej do niej zbliżonej. Tempo życia, z którego wynika między innymi wzrost częstości spożycia produktów typu instant, powoduje, że konsumenci często skupiają się jedynie na szybkim zaspokojeniu głodu, zapominając zarazem o podstawowej funkcji żywienia, jaką jest dostarczenie wszystkich niezbędnych składników odżywczych w odpowiedniej ilości i proporcji. Niesie to za sobą liczne, niekorzystne dla zdrowia konsekwencje, wynikające z niedoborów witamin oraz składników mineralnych, a także nadmiaru węglowodanów czy też tłuszczów w codziennej diecie.

Wnioski

1. Częstość spożycia produktów typu instant zarówno u studentek, jak i studentów była wysoka.
2. Nie stwierdzono istotnych statystycznie różnic w popularności spożycia tych produktów w obu badanych grupach.

Piśmiennictwo

1. Mojka K.: Wybrane produkty żywności wygodnej – ocena preferencji i częstotliwości ich spożycia wśród studentów. Probl Hig Epidemiol 2012; 93(4): 828-833
2. Szczodrowska A., Krysiak W.: Ocena częstotliwości spożycia wybranych produktów i potraw oraz poziomu wiedzy na temat zdrowego odżywiania wśród studentów łódzkich szkół wyższych. Bromat Chem Toksykol 2014; 1: 25-31
3. Babbicz-Zielińska E., Jeżewska-Zychowicz M., Laskowski W.: Postawy i zachowania konsumentów w stosunku do żywności wygodnej. ZNTJ 2010; 71(4): 141-153
4. Jeżewska M., Kulczak M., Błasińska I.: Zawartość soli w wybranych koncentratach obiadowych. Bromat Chem Toksykol 2011; 3: 585-590
5. Park J., Lee JS., Jang YA., Chang HR, Kim J.: A comaprison of food and nutrient intake between instant noodle consumers and non-instant noodle consumers in Korean adults. Nutr Res Pract 2011; 5(5): 443-449
6. Przygoński K., Zaborowska Z., Wojtowicz E.: Zawartość witaminy C w wybranych deserach i napojach w proszku. Bromat Chem Toksykol 2009; 3: 299-303
7. Sobota A., Łuczak J.: Badania składu chemicznego makaronów instant. Bromat Chem Toksykol 2010; 4: 515-522
8. Prescha A., Grajeta H., Pieczyńska J., Wróbel A.: Produkty należące do żywności wygodnej jako źródło wapnia, magnezu i żelaza. Bromat Chem Toksykol 2008; 3: 243-248
9. Borkowska B., Śmigielska M.: Ocena wybranych cech jakościowych koncentratów obiadowych. Bromat Chem Toksykol 2013; 3: 331-336
10. Gajda R., Jeżewska-Zychowicz M.: Zachowania żywieniowe młodzieży mieszkającej w województwie świętokrzyskim – wybrane aspekty. Probl Hig Epidemiol 2010; 91(4): 611-617
11. Cooke LJ., Wardle J.: Age and gender differences in children's food preferences. Br J Nutr 2005; 93: 741-746
12. Hare-Bruun H., Nielsen BM., Kristensen PL., Moller NC., Togo P., Heitmann BL.: Television vieving, food preferences, and food habits among children: A prospective epidemiological study. BMC Public Health 2011; 11: 311-321
13. Krełowska-Kułas M.: Badanie preferencji konsumenckich żywności wygodnej. Zeszyty Naukowe Akademii Ekonomicznej w Krakowie 2005; 678: 141-148

14. Kowalczuk I.: Uwarunkowania konsumpcji koncentratów spożywczych. Acta Sci Pol 2004; 3(1): 187-198
15. Je Y., Jeoung S., Park T.: Coffee consumption patterns in Korean adults. Asia Pac J Clin Nutr 2014; 23(4): 691-702
16. Rusinek-Prystupa E., Samolińska W.: Preferencje konsumenckie dotyczące spożycia herbaty i kawy wśród respondentów zamieszkałych w Lublinie i okolicach – doniesienie wstępne. Probl Hig Epidemiol 2013; 94(3): 653-657
17. Mania M., Wojciechowska-Mazurek M., Starska K., Karłowski K.: Koncentraty spożywcze – zanieczyszczenie pierwiastkami szkodliwymi dla zdrowia. Bromat Chem Toksykol 2009; 3: 448-454
18. Alexy U., Sichert-Hellert W., Rode T., Kersting M.: Convenience food in the diet of children and adolescents: consumption and composition. Br J Nutr 2008; 99: 345-351

Streszczenie

Wstęp: Studenci ze względu na nieregularny harmonogram zajęć oraz mnogość obowiązków często sięgają po produkty typu instant podczas planowania codziennych posiłków. Jednocześnie obserwuje się wzrost popularności produktów tego typu, co skłania do szerszego poznania skali tego zjawiska. Celem pracy była ocena częstości spożycia produktów typu instant oraz identyfikacja różnic w popularności tych produktów wśród studentek i studentów uczelni wyższych Górnego Śląska.

Materiał i metodyka: Badaniem objęto 395 studentów uczęszczających do szkół wyższych na terenie Górnego Śląska. Narzędziem badawczym był autorski kwestionariusz ankiety, składający się z metryczki oraz części właściwej, zawierającej m.in. pytania dotyczące częstości spożycia tego typu produktów. Uzyskane wyniki opracowano przy użyciu programu MS Office Excel 2010. Odpowiedzi zróżnicowano według płci. Analizę statystyczną przeprowadzono z wykorzystaniem programu StatSoft, Inc. Statistica version 10.0. Dla wszystkich analiz za istotną statystycznie przyjęto wartość p<0,05.

Wyniki: Analiza uzyskanych wyników wykazała, że 77,4% studentek oraz 75,3% studentów zadeklarowało spożycie produktów typu instant. Jednocześnie 36,2% kobiet oraz 48,3% mężczyzn potwierdziło, iż zastępuje tradycyjne dania produktami typu instant. Badane kobiety najczęściej spożywały produkty typu instant w miejscu zamieszkania, natomiast mężczyźni na uczelni i/lub w pracy.

Wnioski: Częstość spożycia produktów typu instant zarówno u badanych studentek, jak i studentów była wysoka. Jednocześnie nie stwierdzono istotnych statystycznie różnic w popularności spożycia tych produktów w obu badanych grupach.

Słowa kluczowe: produkty typu instant, częstość spożycia

Ocena tekstury i innych wyróżników jakości sensorycznej pieczywa.

Marek Kardas, Agata Kiciak, Agnieszka Bielaszka, Elżbieta Szczepańska,
Elżbieta Grochowska-Niedworok

Pieczywo jest podstawowym elementem codziennej diety człowieka. Zgodnie z zaleceniami Instytutu Żywności i Żywienia produkty zbożowe, w tym pieczywo powinny być głównym źródłem energii w diecie [1]. Produkty te dostarczają ważnych dla organizmu składników odżywczych, jak węglowodany złożone czy białko roślinne. Pieczywo jest również źródłem błonnika pokarmowego, witamin z grupy B, witaminy E, żelaza, miedzi, magnezu, cynku oraz potasu i fosforu [2].

W Polsce w ostatnich latach obserwuje się tendencję spadkową spożycia przetworów zbożowych, wraz z jednoczesną zmianą struktury ich konsumpcji. Zmniejsza się spożycie pieczywa, mąki oraz kasz, natomiast wzrasta spożycie płatków zbożowych. Pieczywo nadal jednak stanowi istotną pozycję wśród wytwarzanych w Polsce produktów przetwórstwa zbóż [3]. Jednocześnie, obserwuje się w ostatnich latach podejmowanie przez producentów działań stymulujących rozwój tradycyjnej oferty i dostosowanie jej do rosnących wymagań konsumenckich. Objawia się to wprowadzaniem na rynek nowych wyrobów, które poprzez różnorodne dodatki wzbogacające skład, mogą charakteryzować się określonymi walorami zdrowotnymi. Producenci pieczywa dostrzegają, iż jego sprzedaż zależy jednak nie tylko od różnorodności ale przede wszystkim od jakości, świeżości i trwałości [4].

Do najważniejszych czynników wpływających na wybory konsumenta należą cechy sensoryczne produktu żywnościowego, tj. barwa, tekstura, zapach i smak. Analiza sensoryczna jest metodą oceny żywności polegającą na pomiarze i interpretacji reakcji zmysłów człowieka: wzroku, węchu, smaku, dotyku i słuchu. Tekstura jest złożonym parametrem sensorycznym obejmującym wszystkie cechy mechaniczne, geometryczne oraz powierzchniowe, odbierane za pomocą receptorów mechanicznych, dotykowych lub wzrokowych i słuchowych. Szacuje się, iż wpływ tekstury na ocenę produktu jest tak samo ważny jak smaku. W teksturze, podobnie jak w smaku, postrzegane są cechy lubiane (kruchość, chrupkość, miękkość, jędrność, soczystość, kremistość) i nie lubiane przez konsumenta (rozmiękłość, rozkruszalność, twardość, wodnistość, grudkowatość) [5].

Jakość pieczywa ulega istotnym zmianom podczas jego przechowywania na skutek zachodzących w nim reakcji, które prowadzą do pogorszenia jego jakości oraz czerstwienia. Oznaki czerstwienia pojawiają się po około 10-14 godzinnym przechowywaniu pieczywa w temperaturze pokojowej. W wyniku zmian chemicznych i fizycznych obniża się ściśliwość miękiszu, który na początku zaczyna się kruszyć, a potem staje się twardy. Zanika przyjemny aromat i smak świeżego pieczywa, skórka staje się gumowata i miękka [6].

Celem pracy była ocena tekstury oraz innych wyróżników jakości sensorycznej pieczywa w różnych fazach jego świeżości.

Materiał i metodyka

Materiał badawczy stanowiło pieczywo pszenno-żytnie w jednym rodzaju asortymentowym poddawane ocenie w trzech fazach świeżości (czasie jaki upłynął od wypieku):

- pieczywo do 24 h od wypieku,

- pieczywo od 24 do 48 h od wypieku,
- pieczywo ponad 48 h od wypieku.

Wszystkie fazy świeżości pieczywa w jakich prowadzono badania mieściły się w okresie jego przydatności do spożycia. Warunki przechowywania były zgodne z wskazaniem producenta oraz z wytycznymi normy [7]. Temperatura mieściła się w zakresie 18-20^{0}C, wilgotność względna powietrza nie przekraczała 75%. Składniki badanego pieczywa to: mąka pszenna (48%), woda, mąka żytnia (20%), drożdże, sól, mąka pęczniejąca żytnia i kukurydziana, kwas octowy, olej rzepakowy, emulgatory: E472e, E471, kwas askorbinowy.

Badania przeprowadzono w Pracowni Analizy Sensorycznej Zakładu Technologii i Oceny Jakości Żywności Śląskiego Uniwersytetu Medycznego w Katowicach. Pracownia Analizy Sensorycznej spełnia wymogi Normy PN-EN ISO 8589:2010 w zakresie organizacji pomieszczeń pracowni, warunków przeprowadzania badań, oraz wyposażenia stanowisk do ocen sensorycznych [8]. Zgodnie z wytycznymi tej normy laboratorium sensoryczne pozwala na zapewnienie stałych, kontrolowanych warunków, przy minimalnym wpływie czynników dystrakcyjnych, redukcję czynników natury psychologicznej oraz warunków fizycznych wpływających na opinię wydawaną przez oceniających.

W badaniu wzięło udział 12 osób w wieku 20-22 lat wybranych spośród studentów odbywających zajęcia dydaktyczne z przedmiotu Analiza i ocena jakości żywności. W ocenie sensorycznej wzięły udział osoby uprzednio przeszkolone zgodnie z wytycznymi PN-EN ISO 8586:2014 [9]. Rekrutacja, szkolenie oraz monitorowanie oceniających pozwoliło na uzyskanie przez nich statusu ekspertów sensorycznych w rozumieniu przytoczonych norm. Paneliści oceniali jakość pieczywa w oparciu o 9 wyróżników jakości wraz z przyporządkowanym im współczynnikiem ważkości dla poszczególnych cech (tabela I).

Tabela I. Wyróżniki jakości ocenianego pieczywa z przyjętymi współczynnikami ważkości dla cech

Lp.	Wyróżnik jakości	Współczynnik ważkości
1.	Kształt i wygląd zewnętrzny	0,15
2.	Barwa skórki	0,05
3.	Grubość skórki	0,05
4.	Pozostałe cechy skórki	0,1
5.	Barwa i wygląd miękiszu	0,18
6.	Porowatość miękiszu	0,12
7.	Elastyczność miękiszu	0,1
8.	Smak i zapach skórki	0,1
9.	Smak i zapach miękiszu	0,15

Wyboru oraz zdefiniowania poszczególnych wyróżników jakości dokonano eksperymentalnie w oparciu o wytyczne normy PN-A-74108 w zakresie metod badań organoleptycznych stosując autorską ich modyfikację na podstawie źródeł literaturowych oraz danych rynkowych [10]. Do każdego wyróżnika jakości zostały przyporządkowane dokładnie sprecyzowane definicje, które odpowiadały określonej liczbie punktów. Ocena była przeprowadzana w skali 5-punktowej, w której wartość 5 oznaczała jakość bardzo dobrą, natomiast wartość 1 odpowiadała jakości złej.

Ocena przeprowadzona była w dwóch powtórzeniach. Do planowania sesji ocen, oznaczania próbek, zapisu indywidualnych wyników oraz ich wstępnej obróbki stosowano komputerowy system wspomagania analiz sensorycznych ANALSENS NT.

Wynik uzyskano poprzez obliczenie oceny jakości produktu na podstawie iloczynu ilości punktów przyznanych przez oceniającego oraz współczynnika ważkości dla danego wyróżnika. Została ponadto obliczona końcowa ocena jakościowa produktu za pomocą średniej z not ankietowanych. Oceny końcowe poszczególnych wyróżników stanowią średnią z ocen nadanych przez badających. Pod uwagę wzięto również wartość odchylenia standardowego dla każdego z badanych wyróżników.

W celu sprawdzenia czy chleby o różnym minionym czasie od wypieku były różnie oceniane pod względem obranych parametrów przeprowadzono jednoczynnikowe analizy wariancji wykorzystując program StatSoft Statistica 10.

Wyniki

Wyniki przedstawiono w podziale na kategorie cech związane z oceną tekstury i pozostałych wyróżników jakości sensorycznej skórki oraz miękiszu badanego pieczywa. Skonstruowano również ocenę ogólną, uwzględniając wagi poszczególnych atrybutów oraz ocenę kształtu i wyglądu zewnętrznego pieczywa. W tabeli II oraz na ryc. 1 przedstawiono wyniki oceny parametrów skórki badanego pieczywa.

Tabela II. Wyniki oceny parametrów skórki badanego pieczywa

Parametr	Termin od wypieku	Średnia	Odchylenie standardowe	Wynik testu $F_{(2, 33)}$	Poziom istotności
Barwa skórki	< 24 h	3,67	1,15	0,00	> 0,999
	24 - 48 h	3,67	0,65		
	> 48 h	3,67	0,98		
Grubość skórki	< 24 h	4,50	0,80	0,04	0,957
	24 - 48 h	4,50	0,80		
	> 48 h	4,42	0,79		
Pozostałe cechy skórki	< 24 h	4,67	0,65	0,06	0,939
	24 - 48 h	4,58	0,67		
	> 48 h	4,58	0,67		
Smak i zapach skórki	< 24 h	3,67	0,65	1,44	0,252
	24 - 48 h	4,00	1,13		
	> 48 h	3,42	0,67		

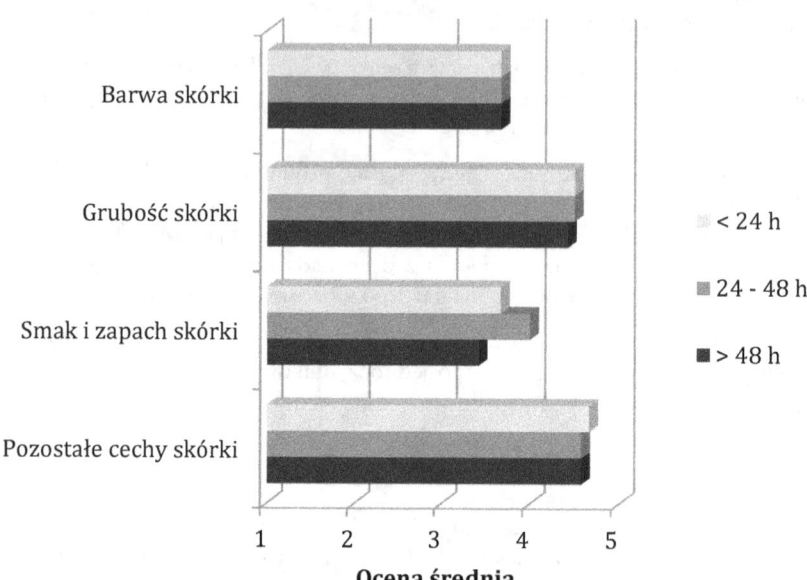

Rycina 1. Porównanie średnich not cech skórki pieczywa w różnych fazach jego świeżości

W tabeli III oraz na rycinie 2 przedstawiono wyniki oceny parametrów miękiszu pieczywa.

Tabela III. Wyniki oceny parametrów miękiszu badanego pieczywa.

Parametr	Termin od wypieku	Średnia	Odchylenie standardowe	Wynik testu $F_{(2, 33)}$	Poziom istotności
Barwa i wygląd miękiszu	< 24 h	3,92	1,08	0,11	0,896
	24 - 48 h	3,83	0,58		
	> 48 h	3,75	0,87		
Porowatość miękiszu	< 24 h	3,83	0,72	0,43	0,652
	24 - 48 h	3,75	0,62		
	> 48 h	3,58	0,67		
Elastyczność miękiszu	< 24 h	4,50	0,67	1,73	0,193
	24 - 48 h	3,92	0,90		
	> 48 h	4,17	0,72		
Smak i zapach miękiszu	< 24 h	3,83	0,94	0,18	0,833
	24 - 48 h	3,75	1,29		
	> 48 h	3,58	0,79		

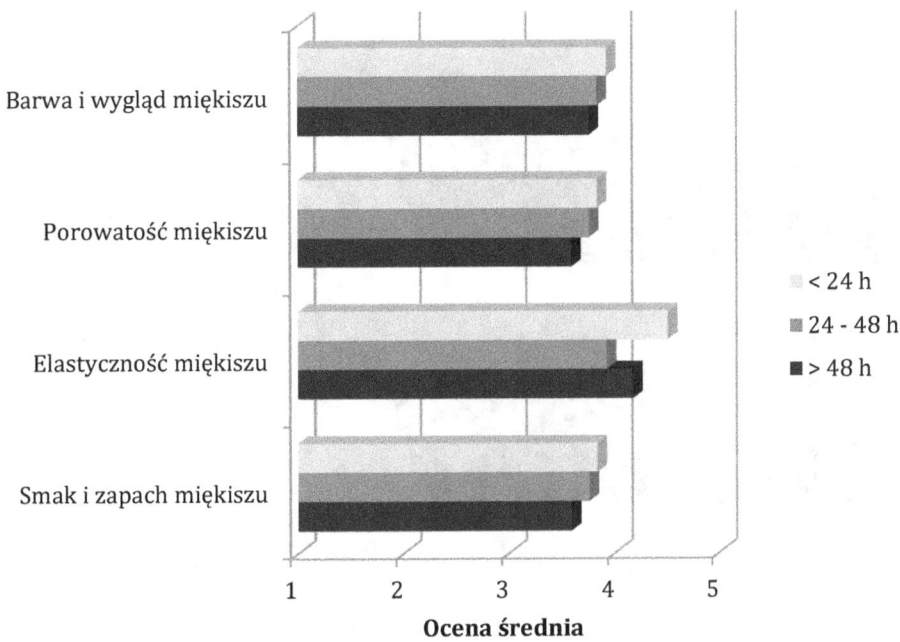

Rycina 2. Porównanie średnich not cech miękiszu pieczywa w różnych fazach jego świeżości

W tabeli IV oraz rycinie 3 przedstawiono wyniki oceny kształtu, wyglądu zewnętrznego i jakości ogólnej pieczywa.

Tabela IV. Wyniki oceny kształtu, wyglądu zewnętrznego i jakości ogólnej pieczywa

Parametr	Termin od wypieku	Średnia	Odchylenie standardowe	Wynik testu F (2, 33)	Poziom istotności
Barwa i wygląd miękiszu	< 24 h	3,92	1,08	0,11	0,896
	24 - 48 h	3,83	0,58		
	> 48 h	3,75	0,87		
Porowatość miękiszu	< 24 h	3,83	0,72	0,43	0,652
	24 - 48 h	3,75	0,62		
	> 48 h	3,58	0,67		
Elastyczność miękiszu	< 24 h	4,50	0,67	1,73	0,193
	24 - 48 h	3,92	0,90		
	> 48 h	4,17	0,72		
Smak i zapach miękiszu	< 24 h	3,83	0,94	0,18	0,833
	24 - 48 h	3,75	1,29		
	> 48 h	3,58	0,79		

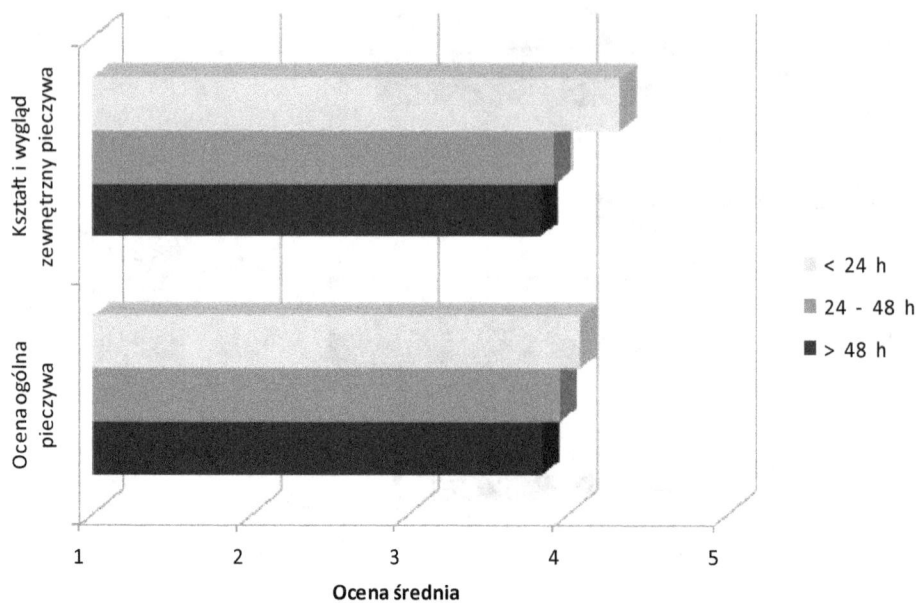

Rycina 3. Porównanie średnich not dla kształtu, wyglądu zewnętrznego i jakości ogólnej pieczywa

Jednoczynnikowe analizy wariancji nie wykazały istotnych statystycznie różnic w ocenie parametrów dotyczących skórki oraz miękiszu pomiędzy chlebami o różnym minionym czasie od wypieku. Analizy nie wykazały także istotnych statystycznie różnic w ocenie parametrów ogólnych pomiędzy chlebami badanymi w różnych fazach świeżości.

Dyskusja

Analizę wyników przeprowadzono w podziale na kategorie cech związane z oceną tekstury i pozostałych wyróżników jakości sensorycznej skórki oraz miękiszu, a także ocenę kształtu i wyglądu zewnętrznego badanego pieczywa. W ocenie ogólnej uwzględniono współczynniki ważkości dla poszczególnych wyróżników jakości co jest zgodne z przyjętą w tego typu badaniach praktyką [11].

W ocenie barwy skórki w trzech badanych fazach świeżości pieczywa uzyskano identyczne noty wskazujące na skórkę o wyrównanej barwie z dopuszczalną nierównomiernością w zabarwieniu w zakresie barwy jasno lub ciemno złocistej. Grubość skórki w badanych chlebach była odpowiednia dla dobrze wypieczonego pieczywa. Ocena grubości skórki w okresie do 24h jak i 24-48 h od wypieku pozostawała na stałym poziomie i wyniosła 4,5 pkt. Nieco niższa (4,42) była średnia ocena tej cechy po 48 godzinnym okresie przechowywania, jednak nadal zgodnie z oczekiwaniem niezmiennie wykazywała się wyrównaniem grubości wskazującym na cechy odpowiednio wypieczonego pieczywa [12].

W ocenie pozostałych cech skórki uwzględniano przede wszystkim jej cechy teksturalne decydujące o jej połączeniu z miękiszem, wyglądzie powierzchni, elastyczności, oraz chrupkości. Ocena tych cech wyniosła średnio od 4,67 do 4,58 po 48 h przechowywania wskazując na wysoką jakość pieczywa. Nie stwierdzono obecności wad skórki w badanym pieczywie, które mogły by objawiać się: niewłaściwą barwą (zbyt jasną, zbyt ciemną lub nierównomierną), obecnością pęcherzy lub pęknięć na powierzchni, nadmierną twardością/miękkością, niewykształceniem (skórka za cienka) czy odstawaniem skórki od miękiszu. Badane pieczywo w zakresie ocenianych wyróżników jakości skórki odpowiadało wymaganiom norm charakteryzując się sprężystością, odpowiednią barwą zanikającą równomiernie w kierunku miękiszu, o powierzchni skórki gładkiej, nie popękanej, bez uszkodzeń mechanicznych [13].

Bardzo ważnym wskaźnikiem jakości pieczywa jest jakość miękiszu, który powinien być suchy, nie kruszący się, równomiernie porowaty o jednolitej barwie, bez grudek mąki [12]. Delikatna i drobnoporowata struktura miękiszu chleba jest podstawą uzyskania pieczywa o większej objętości. Taki miękisz cechuje ponadto znacznie lepsza przyswajalność składników odżywczych niż miękiszu o strukturze zbitej i mało elastycznej [13].

W przeprowadzonych badaniach pieczywa w różnych fazach świeżości stwierdzono, że średnie oceny zarówno porowatości jak i elastyczności miękiszu uległy obniżeniu wraz z czasem jaki upłynął od wypieku. Noty te kształtowały się na poziomie od 4,5 do 4,17 dla parametru „elastyczność miękiszu" oraz od 3,83 do 3,58 w ocenie jego porowatości.

Zarówno porowatość jak i objętość zależą głównie od właściwie przeprowadzonej fermentacji ciasta czyli stopnia rozrostu i spulchniania ukształtowanych kęsów ciasta bezpośrednio przed wypiekiem. Są też związane z jakością i rodzajem mąki oraz składem surowcowym ciasta. Wskazują na przebieg fermentacji ciasta oraz na właściwości wypiekowe mąki, na które wpływ ma ilość oraz jakość glutenu. Wiadomo, że im wyższą wartość wypiekową ma mąka, tym większą objętość ma uzyskane z niej pieczywo [12]. Porowatość chleba powinna być równomierna z cienkimi ściankami poszczególnych komórek. Zbyt rzadka konsystencja ciasta, a także zbyt krótka fermentacja, daje pory nierównomierne lub wydłużone w kierunku pionowym. Dodatek tłuszczu, a szczególnie lecytyny, ma dodatni wpływ na porowatość [13]. Badane pieczywa w swoim składzie zawierały zarówno dodatek tłuszczu jak i emulgatorów co z pewnością pozwoliło na poprawę stabilności tych cech na etapie wytwarzania jak i przechowywania pieczywa. Porowatość jest ponadto parametrem modyfikowanym rodzajem pieczywa i jest wyższa w przypadku chleba pszennego (73-83%) niż żytniego (55-70%). Dodatkowo w chlebie pszennym pory są na ogół większe i o większej ogólnej objętości niż w pieczywie żytnim [14]. Pieczywo badane w okresie do 24 h od wypieku uzyskało 3,92 pkt. w ocenie wyglądu miękiszu i jego barwy. Nota w zakresie tego wyróżnika w okresie po 48 h wyniosła średnio 3,75 pkt. Co wskazywało na miękisz o równomiernym zabarwieniu i dobrej krajalności.

Przemiany jakie zachodzą w pieczywie po wypieku wiążą się najczęściej z utratą przyjemnego aromatu i smaku pieczywa świeżego. Bezpośrednio po wypieku substancje smakowo-zapachowe są nierównomiernie rozmieszczone w produkcie. W skórce pochodzą one głównie z kompleksowych reakcji cukrów i związków azotowych oraz z pirolizy składników węglowodanowych, a w miękiszu powstają podczas fermentacji ciasta [15]. W czasie schładzania pieczywa po wypieku lotne składniki smakowo-zapachowe ulegają kondensacji i są absorbowane przez skrobię oraz substancje białkowe, a część z nich jest tracona poprzez parowanie, utlenianie lub tworzenie nierozpuszczalnych kompleksów ze skrobią. Zarówno smak jak i zapach świeżych wyrobów piekarskich jest bardziej intensywny niż produktów przechowywanych. Przyczyną zaniku aromatu i charakterystycznego ich smaku są między innymi zmiany związków karbonylowych, a przede wszystkim duży spadek zawartości aldehydów w trakcie składowania [16]. Opisane powyżej przemiany znajdują również odzwierciedlenie w ocenach smaku i zapachu pieczywa jakie uzyskano w badaniach własnych. Średnie oceny tych wyróżników w przypadku pieczywa o dłuższym minionym czasie od wypieku były niższe niż w przypadku chleba świeższego. W przypadku smaku i zapachu skórki były to noty od 3,67 do 3,42, zaś w przypadku miękiszu od 3,83 do 3,58.

Wszystkie fazy świeżości w jakich prowadzono badania mieściły się w okresie przydatności pieczywa do spożycia - daty minimalnej trwałości, w którym zgodnie z wymogami ustawy o bezpieczeństwie żywności prawidłowo przechowywany środek spożywczy zachowuje swoje właściwości fizyczne, chemiczne, mikrobiologiczne oraz organoleptyczne [17]. Warunki przechowywania pieczywa były zgodne z wskazaniem producenta oraz z wytycznymi normy [7]. Pieczywo należy jednak do produktów nietrwałych i niekorzystne zmiany fizykochemiczne zaczynają się w nim pojawiać bezpośrednio po wypieku [6,12,13]. Ten ogół kompleksowych zmian określany mianem czerstwienia pieczywa powoduje stosunkowo szybkie pogorszenie jakości sensorycznej oraz struktury przestrzennej miękiszu i niekiedy już nawet po kilku godzinach chleb może być zdyskwalifikowany przez konsumentów. Te niekorzystne zmiany cech sensorycznych i właściwości fizykochemicznych, dotyczą szczególnie struktury i mechanicznego charakteru miękiszu oraz skórki. Związane są ze zmniejszeniem rozpuszczalności skrobi z jednoczesnym wzrostem stopnia jej rekrystalizacji i spadkiem zdolności wiązania wody przez miękisz składowanego chleba [13,15]. Procesy te nasilają się z różną szybkością i w ich wyniku następuje wzrost twardości, suchości i kruchości miękiszu oraz utrata jego elastyczności, zmniejszenie chrupkości skórki, a także zanik aromatu i charakterystycznych cech świeżości w miarę przechowywania [15].

Spośród zastosowanych dodatków mogących mieć wpływ na jakość i trwałość badanego pieczywa odnotować należy obecność mono- i diglicerydów kwasów tłuszczowych (E471) oraz ich komponentów estryfikowanych kwasem mono- i diacetylowinowym (E472e). Emulgatory te, jako substancje powierzchniowo czynne kształtują i wzmacniają strukturę, tworząc w procesie miesienia silne połączenia z białkiem, a podczas wypieku w wysokiej temperaturze łączą się w kompleksy ze skrobią, wpływając na zwiększenie elastyczności miękiszu chleba i przedłużenie jego świeżości [18].

Reasumując oceny parametrów tekstury a także pozostałych wyróżników jakości sensorycznej badanego pieczywa mieściły się na poziomie jakości dobrym. Najwyższe noty spośród ocenianych atrybutów tekstury uzyskała elastyczność miękiszu w czasie do 24 godzin od wypieku. Najwyższy spadek w ocenach analizowanych parametrów pieczywa w różnych fazach jego świeżości dotyczył oceny kształtu i wyglądu zewnętrznego.

Wnioski

- Ocena ogólna badanego pieczywa wskazuje iż charakteryzuje się on dobrym poziomem jakości.
- Niższe noty pieczywa po 48h przechowywania dotyczące cech tekstury są konsekwencją procesów jego czerstwienia.

Piśmiennictwo

1. Gawęcki J. Żywienie człowieka. Podstawy nauki o żywieniu. PWN, Warszawa 2012.
2. Ciborowska H., Rudnicka A. Dietetyka. Żywienie zdrowego i chorego człowieka. PZWL, Warszawa 2012.
3. Rynek zbóż w Polsce. Raport Agencji Rynku Rolnego. ARR listopad 2013 źródło: http://www.arr.gov.pl/data/00321/rynek_zboz_2013_pl.pdf (dostęp 17.11.2014).
4. Kawka A.: Możliwość wzbogacania wartości odżywczych, dietetycznych i funkcjonalnych pieczywa. Żywność wzbogacona i nutraceutyki 2009; 109-122.
5. Duizer L.M.: 2001. A review of acoustic research for studying the sensory perception of crispy, crunchy and crackly textures. Trends in Food Science &Technology 2001; 12: 7-24.
6. Gray J.A., Bemiller JN.: Bread staling: molecular basis and control. Comprehensive reviews in food science and food safety 2003; 2(1): 1-21.
7. PN-A-74110. Pieczywo - Pakowanie, przechowywanie i transport.
8. PN-EN ISO 8589:2010. Analiza sensoryczna. Ogólne wytyczne dotyczące projektowania pracowni analizy sensorycznej.
9. PN-EN ISO 8586:2014. Analiza sensoryczna. Ogólne wytyczne wyboru, szkolenia i monitorowania wybranych oceniających i ekspertów oceny sensorycznej.
10. PN-A-74108:1996. Pieczywo. Metody badań.
11. Baryłko-Pikielna N., Matuszewska I.: Sensoryczne Badania Żywności. Podstawy – Metody – Zastosowania. Wydawnictwo Naukowe PTTŻ, Kraków 2014.
12. Konkol Sz.: Almanach cukierniczo-piekarski. Tom 5 – Produkcja piekarska. 2012.
13. Ceglińska A., Cacak-Pietrzak G., Haber T.: Porównanie jakości pieczywa pszenżytniego, pszennego i żytniego. Przegl. Piek. i Cuk 2003; 11: 4-6.
14. Marzec A., Lewicki P.P., Pietrowska A.: Badanie procesu czerstwienia pieczywa metodą emisji akustycznej. ZNTJ 2007; 2(51): 72-79.
15. Fik M.: Czerstwienie pieczywa i sposoby przedłużania jego świeżości. ZNTJ 2004; 2(39): 5-22.

16. Hallberg L.M., Chinachoti P.: A fresh perspective on staling: the significance of starch recrystallization on the firming of bread. J Food Sci 2002; 67(3): 1092-1096.
17. Ustawa z dnia 25 sierpnia 2006 r. o bezpieczeństwie żywności i żywienia [Dz.U. 2006 Nr 171 poz. 1225] z późn. zm.
18. Ambroziak Z.: Produkcja ciastkarsko-piekarska, cz. 1. WSiP, Warszawa 2012.

Streszczenie

Wstęp: Pieczywo jest podstawowym elementem codziennej diety człowieka. W Polsce w ostatnich latach obserwuje się tendencję spadkową spożycia przetworów zbożowych, w tym pieczywa. Jakość pieczywa ulega istotnym zmianom podczas jego przechowywania na skutek jego czerstwienia. W wyniku zmian fizyko-chemicznych obniża się ściśliwość miękiszu, który na początku zaczyna się kruszyć, a potem staje się twardy. Zanika przyjemny aromat i smak świeżego pieczywa, skórka staje się gumowata, miękka. Celem pracy była ocena tekstury oraz innych wyróżników jakości sensorycznej pieczywa w różnych okresach przechowywania. Materiał i metodyka: Materiał badawczy stanowiło pieczywo pszenno-żytnie w jednym rodzaju asortymentowym poddawane ocenie w trzech różnych okresach od wypieku. Wszystkie fazy świeżości pieczywa w jakich prowadzono badania mieściły się w okresie jego przydatności do spożycia. Badania przeprowadzono w Pracowni Analizy Sensorycznej spełniającej wymogi Normy PN-EN ISO 8589:2010. W badaniu wzięło udział 12 osób uprzednio przeszkolonych i posiadających status ekspertów sensorycznych zgodnie z wytycznymi PN-ISO 8586-1. Paneliści oceniali 9 wyróżników jakości sensorycznej pieczywa.

Wyniki: Oceny parametrów tekstury, a także pozostałych wyróżników jakości sensorycznej badanego pieczywa mieściły się na poziomie jakości dobrym. Najwyższe noty spośród ocenianych atrybutów tekstury uzyskała elastyczność miękiszu. Najwyższy spadek w ocenach analizowanych parametrów pieczywa w różnych fazach jego świeżości dotyczył oceny kształtu i wyglądu zewnętrznego. Analizy nie wykazały istotnych statystycznie różnic w ocenie parametrów dotyczących skórki oraz miękiszu pieczywa pomiędzy chlebami o różnym minionym czasie od wypieku.

Wnioski: Ocena ogólna badanego pieczywa wskazuje iż charakteryzuje się on dobrym poziomem jakości. Niższe noty pieczywa po 48h przechowywania dotyczące cech tekstury są konsekwencją procesów jego czerstwienia.

Słowa kluczowe: pieczywo, jakość sensoryczna, tekstura

Ocena spożycia wybranych witamin przez młodzież w wieku 16-18 lat.

Agata Kiciak, Elżbieta Grochowska-Niedworok Marek, Kardas, Agnieszka Bielaszka, Lechosław Dul

Żywienie oraz związane z nim wybory odpowiednich produktów, potraw pod względem zawartości składników odżywczych, sposobu przygotowania do spożycia, ilości, liczby i rozłożenia posiłków w czasie, mają ogromny wpływ na wzrost i rozwój oraz zachowanie stanu zdrowia organizmu człowieka [1]. Szacuje się, że istnieje około 30-50 jednostek chorobowych, lub odchyleń od zdrowia, występujących często w populacji, których przyczyną jest niezadawalająca jakość żywności i nieprawidłowy sposób odżywiania. Kluczową rolę w zachowaniu zdrowia odgrywa zatem prawidłowe żywienie. Sposób żywienia ma szczególne znaczenie w wieku wczesnego dzieciństwa i młodości, ze względu na bardzo intensywne procesy wzrastania i dojrzewania zachodzące w tym okresie [2]. Stan zdrowia w okresie dojrzewania wywiera decydujący wpływ na zachowanie zdrowia w późniejszym wieku. Nieprawidłowe zachowania żywieniowe są utrwalane w wieku dojrzałym i mogą doprowadzić do wielu przewlekłych chorób dietozależnych [1]. Żywienie niedoborowe zarówno ilościowe jak i jakościowe przyczynia się do pogorszenia stanu zdrowia oraz zaburzeń w funkcjonowaniu układu odpornościowego. Niekorzystną konsekwencją złego odżywiania jest często niedobór masy ciała, występujący przy niedożywieniu energetyczno-białkowym oraz witaminowo-mineralnym, co może powodować zaburzenia prawidłowego rozwoju tkanki kostnej i dojrzewania w okresie dorastania, a w dalszych etapach życia prowadzi do zaburzeń płodności [3,4].

Odpowiednio zbilansowana dieta warunkuje prawidłowy wzrost i rozwój organizmu, zapewnia dobre samopoczucie oraz zdrowie w okresie dzieciństwa i młodości, jak również zmniejsza ryzyko wystąpienia licznych chorób w dorosłym życiu [1]. Prawidłowo ułożona dieta ma za zadanie dostarczać organizmowi energię oraz wszystkie niezbędne składniki pokarmowe w odpowiedniej ilości i odpowiednim stosunku, uwzględniając również liczbę posiłków i rozłożenie ich w ciągu dnia. Istotne są także indywidualne cechy organizmu takie jak: płeć, wiek, masa ciała, aktywność fizyczna, stan fizjologiczny [5].

W celu ograniczenia ryzyka powstawania przewlekłych chorób niezakaźnych, ośrodki naukowo-badawcze na świecie, jak i w Polsce opracowują rekomendacje dotyczące zasad prawidłowego żywienia dla różnych grup ludności [5-6]. Popełniane błędy żywieniowe są w Polsce zjawiskiem powszechnym, dotyczącym wszystkich grup populacyjnych również dzieci i młodzieży, powodując określone niekorzystne skutki zdrowotne (cukrzycę, otyłość, choroby układu sercowo-naczyniowego, osteoporozę, próchnicę, nowotwory, nadciśnienie). Choroby te stanowią główną przyczynę zgonów w krajach rozwiniętych i rozwijających się, wpływają także na skrócenie i jakość życia [7].

Cel pracy

Celem pracy była ocena spożycia wybranych witamin przez młodzież uczęszczającą do liceów ogólnokształcących regionu śląskiego.

Materiał i metodyka

Badania przeprowadzono z udziałem 814 uczniów uczęszczających do wybranych liceów ogólnokształcących województwa śląskiego, znajdujących się na terenie miast: Bytom, Piekary Śląskie, Radzionków, Tarnowskie Góry. Badana grupa liczyła 264 chłopców i 550 dziewcząt w wieku 16-18 lat.

Wszystkie osoby badane zostały poinformowane o celu i metodyce przeprowadzanych badań, wyraziły zgodę na uczestnictwo w badaniu, dodatkowo dla osób niepełnoletnich zgodę na uczestnictwo w badaniach uzyskano od ich rodziców/opiekunów prawnych.

W celu pozyskania wyników umożliwiających realizację celu głównego badań, z uczestnikami przeprowadzono 24-godzinny wywiad żywieniowy, trzykrotnie powtórzony [8]. Wywiad żywieniowy został przeprowadzony w oparciu o zalecenia i wytyczne Instytutu Żywności i Żywienia. Do analizy zakwalifikowano po trzy wywiady żywieniowe (od każdego respondenta) z następujących dni tygodnia: środy, piątku oraz niedzieli. W badaniach, jako narzędzie pomocnicze przy określaniu wielkości porcji spożywanych produktów i potraw, wykorzystano „Album fotografii produktów i potraw" [9].

Dane uzyskane z przeprowadzonych wywiadów żywieniowych posłużyły do oceny ilościowego składu diety, w tym zawartości wybranych witamin: B_1, B_2, B_6, C, E. Do obliczeń wykorzystano program komputerowy *Dieta 5,0*, w którym bazę danych stanowią dane zawarte w *Tabelach składu i wartości odżywczej produktów i potraw* [10-11].

Przy obliczaniu wartości odżywczej jadłospisów uwzględniono współczynniki strat związane ze stosowanymi procesami technologicznymi (obróbka wstępna i termiczna). Zgodnie z zaleceniami Instytutu Żywności i Żywienia przyjęto następujące wartości strat dla witamin: B_1 – 20%, B_2 – 15%, C – 55%. Dla pozostałych witamin przyjęto stałą wartość strat w wysokości 10% [8]. Uzyskane wyniki porównano ze znowelizowanymi normami żywienia dla ludności w Polsce opracowanymi przez Instytut Żywności i Żywienia w 2012 roku [12]. Ocenę spożycia wybranych witamin przeprowadzono dla dwóch grup badanych osób z podziałem na płeć. Przyjęty podział wynika z istniejących różnic w zapotrzebowaniu na poszczególne witaminy, został on dokonany zgodnie z zaleceniami Instytutu Żywności i Żywienia dla tej grupy wiekowej [12].

Do analizy statystycznej uzyskanych wyników zastosowano program komputerowy Statistica 8.0. [13].

W celu zbadania czy istnieją różnice w całodziennych racjach pokarmowych między badaną grupą dziewcząt i chłopców ze względu na zawartość wybranych witamin stosowano metody parametryczne (test t dla prób niezależnych i jednoczynnikowa ANOVA) i nieparametryczne (korelacje rang, testy U Manna-Whitney'a, Kołmogorowa-Smirnowa i serii Walda-Wolfowitza oraz nieparametryczną alternatywę jednoczynnikowej ANOVA, czyli ANOVA rang Kruskala-Wallisa i test mediany). Testy nieparametryczne stosowano w sytuacji, gdy analizowana cecha statystyczna nie miała rozkładu normalnego w badanych populacjach generalnych. Istotność badanych różnic określano dla poziomu istotności $\alpha = 0{,}05$ [14].

Wyniki

W tabelach I-IV przedstawiono średnią zawartość wybranych witamin (B_1, B_2, B_6, C, E) w dziennych racjach pokarmowych dziewcząt i chłopców oraz procent realizacji zapotrzebowania na te witaminy. Zgodnie z normami żywienia przyjęto dobowe zapotrzebowanie na witaminy odpowiednio: dla witaminy E – na poziomie wystarczającego spożycia (AI), a dla pozostałych witamin – na poziomie średniego zapotrzebowania (EAR).

Tabela I. Zawartość wybranych witamin w dziennych racjach pokarmowych badanych dziewcząt (wartości średnie)

Witamina	Dziewczęta n = 550			
	Me	Min	Max	IQR (Q3-Q1)
Witamina B_1 [mg]	0,84	0,16	4,26	0,58
Witamina B_2 [mg]	1,11	0,14	6,16	0,72
Witamina B_6 [mg]	0,77	0,03	3,92	0,65
Witamina C [mg]	82,5	0,00	867,2	123,9
Witamina E [mg]	7,13	0,45	42,7	5,24

Legenda do tab. I i II:

Me – mediana (wartość środkowa)

Min – wartość minimalna w badanej zbiorowości statystycznej

Max – wartość maksymalna w badanej zbiorowości statystycznej

Q_1 – kwartyl dolny (25 percentyl)

Q_3 – kwartyl górny (75 percentyl)

IQR – rozstęp kwartylowy (Q3 – Q1)

Tabela III. Zawartość wybranych witamin w dziennych racjach pokarmowych badanych chłopców (wartości średnie)

Witamina	Dziewczęta n = 550			
	Me	Min	Max	IQR (Q3-Q1)
Witamina B_1 [mg]	0,84	0,16	4,26	0,58
Witamina B_2 [mg]	1,11	0,14	6,16	0,72
Witamina B_6 [mg]	0,77	0,03	3,92	0,65
Witamina C [mg]	82,5	0,00	867,2	123,9
Witamina E [mg]	7,13	0,45	42,7	5,24

Tabela III. Realizacja zapotrzebowania na witaminy przez dziewczęta badanej grupy

Witamina	Dzienne spożycie [mg/os./dobę]	Zapotrzebowanie na witaminę [mg/os./dobę]		Realizacja zapotrzebowania na witaminę [%]
		EAR	AI	
B_1	0,84	0,9		93,3
B_2	1,11	0,9		123,3
B_6	0,77	1,0		77,0
C	82,5	55		150,0
E	7,13		8	89,1

Tabela IV. Realizacja zapotrzebowania na witaminy przez chłopców badanej grupy

Witamina	Dzienne spożycie [mg/os./dobę]	Zapotrzebowanie na witaminę [mg/os./dobę]		Realizacja zapotrzebowania na witaminę [%]
		EAR	AI	
B_1	1,54	1,0		154,0
B_2	1,62	1,1		147,3
B_6	1,20	1,1		109,1
C	93,0	65		143,1
E	11,1		10	111,0

Dyskusja

Witaminy to związki organiczne niezbędne do prawidłowego przebiegu procesów metabolicznych, niebędące materiałem energetycznym. Biorą udział w przemianach białek, tłuszczów i węglowodanów oraz syntezie licznych związków niezbędnych do prawidłowego działania organizmu [1]. Witaminy muszą być dostarczane do organizmu w odpowiednich ilościach z pożywieniem, należą bowiem do związków, których ustrój nie jest w stanie sam syntetyzować, tylko nieliczne witaminy mogą być syntetyzowane w przewodzie pokarmowym w niewielkich ilościach [1,12].

Zapotrzebowanie na witaminę B_1 (tiaminę) na poziomie zalecanego spożycia wynosi od 0,9 mg w grupie dziewcząt do 1,0 mg w grupie chłopców. Konieczność regularnego dostarczania tiaminy w pożywieniu wynika z ograniczonych możliwości jej gromadzenia w tkankach [12]. Obserwowane w badaniach własnych spożycie witaminy B_1 w grupie dziewcząt wyniosło 0,84 mg, co zapewniało realizację przyjętego wg norm żywienia zalecanego średniego spożycia w 93,3%. Sitko i wsp. [15] uzyskali porównywalny poziom średniego spożycia tej witaminy przez licealistki z Warszawy. Porównując wyniki badań prowadzonych w różnych rejonach stwierdzono, że realizacja zalecanej podaży tej witaminy z pożywieniem była na poziomie od 100 do 110% [16-19].

Zdecydowanie wyższe wartości tej witaminy odnotowano w jadłospisach stołówek w internatach szkolnych, odsetek pokrycia dziennego zapotrzebowania wahał się w granicach 155-187% [20]. Analizując poziom spożycia tiaminy w grupie chłopców autorzy zaobserwowali przekroczone poziomy zalecanego spożycia o 20-35% [16,18,21]. Badania własne również wykazały wysoki udział witaminy B_1 w dietach chłopców, został on przekroczony o 54%. Zgodnie z opinią ekspertów ze względu na ograniczoną zdolność wchłaniania tej witaminy z przewodu pokarmowego oraz łatwość wydalania w moczu nadmiernych ilości spożytej witaminy, nie obserwowano dotychczas szkodliwych objawów przy spożywaniu tiaminy w dawkach rzędu 100 mg dziennie [12].

Dzienne zapotrzebowanie na ryboflawinę (witaminę B_2) w grupie 16-18 letnich osób wynosi średnio 0,9 mg dla dziewcząt i 1,1 mg dla chłopców. W krajach rozwiniętych ze względu na łatwą dostępność produktów żywnościowych będących dobrym źródłem tej witaminy, nie obserwuje się przypadków klinicznych jej niedoboru na tle niedostatecznego spożycia [12]. W badaniach własnych stwierdzone spożycie tej witaminy zapewniało w pełni realizację normy żywieniowej na poziomie 123,3-147,3% zapotrzezapotrzebowania. Otrzymane wyniki były zbieżne z zaobserwowanym przez innych badaczy wyższym, od średniego zalecanego zapotrzebowania, spożyciem ryboflawiny [16-19,21]. Ze względu na ograniczoną zdolność wchłaniania witaminy B_2 z przewodu pokarmowego ryzyko niekorzystnych skutków, przy spożywaniu ilości wyższych niż zalecane, praktycznie nie występuje [12].

Pirydoksyna jest witaminą biorącą udział w wielu przemianach metabolicznych ustroju, m.in. warunkuje syntezę różnych aminokwasów w organizmie. Ponadto jest niezbędna w regulacji czynności układu nerwowego, a jej niedobór może powodować zmiany degeneracyjne w ośrodkowym i obwodowym układzie nerwowym oraz wywołać objawy neuropatii i depresji psychicznej [22]. Zapotrzebowanie organizmu na witaminę B_6 jest ściśle związane z ilością dostarczonego do organizmu białka. Stwierdzono, że niedobory tej witaminy występują częściej u osób stosujących diety wysokobiałkowe, dlatego też niektóre normy podają tzw. bezpieczny poziom spożycia witaminy B_6, określany na 15 mg/g białka [22]. Oceniając, w badaniach własnych, średnie spożycie pirydoksyny w grupie dziewcząt stwierdzono realizację norm w 77%. Uzyskane średnie wartości (0,77 mg) tej witaminy były zdecydowanie niższe od wyników udokumentowanych w innych badaniach, wysokość średniego spożycia mieściła się w zakresie od 1,2 mg do 2,2 mg [16-19,21]. Stwierdzone, w badaniach własnych, niedobory pirydoksyny mogą wywoływać stany zapalne skóry i języka, łuszczenie się skóry, stany zapalne języka i kącików ust oraz spojówek [12]. Dzienne spożycie witaminy B_6 w grupie chłopców zapewniło realizację normy żywienia w 109,1%. Średnia podaż pirydoksyny w grupie chłopców wynosi 1,2 mg i jest niższa od średniego spożycia tej witaminy w Polsce, które jak podają autorzy obowiązujących norm żywienia jest na poziomie 1,87 mg/osobę/dobę [12].

Witamina C jest niezbędna jako kofaktor w wielu procesach ustrojowej biosyntezy [23]. Uczestniczy w procesach metabolicznych szczególnie w biosyntezie kolagenu, przyspiesza proces gojenia się ran i zrastania kości. Uczestniczy w metabolizmie tłuszczów, cholesterolu i kwasów żółciowych, ułatwia przyswajanie niehemowego żelaza. Jest jednym z podstawowych antyoksydantów, przeciwdziała procesom oksydacyjnym powodowanym przez wolne rodniki [23].

W badaniach własnych do analizy uzyskanych wyników wykorzystano zalecany poziom średniego zapotrzebowania na witaminę C, który wynosi od 55 mg/osobę/dobę dla dziewcząt do 65 mg/osobę/dobę dla chłopców [12]. Porównanie to wykazało w obu grupach badanych realizację normy na poziomie powyżej 100%. Uzyskane w badaniach własnych wyniki były w grupie dziewcząt wyższe od badań prowadzonych wśród uczennic szkół średnich ze Szczecina i Warszawy [16-17,21]. W innych badaniach wykazano wyższe niż w badaniach własnych średnie wartości spożycia witaminy C z dzienną racją pokarmową dziewcząt – w badaniach Piotrowskiej i wsp. (85 mg) [19], Szerbińskiego i wsp. (103,35 mg) [24], Regulskiej-Ilow i wsp. (112,9 mg) [18] oraz Markiewicz-Żukowskiej i wsp. (118 mg) [20]. Zgodnie z opiniami ekspertów brak jest dostatecznych dowodów szkodliwego działania kwasy askorbinowego przy długotrwałym spożywaniu w ilościach przewyższających zalecenia, może jednak w takich przypadkach wystąpić ryzyko powstania kamieni nerkowych czy zaburzeń żołądkowo-jelitowych [12].

Witamina E ze względu na silne właściwości antyoksydacyjne uważana jest za jeden z głównych związków chroniących organizm przed stresem oksydacyjnym [23]. Jest istotnym czynnikiem przeciwdziałającym rozwojowi miażdżycy naczyń krwionośnych. Zapewnia właściwą stabilizację i przepuszczalność błon komórkowych, ponadto ochrania krwinki czerwone podczas transportowania przez nie tlenu. Wspomagając proces oddychania komórkowego wpływa na prawidłowe funkcjonowanie i utrzymanie wysokiej wydolności mięśni [23].

Dzienne zapotrzebowanie na witaminę E dla 16-18 letnich osób wynosi: 8 mg dla dziewcząt i 10 mg dla chłopców. W badaniach własnych, stwierdzono realizację normy żywienia na witaminę E, na poziomie 89,1% w grupie dziewcząt oraz 111% w grupie chłopców. Mierzwa i wsp. [16] uzyskali porównywalny poziom realizacji dziennego zapotrzebowania na witaminę E przez dziewczęta, który wynosił około 89%. Wyższą niż w badaniach własnych podaż witaminy E stwierdzono w dziennych racjach pokarmowych dziewcząt z Wrocławia i okolic (8,6 mg) [19] oraz Oleśnicy (10,9 mg) [18]. Najniższy udział w całodziennych racjach pokarmowych witaminy E wykazano w jadłospisach dziewcząt mieszkających w internacie szkolnym, było to tylko 5,4 mg [20].

Na podstawie przeprowadzonej analizy statystycznej stwierdzono różnice istotnie statystyczne między badaną grupą dziewcząt i chłopców ze względu na zawartość witamin B_1, B_2, B_6 oraz witaminy E. Nie stwierdzono różnic istotnych statystycznie między badanymi grupami ze względu na zawartość witaminy C w dziennych racjach pokarmowych.

Wnioski

1. Stwierdzono różnice istotnie statystyczne między całodzienną racją pokarmową badanych dziewcząt i chłopców ze względu na zawartość witamin B_1, B_2, B_6 oraz witaminy E.
2. Średnia całodzienna racja pokarmowa dziewcząt nie pokrywała zapotrzebowania na witaminę B_1, B_6 oraz witaminę E.

Piśmiennictwo

1. Jarosz M, red.: Praktyczny podręcznik dietetyki. Warszawa: Instytut Żywności i Żywienia; 2010.
2. Gawęcki J, Roszkowski W, red.: Żywienie człowieka a zdrowie publiczne. Warszawa: Wydawnictwo Naukowe PWN; 2009.
3. Wojtyła-Buciora P, Marcinkowski JT.: Sposób żywienia, zadowolenie z własnego wyglądu i wyobrażenie o idealnej sylwetce młodzieży licealnej. Probl Hig Epidemiol 2010, 91, 2: 227-232.
4. Charzewska J.: Identyfikacja grup ryzyka niewłaściwego stanu odżywienia. Now Lek 2005, 74, 4: 518-52.
5. Jarosz M, red.: Zasady prawidłowego żywienia dzieci i młodzieży oraz wskazówki dotyczące zdrowego stylu życia. Warszawa: Instytut Żywności i Żywienia; 2008.
6. Deklaracja wiedeńska w sprawie żywienia i chorób niezakaźnych w kontekście polityki ramowej „Zdrowie 2020", WHO, Wiedeń; 2013.
7. Gronowska-Senger A.: Żywienie, styl życia a zdrowie Polaków. Żyw Człow Metab 2007; 34, 1/2: 12-21.
8. Charzewska J.: Instrukcja przeprowadzania wywiadu o spożyciu z 24 godzin. Zakład Epidemiologii Żywienia IŻŻ, Warszawa 1997.
9. Szponar L., Wolnicka K., Rychlik E.: Album fotografii produktów i potraw. IŻŻ, Warszawa; 2000.
10. Program komputerowy Dieta 5,0, IŻŻ; 2011.
11. Kunachowicz H, Nadolna I, Iwanow K, Przygoda B.: Wartość odżywcza wybranych produktów spożywczych i typowych potraw. Warszawa: PZWL; 2008.
12. Jarosz M, Bułchak-Jachymczyk B, red.: Normy żywienia człowieka. Podstawy prewencji otyłości i chorób niezakaźnych. Warszawa: PWN; 2012.
13. StatSoft, Inc. (2007), STATISTICA (data analysis software system), version 8.0. www.statsoft.com
14. Sobczyk S.: Statystyka. PWN, Warszawa; 2007.
15. Sitko D, Wojtaś M, Gronowska-Senger A.: Sposób żywienia młodzieży gimnazjalnej i licealnej. Rocz Panstw Zakl Hig 2012; 63, 3: 319-327.
16. Mierzwa M, Seidler T, Szczuko M.: Skład diety a profil lipidowy krwi młodzieży licealnej ze Szczecina. Endokrynol Otyłość 2010; 6, 4: 196-200.
17. Goluch-Koniuszy Z, Fugiel J.: Ocena sposobu żywienia i stanu odżywienia dziewcząt będących w okresie adolescencji, w tym stosujących diety odchudzające. Rocz Panstw Zakl Hig 2009; 60, 3: 251-259.
18. Regulska-Ilow B, Ilow R, Sarzała-Kruk D, Biernat J.: Ocena sposobu żywienia licealistów z Oleśnicy. Bromat Chem Toksykol 2009; 42, 3: 598-603.
19. Piotrowska E, Mikołajczyk J, Biernat J, Żechałko-Czajkowska A.: Ocena sposobu żywienia 16 – 18-letnich dziewcząt z Wrocławia i okolic w aspekcie zagrożenia chorobami żywieniowozależnymi. Cz. II. Witaminy i składniki mineralne. Bromat Chem Toksykol 2012; 45, 1: 49-58.

20. Markiewicz-Żukowska R, Mystkowska K, Omeljaniuk WJ, Borawska MH.: Wartość odżywcza całodziennych racji pokarmowych młodzieży licealnej z bursy szkolnej. Bromat Chem Toksykol 2011; 44, 3: 398-403.
21. Sitko D, Wojtaś M, Gronowska-Senger A.: Sposób żywienia młodzieży gimnazjalnej i licealnej. Rocz Panstw Zakl Hig 2012; 63, 3: 319-327.
22. Gawęcki J, Hryniewiecki L, red.: Żywienie człowieka. Podstawy nauki o żywieniu. T.1. Warszawa: Wydawnictwo Naukowe PWN; 2005.
23. Rutkowski M, Matuszewski T, Kędziora J, Paradowski M, Kłos K, Zakrzewski A.: Witaminy E, A i C jako antyoksydanty. Pol Merkuriusz Lek, 2010, 29, 174, 377-381.
24. Szczerbiński R, Markiewicz-Żukowska R, Karczewski J.: Składniki regulacyjne racji pokarmowych młodzieży mieszkającej w internatach na terenie powiatu sokólskiego. Bromat Chem Toksykol 2010; 43, 3: 293-299.

Streszczenie

Wstęp: Prawidłowe żywienie odgrywa istotną rolę w zachowaniu dobrego stanu zdrowia. Sposób żywienia ma szczególne znaczenie w wieku wczesnego dzieciństwa i młodości, ze względu na bardzo intensywne procesy wzrastania i dojrzewania zachodzące w tym okresie. Celem podjętych badań była ocena spożycia wybranych witamin przez młodzież uczęszczającą do liceów ogólnokształcących regionu śląskiego.

Materiał i metodyka: Badaniem objęto grupę 814 uczniów uczęszczających do liceum ogólnokształcącego (264 chłopców i 550 dziewcząt). Ocenę sposobu żywienia badanych osób pod względem ilościowym przeprowadzono metodą wywiadu o żywieniu z ostatnich 24 godzin poprzedzających badanie. Dane uzyskane z przeprowadzonych wywiadów żywieniowych posłużyły do oceny ilościowego składu diety, w tym zawartości wybranych witamin: B_1, B_2, B_6, C, E.

Wyniki: Badania wykazały, że średnia całodzienna racja pokarmowa dziewcząt nie pokrywała zapotrzebowania na witaminę B1, B6 oraz witaminę E.

Wnioski: Wykazano istotne różnice między zachowaniami żywieniowymi grupy dziewcząt i chłopców, ze względu na zawartość witaminy B_1, B_2, B_6 i witaminę E.

Słowa kluczowe: sposób żywienia, witaminy, młodzież

Nowoczesne narzędzia ułatwiające przeprowadzenie 24-godzinnego wywiadu żywieniowego.

Jagoda Rydelek

Wywiad żywieniowy z ostatnich 24 godzin jest najpopularniejszym narzędziem w pracy dietetyka przy ocenie sposobu żywienia, obok takich metod jak częstotliwość spożycia (FFQ – Food Frequency Questionnaire) i historia żywienia [1]. Badanie polega na zebraniu informacji od ankietowanego na temat spożycia wszystkich posiłków, produktów spożywczych i napojów z ostatnich 24-godzin lub z dnia poprzedniego [2]. Metoda ta wymaga standaryzacji i powinna zostać powtórzona kilkakrotnie na tej samej badanej osobie w różnych dniach. Zaleca się przeprowadzenie wywiadu 3 krotnie, tj: w 3 wybranych dniach tygodnia takich jak wtorek, piątek, niedziela, bądź 7 krotnie, opisując cały tydzień razem z weekendem. Najlepiej jest również przeprowadzać wywiad żywieniowy w różnych porach roku, sprawdzając spożycie produktów sezonowych [3].

Wywiad żywieniowy z ostatnich 24 godzin jest metodą wykorzystywaną w badaniach populacyjnych, w Polsce i na świecie, np: New Zealand National Nutrition Survey (MOH, 1997), U.S. National Health and Nutrition Examination Survey NHANES (NCAS, 1994), The Continuing Survey of Food Intakes by Individuals CSFII (USDA, 1998), Household Food Consumption and Anthropometric Survey (Poland, 2000) [2, 4, 5].

24-godzinny wywiad żywieniowy należy do metod retrospektywnych polegających na odtworzeniu w pamięci spożytych potraw i produktów spożywczych, dlatego obarczony jest dużym błędem [6]. Aby te błędy zminimalizować zaczęto wykorzystywać urządzenia elektroniczne mające ułatwiać przypominanie spożytych potraw i produktów spożywczych. Do narzędzi elektronicznych pomocnych respondentowi na różnych etapach należą: telefon komórkowy z aparatem fotograficznym, smartfon, tablet, laptop, dyktafon. W celu zminimalizowania błędów stosuje się pomoce pomiaru do określania spożytych wielkości porcji w celu uniknięcia np. zjawiska iluzji Charpentiera [7]. Polega ono na odbieraniu ciężaru danego obiektu nie tylko na podstawie fizycznej masy, ale także od objętości czy wielkości [7].

Metodyka przeprowadzania wywiadu żywieniowego

Metoda 24-godzinnego wywiadu żywieniowego przeprowadzana jest przez przeszkolonego ankietera, najczęściej dietetyka [2, 6]. W wyjątkowych sytuacjach możliwe jest przeprowadzenie tego badania korespondencyjnie lub telefonicznie [2].

Wywiad żywieniowy można przeprowadzać już z dziećmi od 8 roku życia [2]. Dzieci w wieku od 4 do 8 lat powinny brać udział w badaniu razem z osobą dorosłą, tj: rodzicem/ opiekunem [2]. Jednak przede wszystkim skierowany jest on do osób dorosłych z wykluczeniem osób ze słabą pamięcią, np. osoby starsze [2].

Wywiad żywieniowy powinien być przeprowadzany w spokojnym miejscu, gwarantującym respondentowi skupienie [3]. Najlepszym miejscem przeprowadzania wywiadu żywieniowego jest gospodarstwo domowe osoby badanej, ze względu na możliwość udziału członków rodziny mogących pomóc ankietowanemu w przypominaniu spożytych produktów [2, 3]. Także dostępność używanych przez respondenta naczyń kuchennych, talerzy, misek, szklanek, łyżek może posłużyć do weryfikacji wielkości spożytych porcji przez ankietera [2, 3].

Wywiad żywieniowy z ostatnich 24 godzin dzieli się na cztery części [2, 3, 4]. Pierwsza część polega na dokładnym poinformowaniu respondenta na czym polega metoda. Istotne jest utwierdzenie go w przekonaniu, iż wszelkie uzyskane informacje w wywiadzie żywieniowym będą traktowane jako dane poufne. Należy dołożyć wszelkich starań aby informacje uzyskane od pacjenta były prawdziwe i jak najbardziej dokładne. W tej części istotne jest przypomnienie spożytych produktów, potraw i napojów. Dalsze pytania dotyczą czasu, miejsca i okoliczności spożywania posiłków. W wywiadzie żywieniowym z ostatnich 24 godzin wymienia się wszystkie spożyte produkty, potrawy i napoje od momentu wstania z łóżka do momentu pójścia spać [2, 3, 4].

Część druga opiera się na dokładnym opisie spożytych produktów, potraw i napojów. Wymagane jest podanie nazwy handlowej produktu, np. mleko krowie o zawartości tłuszczu 3,2% firmy XYZ. Należy wspomagać pacjenta dodatkowymi pytaniami pomocniczymi, które mogą okazać się przydatne w przypadku produktów takich jak: alkohol, słodycze, sosy, majonezy, napoje (produkty najczęściej zapominane). W tej części powinno się także wskazać rodzaj obróbki termicznej. W przypadku posiłków miksowanych jak zupy krem, sosy przyrządzane w gospodarstwie domowym, należy wymienić wszystkie składniki użyte do przygotowania potrawy wraz z gramażem, następnie podać wielkość spożytej porcji [2, 3, 4].

Część trzecia to ocena wielkości spożytej porcji produktów, potraw i napojów. Szacowanie wielkości porcji spełnia kluczową rolę przy określaniu wartości odżywczej i energetycznej ocenianych jadłospisów z 24-godz. wywiadów żywieniowych. Najpopularniejszy sposób przeprowadzania wywiadów żywieniowych opiera się na samodzielnym oszacowywaniu spożytej wielkości porcji przez pacjenta i/ lub z przeszkolonym ankieterem. Za pomocą dostępnych narzędzi, tak zwanych pomocy pomiaru (modeli żywności, fotomodeli) ankieter ułatwia pacjentowi oszacowywanie ilości spożytych posiłków [4].

Już od 1982 roku Rutishauer w celu zwiększenia efektywności szacowania wielkości porcji zalecał stosowanie dietetycznych pomocy pomiaru wspomagających przywoływanie z pamięci spożytych wielkości porcji [8]. W celu ułatwienia szacowania wielkości spożytych porcji można zastosować trójwymiarowe pomoce pomiaru (3D PSMA – Three Dimensional Portion Size Measurement Aids) lub dwuwymiarowe pomoce pomiaru (2S PSMA – Two Dimensional Portion Size Measurement Aids) [9]. Do 3D PSMA zalicza się metody z użyciem:

a) przyrządów i artykułów gospodarstwa domowego, takich jak: łyżka, szklanka, miska;

b) rzeczywistych próbek żywności lub replik spożytej żywności;

c) rzeczywistych modeli żywności lub abstrakcyjnych modeli żywności – piłeczka tenisowa, piłeczka do golfa, kciuk, talia kart, żarówka [9].

Natomiast do oceny szacowania wielkości porcji z wykorzystaniem dwuwymiarowych pomocy pomiaru – 2D PSMA zalicza się metody z wykorzystaniem:

a) rysunków rzeczywistej żywności, abstrakcyjnych kształtów żywności czy rysunki miar domowych;

b) fotografie żywności – albumy fotografii produktów i potraw;

c) grafiki komputerowe;

d) etykiety opakowań żywności [9].

Powszechnie stosowaną pomocą pomiaru przy wywiadach żywieniowych jest „Album fotografii produktów i potraw" [4, 6, 10]. W Polsce w 1982 roku opracowany został przez Szczygłową i wsp.: „Album fotografii produktów i potraw o zróżnicowanej wielkości porcji" [11]. Kolejne wydanie powstało w 1991 roku pod nazwą: „Album porcji produktów i potraw"[12]. Najnowsza wersja z 2008 roku to „Album fotografii produktów i potraw" autorstwa Szponar i wsp. [4]. Publikacje albumów z 2000 i 2008 roku zostały wydane przez Instytut Żywności i Żywienia w Warszawie i były częściowo sponsorowane przez FAO (Food and Agriculture Organization) w ramach Household Food Consumption and Anthropometric Survey [4].

Częścią czwartą 24-godzinnego wywiadu żywieniowego jest sprawdzenie i ewentualne uzupełnienie brakujących informacji niezbędnych do oceny sposobu żywienia. Na tym etapie należy zapytać respondenta o suplementację mineralną i/lub witaminową badanej osoby. Istotne jest na zakończenie wywiadu zapytanie ankietowanego, czy wszystko było zrozumiałe oraz czy chciałby coś jeszcze dopowiedzieć [2, 4].

Źródła błędów w 24-godzinnych wywiadach żywieniowych

Metoda 24h wywiadu żywieniowego obarczona jest możliwością popełnienia błędów, zarówno ze strony respondenta, jak i ankietera. Przede wszystkim ankieter nie ma pewności, iż badana osoba nie pomija niektórych spożywanych przez siebie produktów, potraw czy napojów. Ankietowana osoba może nie wykazywać zdolności lub chęci do precyzyjnego opisywania wielkości porcji, może ulec zjawisku iluzji Charpentiera [7].

Również ankieter może stanowić źródło błędów w uzyskiwanym wywiadzie żywieniowym z ostatnich 24 godzin. Wpływ może mieć nieodpowiednie zachowanie ankietera wyrażające zaskoczenie, zdziwienie, dezaprobatę w kierunku badanej osoby czy nie zapewnienie przyjaznej atmosfery. Także brak znajomości aktualnego asortymentu produktów spożywczych na rynku, jak również wielkości opakowań handlowych charakterystycznych dla danych grup produktów spożywczych [2, 4]. Ponadto niestosowanie odpowiednich pomocy pomiaru może skutkować zwiększonym ryzykiem przeszacowania lub niedoszacowania wielkości porcji przez respondenta [2, 4].

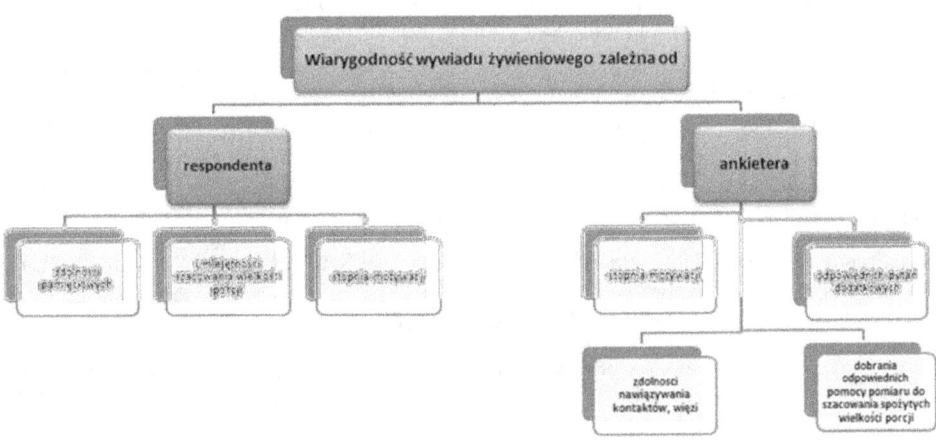

Ryc. 1. Czynniki wpływające na wiarygodność wywiadu żywieniowego *(opracowanie własne na podstawie Albumu fotografii produktów i potraw [4]).*

Nowoczesne metody ułatwiające przeprowadzanie wywiadu żywieniowego

Wykorzystanie urządzeń elektronicznych takich jak: telefon komórkowy z aparatem fotograficznym, smartfon, aparat cyfrowy, komputer, dyktafon wpływa na ułatwienie przypominania spożytych posiłków czy produktów spożywczych, co przekłada się na zwiększenie wiarygodności wywiadów żywieniowych [13].

Dotychczas telefon służył do przeprowadzania wywiadów żywieniowych z ostatnich 24-godzin w wyjątkowych sytuacjach, kiedy niemożliwe było osobiste spotkanie ankietera z respondentem

[6]. Obecnie możliwe jest korzystanie z aparatu telefonu komórkowego w celu fotografowania spożywanych porcji i produktów spożywczych. Badana osoba wysyła fotografie spożytych porcji i produktów spożywczych do dietetyka w celu przeprowadzenia dalszych analiz, jak określenie wielkości porcji, obliczenie wartości energetycznej i odżywczej diety. Fotografowanie posiłków musi odbywać się dwukrotnie, przed i po posiłku. Respondent dodatkowo musi wypełnić kwestionariusz na początku badania odnośnie nawyków i zwyczajów żywieniowych. Opisaną powyżej ocenę sposobu żywienia nazwano metodą Wellnavi [6]. Metoda ta została poddana walidacji i ocenie rzetelności przez wielu badaczy, np. przez grupę naukowców z Wydziału Zdrowia Publicznego Uniwersytetu Medycznego w Okayamie w Japonii (Department of Public Health, Okayama University Graduate School of Medicine and Dentistry) [13].

Naukowcy Lazarte i wsp [14] ze Szwecji chcąc zwiększyć wiarygodność 24-godzinnego wywiadu żywieniowego zaproponowali metodę Food Photography 24-hour Recall (FP 24-hR) polegającą na wykonywaniu fotografii spożywanych porcji, następnie wykorzystaniu ich jako pomocy do przypominania i oszacowywania wielkości spożytych porcji [14]. Zdjęcia można wykonywać dowolnym sprzętem elektronicznym z dobrym aparatem fotograficznym/cyfrowym: smartfonem, tabletem czy aparatem cyfrowym [14].

Również Internet staje się popularny przy ocenie sposobu żywienia metodą wywiadu. Powstało już wiele portali, aplikacji czy platform żywieniowych dających możliwość samodzielnego określenia realizacji norm żywieniowych. W przyszłości samodzielne kontrolowanie zaleceń diety poprzez respondentów, np. z wykorzystaniem 24-godzinnego wywiadu żywieniowego może stać się idealnym narzędziem w podejmowaniu działań profilaktycznych [15]. Konsumenci potrzebują prostych i praktycznych narzędzi, dzięki którym będą mogli efektywnie regulować spożycie żywności, a co za tym idzie masę ciała.

Przykładem jest Polski portal internetowy Nutri-Day, który umożliwia ocenę stopnia realizacji zaleceń żywieniowych poprzez wpisanie składu racji pokarmowej spożytej w trakcie ostatnich 24 godzin. Jest on ogólnodostępny na stronie www.żywienie.cm-uj.krakow.pl [13]. Umożliwia on również weryfikację czy realizowany sposób żywienia przez konkretną jednostkę jest zgodny z zaleceniami prawidłowego żywienia i normami żywieniowymi. Jeżeli użytkownikowi zdiagnozuje się nieprawidłowe zachowania żywieniowe istnieje możliwość podjęcia działań korygujących nieprawidłowe zachowania żywieniowe. W sytuacji niedoboru pewnych składników odżywczych respondent może znaleźć informacje, które produkty są bogatym źródłem danego składnika i uzupełnić je w swojej diecie. Respondent może na bieżąco weryfikować postępy przeprowadzając ponownie wywiad żywieniowy [13].

Także zagraniczne portale takie jak: ASA24 (Automated Self-Administered 24-hour recall) czy FIRSSt4 (Food Intake Recording Software System) przeznaczony dla dzieci umożliwiają respondentom samodzielne przeprowadzenie 24-godzinnego wywiadu żywieniowego [1, 16].

Pomocny może okazać się polski portal ilewazy.pl. Jest on internetową wersją Albumu fotografii produktów i potraw, w którym można znaleźć ponad 3000 opisanych porcji produktów spożywczych [17]. Portal ilewazy.pl jest bazą sfotografowanych i zważonych produktów spożywczych i potraw oraz zestawem narzędzi ułatwiających wykorzystanie informacji o produktach i potrawach w codziennym żywieniu. Stosowane są miary domowe i gospodarcze. Portal daje możliwość obliczenia podstawowych wartości odżywczych w kalkulatorze, stworzenia dziennika posiłków oraz służy jako narzędzie do przeliczania jednostek kuchennych [17].

Także na smartfony, czyli przenośne urządzenia telekomunikacyjne łączące funkcję telefonu komórkowego i komputera kieszonkowego zaczęto projektować aplikacje żywieniowe oceniające sposób żywienia metodą 24-godzinnego wywiadu żywieniowego. Przykładem takich aplikacji są: TADA – mpFR (Mobile Telephone Food Record) oraz FIVR (mobile Food Intake Visualization and voice Recognizer) [16].

Podsumowanie

Metody i techniki stosowane do oceny sposobu żywienia muszą rozwijać się wraz z postępem cywilizacyjnym ludzkości [1]. Stosowanie urządzeń w postaci pomocy elektronicznych czy internetu przy przyprowadzaniu wywiadu żywieniowego z ostatnich 24 godzin jest zasadne i jak najbardziej potrzebne w badaniach żywieniowych [18].

Należy zachować ostrożność przy wprowadzaniu jakichkolwiek modyfikacji i unowocześniania czy wprowadzania urządzeń elektronicznych podczas oceny sposobu żywienia. Każdą metodę należy zwalidować, aby otrzymane wyniki były wiarygodne.

Niewątpliwie konieczne jest przeprowadzanie dalszych badań w celu ulepszania aktualnych i określenia nowych metod oceny sposobu żywienia. Wówczas przy ocenie sposobu żywienia ewentualne błędy zostaną wyeliminowane, bądź zredukowane do minimum.

Piśmiennictwo

1) Thompson FE., Subar FA., Loria CM., Reedy JL., Baranowski T.: Need for technological innovation in dietary assessment. J Am Diet Assoc 2010; 110(1): 48-51

2) Stang J, Story M. Nutrition screening, assessment and intervention. [In:] Gibson RS. Principles of Nutrition Assessment. New York: Oxford 2005; 35-53.

3) Charzewska J.: Instrukcja przeprowadzania wywiadu o spożyciu z 24 godzin, Zakład Epidemiologii Żywienia IŻŻ 1997.

4) Szponar L, Wolnicka K, Rychlik E. Album fotografii produktów i potraw. IŻŻ 2008.

5) Szponar L., Sekula W., Nelson M., Weisell RC.: The household food consumption and anthropometric survey in Polnad. Public Health Nutr 2001; 4(5B): 1183-1186.

6) Gronowska-Senger A. Zarys oceny żywienia. SGGW 2009.

7) Nicolas S., Ross H.E., Murray D.J.: Charpentier's papers of 1886 and 1891 on weight perception and the size-weight illusion. Percept Mot Skills 2012; 115(1): 120-141.

8) Steyn N P, Senekal M, Norris S A: How well do adolescents determine portion sizes of foods and beverages?. Asia Pac J Clin Nutr 2006; 15(1): 35-42.

9) Cypel Y.S., Guenther P.M., Petot G.J.: Validity of portion-size measurement aids: A review. J Am Dietetic Assoc 1997; 97(3): 289-292.

10) Biernat J. Wybrane zagadnienia z nauki o żywieniu. UWP 2009; 75-83.

11) Szczygłowa A., Szczepańska A., Ners A.: Album fotografii produktów i potraw o zróżnicowanej wielkości porcji. IŻŻ 1982.

12) Szczygłowa A., Szczepańska A., Ners A., Nowicka L.: Album porcji produktów i potraw. IŹŻ 1991.

13) Wang D.H., Kogashiwa M., Kira S.: Development of a new instrument for evaluating individuals' dietary intakes. J Am Diet Assoc 2006; 106(10): 1588-1593.

14) Lazarte C.E., Encinas M.E., Alegre C., Granfeldt Y.: Validation of digital photographs, as a tool in 24-h recall, for the improvement of dietary assessment among rural populations in developind countries. Nutr J 2012; 11(61): 1-14.

15) Pac A., Majewska R., Sochacka-Tatara E., Stefaniak J.: Wywiad żywieniowy przez internet jako element promocji zdrowego stylu życia. Probl Hig Epidemiol 2008; 89(3): 378-382.

16) Weiss R.: Innovation technologies for improving dietary assessment. 2011 – materiały szkoleniowe.https://www.nationalchildrensstudy.gov/research/workshops/Pages/Weiss-Diet-Assessment-7-19-11.pdf z dnia 25.11.2014

17) http://www.ilewazy.pl/ z dnia 25.11.2014

18) Sochacka-Tatara E., Pac A., Majewska R.: Ocena żywienia za pomocą wywiadu żywieniowego przez internet. Probl Hig Epidemiol 2010; 91(1): 77-82.

Streszczenie

Wstęp: Wraz z postępem technologicznym nastąpiło unowocześnianie tradycyjnych metod sposobu żywienia, w tym wywiadu żywieniowego z ostatnich 24-godzin. Na przestrzeni ostatnich lat powstało wiele badań wykorzystujących metodę 24-godzinnego wywiadu żywieniowego z zastosowaniem narzędzi, takich jak: telefon komórkowy, smartfon, komputer, tablet, aparat cyfrowy w celu ułatwienia zbierania danych i zwiększenia wiarygodności oceny sposobu żywienia. Celem pracy było opisanie metody 24-godzinnego wywiadu żywieniowego oraz przedstawienie nowatorskich sposobów wykorzystania urządzeń elektronicznych, takich jak: telefon komórkowy, aparat cyfrowy, komputer, Internet przy ocenie sposobu żywienia metodą wywiadu.

Materiał i metodyka: Kwerenda piśmiennictwa naukowego, w tym artykułów naukowych z badaniami wykorzystującymi sprzęt elektroniczny przy 24-godzinnym wywiadzie żywieniowym do oceny sposobu żywienia. Przegląd stron internetowych, portali, aplikacji żywieniowych oraz materiałów konferencyjnych.

Wnioski: Wciąż poszukiwane są nowe sposoby zwiększenia wiarygodności wywiadów żywieniowych z użyciem narzędzi takich jak urządzenia elektroniczne (telefon komórkowy, aparat cyfrowy, komputer, dyktafon, aplikacje, internet). Stąd też powstały takie metody wywiadowcze jak Wellnavi czy FP 24hR bazujące na klasycznym 24-godzinnym wywiadzie żywieniowym lecz z zastosowaniem urządzeń elektronicznych. Utworzono portale internetowe takie jak ASA24, FIRSSt4, ileważy.pl, Nutri-Day czy aplikacje żywieniowe TADA, FIVR. Wykorzystanie urządzeń elektronicznych przy metodach oceny sposobu żywienia wpływa na zwiększenie wiarygodności uzyskiwanych danych, ale również ułatwia zbieranie danych żywieniowych przez respondentów. Internetowy interaktywny 24-godzinny wywiad żywieniowy wraz z interpretacją może posłużyć jako idealne narzędzie do podejmowania działań profilaktycznych.

Słowa kluczowe: 24-godzinny wywiad żywieniowy, FP 24hR, portale żywieniowe, aplikacje żywieniowe, metoda Wellnavi, wielkości porcji

Styl życia słuchaczy Uniwersytetów Trzeciego Wieku ze szczególnym uwzględnieniem sposobu odżywiania.

Elżbieta Szczepańska, Patrycja Pilch, Beata Całyniuk, Renata Polaniak, Agnieszka Białek-Dratwa,
Marek Kardas, Elżbieta Grochowska-Niedworok

Znamienną cechą obecnych czasów jest ciągły wzrost odsetka osób starszych w społeczeństwie. Sytuacja ta dotyczy także Polski, w której w 2011 roku długość przeciętnego trwania życia wynosiła 72,4 lat dla mężczyzn i 80,9 lat dla kobiet a dla porównania, w 2000 roku wartość tego wskaźnika wynosiła odpowiednio 69,7 i 70 lat. Prognozuje się, że w 2020 roku w Polsce osoby powyżej 60. roku życia będą stanowiły 24% ogólnej liczby ludności kraju [1]. Proces ten spowodowany jest m. in. postępującym rozwojem społeczno-ekonomicznym, poprawą warunków bytowych, rozwojem medycyny, a także propagowaniem zdrowego stylu życia [2,3,4].

U osób starszych, często po wieloletnim okresie kariery zawodowej następują radykalne zmiany w porządku dnia codziennego, najważniejsze dotąd zajęcie, którym była aktywność zawodowa ulega zakończeniu, a dominującym elementem staje się praca w gospodarstwie domowym [5]. Zaprzestanie aktywności zawodowej może wpływać na stan emocjonalny osób w starszym wieku, brak aktywności często prowadzi do osamotnienia, alienacji, pogarszającej się sprawności i w następstwie może prowadzić do przedwczesnej umieralności [3]. Przejście na emeryturę może być również postrzegane jako zjawisko pozytywne, gdyż jest związane ze zwiększeniem ilości czasu wolnego, który można przeznaczyć na realizacje swoich pasji czy wypoczynek. Ludzie starsi mogą podjąć pracę w różnych stowarzyszeniach i fundacjach, czy też zająć się pełnieniem nowych ról społecznych. Mogą również wykorzystywać wolny czas na kontakty interpersonalne ze znajomymi i rodziną czy pomoc w wychowaniu i opiece nad wnukami [6,7]. Popularnym w ostatnich latach wśród seniorów sposobem spędzania wolnego czasu jest uczestnictwo w zajęciach organizowanych przez Uniwersytety Trzeciego Wieku, które odgrywają istotna rolę w zakresie promocji zdrowego stylu życia. Działalność tych placówek powoduje, że starość nie jest już postrzegana jedynie jako okres bierności czy bezradności, ale pełnej aktywności w wielu sferach życia ludzkiego [6].

Celem niniejszej pracy była analiza stylu życia słuchaczy Uniwersytetów Trzeciego Wieku, ze szczególnym uwzględnieniem zachowań żywieniowych, ocena częstości występowania zachowań prawidłowych oraz analiza zależności pomiędzy częstością występowania tych zachowań i wskaźnikiem masy ciała Body Mass Index (BMI) badanych osób.

Materiał i metodyka

Badania zostały przeprowadzone wśród 296 słuchaczy Uniwersytetów Trzeciego Wieku (UTW) w Bytomiu, Katowicach i Gliwicach. Narzędziem badawczym był autorski kwestionariusz ankiety, za pomocą którego zebrano dane dotyczące danych socjologicznych, stylu życia ze szczególnym uwzględnieniem zachowań żywieniowych (sezon zimowy) oraz wyników pomiarów antropometrycznych (masy ciała i wzrostu), na podstawie których obliczono BMI.

Analizę uzyskanych wyników przeprowadzono przy pomocy programu Microsoft Office Excel 2007 oraz STATISTICA 10.0 firmy StatSoft Polska. Przy ocenie częstości udzielania prawidłowych odpowiedzi na pytania oceniające zachowania badanych osób za odpowiedź nieprawidłową badani otrzymywali 0 punktów, za odpowiedź po części zgodną 0,5 punktu, a za odpowiedź prawidłową 1 punkt. Po zsumowaniu uzyskanych punktów za wszystkie udzielone odpowiedzi podzielono je przez maksymalną liczbę punktów, możliwych do uzyskania. Otrzymane wyniki przydzielono do jednego z trzech przedziałów: (0-0,4), (0,4-0,7), (0,7-1) odpowiadających kolejno małej, średniej i dużej częstości udzielania po-poprawnych odpowiedzi.

W celu zbadania zależności pomiędzy częstością występowania prawidłowych zachowań i wartością współczynnika BMI badanej grupy słuchaczy UTW zastosowano współczynnik korelacji rang γ. Do wszystkich analiz za istotny statystycznie przyjęto poziom p≤0,05.

Wyniki

Charakterystykę badanej grupy przedstawia tabela I.

Tabela I. Charakterystyka badanej grupy.

Cecha	Słuchacze UTW(%) w Bytomiu n=111	Słuchacze UTW(%) w Katowicach n=87	Słuchacze UTW(%) w Gliwicach n=98	Słuchacze ogółem (%) n=296
Płeć				
kobiety	82	92	74,5	82,4
mężczyźni	18	8	25,5	17,6
Wiek				
do 59 lat	25,2	9,2	21,4	19,3
60-74 lat	64,9	74,7	73,5	70,6
75 lat i powyżej	9,9	16,1	5,1	10,1
Wykształcenie				
zawodowe	5,4	1,1	-	2,4
średnie	51,4	49,4	56,1	52,4
wyższe	43,2	49,4	43,9	45,3
Aktywność zawodowa				
pracujący	29,7	21,8	31,6	28
niepracujący	70,3	78,2	68,4	72
Liczba osób we wspólnym gospodarstwie domowym				
1	45,9	52,9	43,9	47,3
2	37,8	36,8	42,9	39,2
3	12,6	5,7	9,2	9,5
4 i więcej	3,6	4,6	4,1	4,1
BMI				
niedowaga	0,9	-	-	0,3
prawidłowa masa ciała	41,4	47,1	41,8	43,2
nadwaga	47,7	44,8	49	47,3
otyłość	9,9	8	9,2	9,1

Zachowania badanej grupy słuchaczy, z uwzględnieniem miejsca uczęszczania na zajęcia UTW przedstawiają tabele II-V.

Tabela II. Zachowania badanej grupy słuchaczy. Część I.

Analizowane zachowania	Słuchacze UTW(%) w Bytomiu n=111	Słuchacze UTW(%) w Katowicach n=87	Słuchacze UTW(%) w Gliwicach n=98	Słuchacze ogółem (%) n=296
Liczba posiłków spożywanych w ciągu dnia:				
a) 1-2	7,2	4,6	3,1	5,1
b) 3	46,8	56,3	46,9	49,7
c) 4-5	44,1	37,9	50,0	44,3
d) więcej, niż 5	18,0	1,1	0	1,0
Długość przerw miedzy posiłkami:				
a) < 2 godziny	4,5	1,1	0	2,0
b) 2-3 godzin	26,1	29,9	33,7	29,7
c) 3-4 godzin	39,6	54,0	40,8	44,3
d) 4-5 godzin	23,4	14,9	23,5	20,9
e) więcej, niż 5 godzin	6,3	0	2	3,0
Czas od przebudzenia do spożycia pierwszego posiłku:				
a) do pół godziny	16,2	14,9	15,3	15,5
b) 0,5-1 godziny	47,7	50,6	62,2	53,4
c) 1-2 godzin	27,9	25,3	19,4	24,3
d) więcej, niż 2 godziny	8,1	9,2	3,1	6,8
Czas od spożycia ostatniego posiłku do snu:				
a) posiłek spożywany tuż przed snem	0,9	1,1	4,1	2,0
b) 0,5-1 godziny	14,4	9,2	10,2	11,5
c) 1-2 godzin	31,5	28,7	29,6	30,1
d) więcej, niż 2 godziny	53,2	60,9	56,1	56,4

Badane osoby najczęściej spożywały 3 posiłki w ciągu dnia -147(49,7%) słuchaczy ogółem, w tym zarówno słuchacze Uniwersytetu w Bytomiu -52(46,8%) osoby, jak i w Katowicach - 49(56,3%) osób. Z kolei słuchacze Uniwersytetu w Gliwicach spożywali najczęściej 4-5 posiłków w ciągu dnia - 49(50%) osób. Długość przerw między posiłkami wynosiła najczęściej 3-4 godziny, taką odpowiedź wskazało 131 (44,3%) badanych słuchaczy, w tym 47(54%) słuchaczy UTW w Katowicach, 40(40,8%) słuchaczy UTW w Gliwicach oraz 44(39,6%) UTW w Bytomiu. Badani słuchacze najczęściej spożywali pierwszy posiłek 0,5-1 godziny po przebudzeniu 158(53,4%) osób, przy czym odsetek ten był najwyższy wśród słuchaczy UTW w Gliwicach - 61(62,2%), a najniższy wśród słuchaczy UTW w Bytomiu - 52(47,7%). Czas od spożycia ostatniego posiłku do pójścia spać wynosił najczęściej więcej, niż 2 godziny, odpowiedzi takiej udzieliło 167(56,4%) badanych, w tym 59(53,2%) słuchaczy z UTW w Bytomiu, 53(60,9%) słuchaczy z UTW z Katowic oraz 55(56,1%) słuchaczy z Gliwic (tabela II).

Tabela III. Zachowania badanej grupy słuchaczy. Część II.

Analizowane zachowania	Słuchacze UTW(%) w Bytomiu n=111	Słuchacze UTW(%) w Katowicach n=87	Słuchacze UTW(%) w Gliwicach n=98	Słuchacze ogółem (%) n=296
Częstość spożycia pieczywa pełnoziarnistego:				
a) codziennie	27,9	35,6	38,8	33,8
b) kilka razy w tygodniu	28,8	34,5	30,6	31,1
c) kilka razy w miesiącu	15,3	8,0	11,2	11,8
d) okazjonalnie	26,1	20,7	18,4	22,0
e) nigdy	1,8	1,1	1,0	1,4
Częstość spożycia grubych kasz:				
a) codziennie	1,8	2,3	2,0	2,0
b) kilka razy w tygodniu	15,3	17,2	20,4	17,6
c) kilka razy w miesiącu	44,1	46,0	52,0	47,3
d) okazjonalnie	34,2	29,9	23,5	29,4
e) nigdy	4,5	4,6	2,0	3,7
Częstość spożycia mleka lub napojów mlecznych:				
a) codziennie	37,8	39,1	39,8	38,9
b) kilka razy w tygodniu	21,6	20,7	20,4	20,9
c) kilka razy w miesiącu	15,3	11,5	12,2	13,2
d) okazjonalnie	18,9	23,0	19,4	20,3
e) nigdy	6,3	5,7	8,2	6,8
Częstość spożycia napojów mlecznych fermentowanych:				
a) codziennie	22,5	21,8	30,6	25,0
b) kilka razy w tygodniu	45,0	41,4	40,8	42,6
c) kilka razy w miesiącu	16,2	26,4	18,4	19,9
d) okazjonalnie	13,5	9,2	8,2	10,5
e) nigdy	2,7	1,1	2,0	2,0
Częstość spożycia serów twarogowych:				
a) codziennie	16,2	32,2	24,5	23,6
b) kilka razy w tygodniu	40,5	37,9	36,7	38,5
c) kilka razy w miesiącu	33,3	23,0	30,6	29,4
d) okazjonalnie	8,1	5,7	8,2	7,4
e) nigdy	1,8	1,1	0	1,0
Częstość spożycia serów żółtych, topionych, pleśniowych:				
a) codziennie	5,4	14,9	5,1	8,1
b) kilka razy w tygodniu	39,6	34,5	34,7	36,5
c) kilka razy w miesiącu	38,7	32,2	33,7	35,1
d) okazjonalnie	13,5	16,1	23,5	17,6
e) nigdy	2,7	2,3	3,1	2,7
Częstość spożycia mięsa i/lub wędlin:				
a) codziennie	17,1	16,1	21,4	18,2
b) 4-5 razy w tygodniu	33,3	33,3	38,8	35,1
c) 2-3 razy w tygodniu	42,3	43,7	31,6	39,2
d) okazjonalnie	7,2	6,9	7,1	7,1
e) nigdy	0	0	1,0	0,3
Częstość spożycia ryb:				
a) codziennie	0	0	1,0	0,3
b) 4-5 razy w tygodniu	2,7	2,3	1,0	2,0
c) 2-3 razy w tygodniu	36,9	44,8	40,8	40,5
d) okazjonalnie	57,7	50,6	55,1	54,7
e) nigdy	2,7	2,3	2,0	2,4
Najczęściej spożywane postacie mięsa i ryb:				
a) gotowane	14,4	8,0	14,3	12,5
b) smażone	48,6	41,4	39,8	43,6
c) pieczone	14,4	20,7	16,3	16,9
d) duszone	22,5	29,9	29,6	27,0
Tłuszcze używane do smarowania pieczywa:				
a) masło	59,5	60,9	67,3	62,5
b) margaryna	25,2	19,5	17,3	20,9
c) olej	0	3,4	2,0	1,7
d) majonez	0,9	1,1	2,0	1,4
e) smalec	2,7	0	0	1,0
f) nie smaruję	11,7	14,9	11,2	12,5

Tłuszcze używane do smażenia potraw:				
a) masło	2,7	5,7	5,1	4,4
b) margaryna	5,4	6,9	1,0	4,4
c) olej/oliwa	85,6	81,6	88,8	85,5
d) smalec	2,7	2,3	2,0	2,4
e) smażenie bez tłuszczu	3,6	3,4	3,1	3,4
Częstość spożycia warzyw:				
a) 4-5 razy dziennie	12,6	10,3	3,1	8,8
b) 2-3 razy dziennie	23,4	21,8	36,7	27,4
c) raz dziennie	38,7	46,0	35,7	39,9
d) kilka razy w tygodniu	20,7	19,5	23,5	21,3
e) okazjonalnie	4,5	2,3	1,0	2,7
Częstość spożycia owoców:				
a) 4-5 razy dziennie	7,2	10,3	3,1	6,8
b) 2-3 razy dziennie	21,6	27,6	31,6	26,7
c) raz dziennie	44,1	48,3	43,9	45,3
d) kilka razy w tygodniu	20,7	9,2	15,3	15,5
e) okazjonalnie	6,3	4,6	6,1	4,7

Największy odsetek badanych osób deklarował codzienne spożycie pieczywa pełnoziarnistego - 100(33,8%) osób, taką odpowiedź wskazało 38(38,8%) słuchaczy UTW w Gliwicach i 31(35,6%) słuchaczy UTW w Katowicach. Natomiast słuchacze UTW w Bytomiu najczęściej deklarowali spożycie pieczywa pełnoziarnistego kilka razy w tygodniu - 32(28,8%) osoby. Badane osoby najczęściej spożywały grube kasze (gryczana, pęczak, brązowy ryż) kilka razy w miesiącu -140(47,3%) badanych, przy czym odsetek ten był najwyższy wśród słuchaczy UTW w Gliwicach - 51(52%), a najniższy wśród słuchaczy UTW w Bytomiu - 49(44,1%).

Największa grupa badanych osób deklarowała codzienne spożycie mleka lub napojów mlecznych 115(38,9%) osób, w tym podobny odsetek słuchaczy wszystkich trzech Uniwersytetów. Natomiast największy odsetek słuchaczy UTW spożywał napoje mleczne fermentowane, sery twarogowe oraz sery żółte, topione, pleśniowe kilka razy w tygodniu, odpowiednio 126(42,6%), 114(38,5%) i 108(36,5%) ogółu badanych, przy czym odsetek ten był najwyższy wśród słuchaczy UTW w Bytomiu, odpowiednio 50(45%), 45(40,5%) i 44(39,6%), a najniższy wśród słuchaczy UTW w Gliwicach, odpowiednio 40(40,8%), 36(36,7%) oraz 34 (34,5%) osoby.

Badane osoby spożywały mięso i/lub wędliny najczęściej 2-3 razy w tygodniu -116(39,2%) słuchaczy, w tym zarówno słuchacze Uniwersytetu w Katowicach - 38(43,7%) osoby, jak i w Bytomiu 47(42,3%) osób. Z kolei słuchacze Uniwersytetu w Gliwicach najczęściej spożywali mięso i/lub wędliny 4-5 razy w tygodniu - 38 (38,8%) osób. Najczęściej spożywanym przez badanych słuchaczy rodzajem mięsa był kurczak, taką odpowiedź wskazały 162(54,7%) osoby, przy czym odsetek osób deklarujących spożycie tego rodzaju mięsa był najwyższy wśród słuchaczy UTW w Katowicach - 39(44,8%), a najniższy wśród słuchaczy UTW w Bytomiu 35(31,5%). Badana grupa słuchaczy UTW deklarowała najczęściej, że ryby spożywa okazjonalnie – 162(54,7%) osoby. Odpowiedzi takiej udzieliło 64(57,7%) słuchaczy z UTW w Bytomia, 44(50,6%) słuchaczy z UTW z Katowic oraz 54(55,1%) słuchaczy z Gliwic. Wśród badanej grupy słuchaczy UTW, największy odsetek osób spożywał mięsa i ryby w postaci smażonej.

Wśród badanej grupy osób UTW, najczęściej używanym tłuszczem do smarowania pieczywa było masło, natomiast tłuszczem używanym do smażenia potraw były olej lub oliwa, takiej odpowiedzi udzieliło odpowiednio 185(62,5%) oraz 253(85,5%) słuchaczy ogółem.

Badane osoby najczęściej spożywały warzywa raz dziennie -118(39,9%) osób, w tym zarówno słuchacze Uniwersytetu w Bytomiu - 43(38,7%), jak i słuchacze Uniwersytetu w Katowicach - 40(46%). Z kolei słuchacze Uniwersytetu w Gliwicach najczęściej spożywali warzywa 2-3 razy dziennie -36(36,7%). Najliczniejsza grupa badanych słuchaczy -134(45,3%) osoby - deklarowała, że spożywa owoce raz dziennie, odpowiedzi takiej udzieliło 49(44,1%) słuchaczy z UTW w Bytomiu, 42(48,3%) słuchaczy z UTW z Katowic oraz 43(43,9%) słuchaczy z Gliwic (tabela III).

Tabela IV. Zachowania badanej grupy słuchaczy. Część III.

Analizowane zachowania	Słuchacze UTW(%) w Bytomiu n=111	Słuchacze UTW(%) w Katowicach n=87	Słuchacze UTW(%) w Gliwicach n=98	Słuchacze ogółem (%) n=296
Słodzenie napojów:				
a) tak	35,1	26,4	36,7	33,1
b) nie	56,8	58,6	50,0	55,1
c) okazjonalnie	8,1	14,9	13,3	11.8
Częstość spożycia słodyczy:				
a) codziennie	19,8	24,1	22,4	22,0
b) kilka razy w tygodniu	37,8	32,2	34,7	35,1
c) kilka razy w miesiącu	18,9	20,7	22,4	20,6
d) okazjonalnie	20,7	20,7	13,3	18,2
e) nigdy	2,7	2,3	7,1	4,1
Częstość spożycia słodzonych napojów gazowanych:				
a) codziennie				
b) kilka razy w tygodniu	2,7	4,6	2,0	3,0
c) kilka razy w miesiącu	3,6	2,3	5,1	3,7
d) okazjonalnie	7,2	3,4	12,2	7,8
e) nigdy	39,6	31,0	32,7	34,8
	46,8	58,6	48,0	50,7
Częstość spożycia dań typu fast-food:				
a) codziennie				
b) kilka razy w tygodniu	0	0	0	0
c) kilka razy w miesiącu	0	0	0	0
d) okazjonalnie	0,9	0	0	0,3
e) nigdy	23,4	31,0	22,4	25,3
Ilość napojów wypijanych w ciągu dnia:	75,7	69,0	77,6	74,3
a) do 2 szklanek (<0,5l)				
b) 2-4 szklanek (0,5-1l)	6,3	2,3	1,0	3,4
c) 4-6 szklanek (1-1,5l)	28,8	28,7	25,5	27,7
d) 6-8 szklanek (1,5-2l)	36,9	50,6	50,0	45,3
e) więcej, niż 8 szklanek (>2l)	23,4	14,9	22,4	20,6
	4,5	3,4	1,0	3,0

Największa grupa badanych osób deklarowała, że nie słodzi napojów 163 (55,1%) osób, taką odpowiedź wskazało 63(56,8%) słuchaczy UTW w Bytomiu, 51(58,6%) słuchaczy UTW w Katowicach i 49(50%) słuchaczy UTW w Gliwicach. Badani słuchacze najczęściej spożywają słodycze kilka razy w tygodniu - 104(35,1%) osoby. Sytuacja taka dotyczy słuchaczy wszystkich trzech Uniwersytetów, przy czym odsetek ten jest najwyższy wśród słuchaczy UTW w Bytomiu 42(37,8%), a najniższy wśród słuchaczy UTW w Katowicach (32,2%). Osoby uczestniczące w badaniu najczęściej deklarowały, że w ogóle nie spożywają słodzonych napojów gazowanych 150(50,7%) słuchaczy, przy czym odsetek ten jest najwyższy wśród słuchaczy UTW w Katowicach (58,6%), a najniższy wśród słuchaczy UTW w Bytomiu 28(46,8%).

Badani słuchacze UTW nie spożywają dań typu fast-food - 220(74,3%)osób. Sytuacja taka dotyczy słuchaczy wszystkich trzech Uniwersytetów, przy czym odsetek osób, które nie spożywają tego typu dań jest najwyższy wśród słuchaczy UTW w Gliwicach - 76(77,6%), a najniższy wśród słuchaczy UTW w Katowicach - 60(69%). Badani słuchacze UTW wypijają najczęściej 4-6 szklanek napojów w ciągu dnia 134(45,3%) badanych. Odsetek ten jest największy wśród słuchaczy UTW w Katowicach – 44(50,6%), a najmniejszy wśród słuchaczy UTW w Bytomiu 41(36,9%) (tabela IV).

Tabela V. Zachowania badanej grupy słuchaczy. Część IV.

Analizowane zachowania	Słuchacze UTW(%) w Bytomiu n=111	Słuchacze UTW(%) w Katowicach n=87	Słuchacze UTW(%) w Gliwicach n=98	Słuchacze ogółem (%) n=296
Stosowanie suplementów diety:				
a) tak, regularnie	14,4	19,5	18,4	17,2
b) tak, sezonowo	34,2	34,5	37,8	35,5
c) nie	51,4	46,0	43,9	47,3
Spożywanie alkoholu:				
a) tak, regularnie	2,7	3,4	3,1	3,0
b) tak, okazjonalnie	55,0	52,9	58,2	55,4
c) nie	42,3	43,7	38,8	41,6
Palenie papierosów:				
a) tak, regularnie	9,0	2,3	6,1	6,1
b) tak, okazjonalnie	2,7	1,1	2,0	2,0
c) nie	88,3	96,6	91,8	91,9
Uprawianie sportu:				
a) tak, regularnie sam/a organizuję sobie zajęcia	25,2	20,7	39,8	28,7
b) tak, regularnie uczestniczę w zajęciach organizowanych				
c) nie	38,7	33,3	18,4	30,4
	36,0	46,0	41,8	40,9

156(52,7%) spośród badanych słuchaczy deklarowało stosowanie suplementów diety, w tym 51(17,2%) stosuje suplementy regularnie, a 105(35,5%) sezonowo. Najliczniejszą grupę osób stosujących suplementy regularnie stanowili słuchacze UTW w Katowicach - 19(19,5%) osób, natomiast stosujących suplementy sezonowo słuchacze UTW w Gliwicach - 37(37,8%) osób.

Badani słuchacze UTW najczęściej spożywali alkohol okazjonalnie - 164(55,4%) osoby, przy czym odsetek ten jest największy wśród słuchaczy UTW w Gliwicach 57(58,2%), a najmniejszy wśród słuchaczy UTW w Katowicach 46(52,9%). Osoby uczestniczące w badaniu najczęściej deklarowały, że nie palą papierosów - 272(91,9%) słuchaczy, w tym największy odsetek wśród słuchaczy UTW w Katowicach - 84(96,6%), a najmniejszy wśród słuchaczy UTW w Bytomiu - 98(88,3%). Badani deklarowali, że uprawiają sport regularnie, uczestnicząc w organizowanych zajęciach sportowych - 90(30,4%) osób lub organizując je sobie samodzielnie 85(28,7%) osób. Największą grupę osób deklarujących udział w organizowanych zajęciach sportowych odnotowano wśród słuchaczy UTW w Bytomiu -43(38,7%). Z kolei słuchacze UTW w Gliwicach najczęściej deklarowali uczestnictwo w samodzielnie organizowanych zajęciach sportowych - 39(39,8%) osób (tabela V).

Zestawienie prawidłowych zachowań badanych słuchaczy UTW przedstawia tabela VI.

Tabela VI. Zestawienie prawidłowych zachowań słuchaczy UTW.

Prawidłowe zachowania	Słuchacze UTW (%) w Bytomiu n=111	Słuchacze UTW (%) w Katowicach n=87	Słuchacze UTW (%) w Gliwicach n=98	Słuchacze ogółem (%) n=296
Spożywanie 4-5. posiłków dziennie	44,1	37,9	50,0	44,3
3-4. godzinna przerwa między posiłkami	39,6	54,0	40,8	44,3
Spożywanie pierwszego posiłku do pół godziny po przebudzeniu	16,2	14,9	15,3	15,5
Spożywanie ostatniego posiłku więcej, niż 2. godziny przed snem	53,2	60,9	56,1	56,4
Codzienne spożywanie pełnoziarnistego pieczywa	27,9	35,6	38,8	33,8
Spożywanie grubych kasz kilka razy w tygodniu	15,3	17,2	20,4	17,6
Codzienne spożywanie mleka lub napojów mlecznych	37,8	39,1	39,8	38,9
Codzienne spożywanie napojów mlecznych fermentowanych	22,5	21,8	30,6	25
Spożywanie serów twarogowych kilka razy w tygodniu	40,5	37,9	36,7	38,5
Spożywanie serów żółtych, topionych, pleśniowych kilka razy w tygodniu	39,6	34,7	34,5	36,5
Spożywanie mięsa i/lub wędlin 2-3 razy w tygodniu	42,3	43,7	31,6	39,2
Spożywanie ryb 2-3 razy w tygodniu	36,9	44,8	40,8	40,5
Spożywanie mięsa i ryb w postaci gotowanej	14,4	8,0	14,3	12,5
Spożywanie pieczywa niesmarowanego/ smarowanego margaryną	36,9	34,4	28,5	33,4
Smażenie bez tłuszczu lub na oleju/oliwie	89,2	85,0	91,9	88,9
Spożywanie warzyw 4-5 razy dziennie	12,6	10,3	3,1	8,8
Spożywanie owoców 2-3 razy dziennie	21,6	27,6	31,6	26,7
Niesłodzenie lub słodzenie napojów okazjonalnie	64,9	73,5	63,3	66,9
Niespożywanie słodyczy lub spożywanie okazjonalne	23,4	23,0	20,4	22,3
Niespożywanie słodzonych napojów gazowanych/ spożywanie okazjonalne	86,4	89,6	80,7	85,5
Niespożywanie dań typu fast-food lub spożywanie okazjonalne	99,1	100	100	99,6
Wypijanie 1,5-2 l płynów w ciągu dnia	23,4	14,9	22,4	20,6
Stosowanie suplementów diety (regularne lub sezonowe)	48,6	54,0	56,2	52,7
Niespożywanie alkoholu lub spożywanie okazjonalne	97,3	96,6	97,0	97,0
Niepalenie papierosów	88,3	96,6	91,8	91,9
Regularne uprawianie sportu	63,9	54,0	58,2	59,1

Średnia arytmetyczna częstości występowania prawidłowych zachowań, w próbie pobranej z badanej populacji generalnej wynosi 0,42. W badanej grupie stwierdzono średnią częstość występowania prawidłowych zachowań.

W celu przeprowadzenia dalszych analiz dokonano uporządkowania (rangowania) wartości współczynnika BMI i wartości dotyczących częstości występowania prawidłowych zachowań ze względu na natężenie cechy statystycznej. Wartości współczynnika BMI otrzymały następujące rangi: 1-niedowaga, 2- prawidłowa masa ciała, 3-nadwaga, 4-otyłość, natomiast dotyczące częstości występowania prawidłowych zachowań: 1- niska częstość, 2- średnia częstość, 3- wysoka częstość.

Stosując współczynnik korelacji rang γ stwierdzono istotność statystyczną zależności między zmienną losową BMI (rangi 1,2,3,4) i częstością występowania prawidłowych zachowań (rangi 1,2,3) dla przyjętego poziomu istotności α, p<5*10⁻⁴. Wartość współczynnika γ wynosi -0,25, co oznacza, że siła zależności jest niska. Stwierdzono, że wraz ze wzrostem wartości współczynnika BMI maleje częstość występowania prawidłowych zachowań, w badanej populacji generalnej słuchaczy UTW.

Dyskusja

Ocena wybranych elementów stylu życia badanej grupy słuchaczy Uniwersytetów Trzeciego Wieku wykazała występowanie wielu nieprawidłowości, w tym w szczególności dotyczących sposobu odżywiania. Zgodnie z zasadami racjonalnego odżywiania należy spożywać 4-5 posiłków w ciągu dnia. Wyniki badań własnych wykazały, że zalecaną ilość posiłków spożywa 44,3% badanych, natomiast 49,7% spożywa zaledwie 3 posiłki dziennie. Jak wynika z badań przeprowadzonych przez CBOS, oceniających zachowania i nawyki żywieniowe ludności Polski, codziennie co najmniej 3 posiłki dziennie spożywa blisko 80% Polaków w wieku 55-64 lata, natomiast wśród osób po 65 roku życia - blisko 90% [8]. W badaniach przeprowadzonych przez Tokarza i wsp. oceniających sposób żywienia ludzi starszych wykazano, że wraz z wiekiem badanych spada procentowy udział osób spożywających 3 posiłki, a jednocześnie rośnie udział konsumujących 4 posiłki w ciągu dnia, o mniejszej, niż wcześniej objętości [9]. Korzystniejsze wyniki, od wyników badań własnych, otrzymali Goluch-Koniuszy i Fabiańczyk, którzy oceniali stan odżywienia i sposób żywienia osób przebywających na emeryturze do 6. miesięcy. Wynika z nich, że rekomendowane 4-5 posiłków dziennie spożywało blisko 2/3 badanych przez nich emerytów [5]. Z kolei badania przeprowadzone w 2009. roku, oceniające wybrane elementy stylu życia mieszkańców Poznania po 50 roku życia wykazały, że 55% z nich spożywało najczęściej 4 posiłki, natomiast blisko 28% - 3 posiłki w ciągu dnia [10]. Natomiast badania porównujące zachowania żywieniowe starszej ludności Polski i Niemiec wykazały, że osoby starsze mieszkające w Niemczech statystycznie częściej, niż Polacy odżywiały się w sposób regularny, konsumując jednak zwykle 3 posiłki w ciągu dnia [11].

Produkty zbożowe stanowią główne źródło energii, a także witamin (zwłaszcza z grupy B) i składników mineralnych (magnezu, żelaza, miedzi i cynku). Ponadto pełnoziarniste produkty zbożowe stanowią cenne źródło błonnika pokarmowego [12]. Wyniki badań własnych wskazały, że codzienne spożywanie pełnoziarnistego pieczywa deklarowało zaledwie 33,8% słuchaczy UTW, natomiast kilka razy w tygodniu spożywało te produkty 31,1% osób objętych badaniem. Również niskie spożycie produktów pełnoziarnistych odnotowano w badaniach przeprowadzonych w 2009 roku wśród 166 osób po 50 roku życia, na obszarze województwa świętokrzyskiego i województw ościennych. Codzienne spożywanie razowego pieczywa i grubych kasz deklarowało blisko 26% respondentów, natomiast rzadziej, niż raz na tydzień produkty te spożywało 58,5% ogółu badanych [13]. Podobnie, Całyniuk i wsp. w badaniach oceniających sposób żywienia 227 seniorów zamieszkujących wybrane miasta Śląska, odnotowali niepokojąco niskie spożycie pieczywa z grubego przemiału [14]. Również analiza częstotliwości spożycia produktów zbożowych wśród 220. osób powyżej 60. roku życia, zamieszkujących teren województwa wielkopolskiego, wykazała spożycie pieczywa razowego przeciętnie raz na tydzień [15]. Natomiast odmienne wyniki badań uzyskała Smoleń i wsp., która oceniała zachowania zdrowotne słuchaczy UTW w Sanoku. Badana grupa respondentów deklarowała częstą konsumpcję pieczywa pełnoziarnistego [16]. W badaniach analizujących różnorodność spożywanej żywności, przeprowadzonych wśród 420 mieszkańców pięciu wybranych rejonów kraju, którzy ukończyli 65. rok życia, wykazano, że pełnoziarniste produkty zbożowe spożywało 68% ankietowanych [17]. Ogólnie niskie spożycie pełnoziarnistego pieczywa wynikać może z faktu, że nie jest ono wskazane dla wszystkich osób starszych. Ze względu na często występujące w tym wieku choroby, często zaleca się seniorom stosowanie diety łatwo strawnej, na co wskazują m.in. Gabrowska i Sporadyk oraz Jabłoński i Kaźmierczak [18,19].

W codziennej diecie należy dostarczać mleka i przetworów mlecznych o obniżonej zawartości tłuszczu, jako znaczącego źródła białka i wapnia. W badaniach własnych 38,9% osób deklarowało codzienne spożywanie mleka lub napojów mlecznych. Zbliżony wynik uzyskano w badaniach przeprowadzonych w 2009 roku wśród 55 słuchaczy UTW w Słupsku, gdzie na codzienną konsumpcję mleka i jego przetworów wskazywało 44% badanych [20] oraz w badaniach CBOS-u, w których 44% respondentów deklarowało codzienne spożycie tych produktów [7]. Natomiast w badaniu przeprowadzonym przez Tokarza i wsp. wykazano niewystarczające spożycie mleka i jego przetworów, które nie pokrywało dobowego zapotrzebowania na wapń [9]. Podobnie niekorzystny wynik uzyskano także w badaniach przeprowadzonych przez Goluch-Koniuszy i Fabiańczyk [5] oraz Całyniuk i wsp. [14]. W badaniu Dubuisson i wsp., przeprowadzonym w latach 2006-2007 wśród 1922. Francuzów w wieku 18-79 lat, odnotowano tendencję do zmniejszania konsumpcji mleka w porównaniu z wynikami uzyskanymi w badaniu prowadzonym w latach 1998-1999 [21].

Jak pokazują wyniki badań własnych, słuchacze UTW najczęściej spożywali mięso i/lub wędliny 2-3 razy w tygodniu (39,2% badanych osób). Z kolei w badaniach prowadzonych przez CBOS, mięso i jego przetwory konsumowało każdego dnia 29% badanych, a 63% z nich spożywało je kilka razy w tygodniu [7]. Jak wykazała Górecka i wsp., osoby starsze mieszkające wraz z rodziną, najczęściej konsumują kurczaka, chudą wieprzowinę oraz wysokogatunkowe wędliny, a pensjonariusze DPS – wędliny z mięsa kurczaka, wołowinę i kurczaka [22]. Natomiast odmienne wyniki otrzymał Tokarz i wsp. wg których osoby starsze spośród produktów mięsnych, najczęściej włączają do swojego menu wieprzowinę (67% osób), a następnie drób (24%) [23].

Ryby i ich przetwory stanowią ważny składnik pożywienia człowieka, gdyż dostarczają cennych kwasów tłuszczowych n-3, dlatego powinno się je uwzględniać w jadłospisie przynajmniej 2 razy w tygodniu. Niepokojąco niskie spożycie ryb odnotowano w badaniach własnych, wg których 54,7% spośród badanych osób spożywało je okazjonalnie, a jedynie 40,5% badanych- 2-3 razy w tygodniu. Natomiast z badań przeprowadzonych wśród słuchaczy UTW w Słupsku wynika, że 70% kobiet spożywało ryby raz na tydzień, a 50% mężczyzn 2-3 razy w ciągu tygodnia [20]. Z kolei Suliga dowiodła, że spośród dorosłych i starszych mieszkańców województwa świętokrzyskiego i województw ościennych, 49,4% osób spożywało ryby kilka razy w miesiącu, natomiast 27,7% - rzadziej niż raz w ciągu miesiąca [13]. Również w badaniach Góreckiej i wsp. wykazano niewystarczające spożycie ryb, zarówno wśród pensjonariuszy DPS, jak i osób starszych zamieszkujących wraz z rodziną [22]. Niewystarczające spożycie ryb dotyczy większości grup wiekowych zarówno populacji polskiej i europejskiej. W raporcie dotyczącym przemysłu rybnego w UE, w którym m.in. dokonano porównania ilości ryb spożywanych przez mieszkańców krajów europejskich wykazano, że średnioroczna konsumpcja ryb w 27 krajach UE wynosiła 22 kg/osobę. W 2005 roku, największym spożyciem ryb i owoców morza wykazała się ludność Portugalii (57 kg/osobę/rok), natomiast drugie miejsce zajęli Hiszpanie (45 kg/osobę/rok). Polska uplasowała się na szóstym miejscu od końca, z konsumpcją wynoszącą wówczas 8,6 kg/osobę/rok. Jednocześnie podkreślono, że jest to spadek konsumpcji o 8% w porównaniu z rokiem 1996. Gorzej od populacji polskiej wypadli jedynie Słoweńcy, Słowacy, Węgrzy, Bułgarzy i Rumuni [24].

Wprowadzenie do diety tłuszczu pochodzenia roślinnego wpływa na pozytywne zmiany w zawartości cholesterolu i trójglicerydów we krwi, zapobiegając rozwojowi wielu chorób, w tym m.in. miażdżycy. 85,5% badanej grupy słuchaczy UTW deklarowało stosowanie oleju/oliwy do smażenia potraw. Również Całyniuk i wsp. wskazali na używanie oleju roślinnego, jako produktu najczęściej stosowanego do smażenia przez osoby starsze [14]. Z kolei Varela-Moreiras i wsp., w badaniu dotyczącym oceny spożycia poszczególnych grup żywności wśród mieszkańców Hiszpanii, wykazali znaczny spadek (w stosunku do okresu wcześniejszego) spożycia oliwy z oliwek, jako produktu uznawanego za typowy w diecie śródziemnomorskiej [25]. Natomiast odmienne wyniki, od wyników badań własnych uzyskali Tokarz i wsp. Wykazali oni, że tłuszczem najczęściej stosowanym do celów kulinarnych była margaryna [23].

Zgodnie z zaleceniami żywieniowymi, warzywa i owoce należy spożywać kilka razy dziennie (w tym 3 porcje warzyw i 2 porcje owoców). Produkty te dostarczają witamin antyoksydacyjnych, składników mineralnych, a także błonnika pokarmowego, który reguluje czynność przewodu pokarmowego. Wyniki badań własnych pokazują, że odpowiednio 39,9% oraz 45,3% badanej grupy słuchaczy UTW spożywało warzywa i owoce raz dziennie. Podobne wyniki uzyskała Suliga, która wykazała, że badane przez nią osoby starsze także najczęściej spożywały zarówno owoce, jak i warzywa raz dziennie (odpowiednio 31,3% i 34,9% odpowiedzi) [13]. Natomiast w badaniach przeprowadzonych wśród słuchaczy UTW w Słupsku, codzienną konsumpcję świeżych owoców deklarowało 67%, natomiast warzyw 53%

osób [20]. W badaniu WOBASZ, obejmującym 1237 osób zamieszkujących tereny województwa łódzkiego i lubelskiego, wykazano optymalne spożycie warzyw i owoców (5 porcji dziennie), wśród 57,9% badanych [26]. Natomiast w badaniach przeprowadzonych przez Dubuisson i wsp. wśród Francuzów w wieku 55-79 lat, wykazano tendencję do zwiększenia konsumpcji świeżych warzyw i owoców, zwłaszcza wśród kobiet, w porównaniu z wynikami uzyskanymi w badaniu prowadzonym w latach wcześniejszych [21].

Wyniki badań własnych wskazały, że 74,3% badanej grupy słuchaczy UTW nie spożywało dań typu fast-food. Korzystniejsze wyniki uzyskali autorzy podczas badania słuchaczy UTW w Słupsku - wykazali oni, że 86% seniorek i 92% seniorów nie jadało tego typu żywności [20]. Natomiast Dubuisson i wsp. wykazała malejącą tendencję, dotyczącą spożycia hamburgerów przez mężczyzn i rosnącą na przestrzeni lat tendencję odnośnie spożycia tych produktów wśród kobiet [21].

Osoby starsze powinny wypijać co najmniej 6-8 szklanek płynów w ciągu doby, co jest bardzo istotne w tej grupie wiekowej, która jest szczególnie narażona na odwodnienie. Wyniki badań własnych pokazały, że 45,3% badanych osób wypijało najczęściej 4-6 szklanek płynów w ciągu dnia. Podobnie, niewystarczającą ilość płynów w diecie badanych osób stwierdzili Goluch-Koniuszy i Fabiańczyk [5] oraz Suliga [13].

Wśród osób starszych często istnieje konieczność suplementacji witaminy D i B12 oraz wapnia. Analizując spożycie suplementów diety wykazano, że ich stosowanie deklarowało 52,7% słuchaczy UTW, z czego regularne 17,2%, a sezonowo 35,5%. Zbliżone wyniki uzyskano w badaniu przeprowadzonym wśród 3217. seniorów w Wielkiej Brytanii, w którym stwierdzono, że 57,5% kobiet i 45,4% mężczyzn zażywało przynajmniej jeden z suplementów diety, w trzymiesięcznym okresie poprzedzającym badanie [27], a także w badaniu Dąbrowskiej i wsp., gdzie po suplementy diety sięgało 60,5% kobiet objętych badaniem (z czego najwięcej w grupie wiekowej 35-90 lat) [28]. Natomiast korzystniej od wyników badań własnych prezentują się wyniki uzyskane przez Saran i Dudę, gdzie suplementy multiwitaminowe zażywało 64,8% spośród 1045. seniorów zamieszkujących Poznań, z czego 40% z nich stosowało suplementy regularnie [29].

Wyniki badań własnych wykazały, że 55,4% słuchaczy UTW spożywało alkohol okazjonalnie, a 41,6% w ogóle go nie spożywało. Wyniki zbliżone do wyników badań własnych otrzymali Suwała i Gerstenkorn, na podstawie badania przeprowadzonego wśród 828. osób w wieku powyżej 65. lat, zamieszkujących w Łodzi. Konsumpcję alkoholu deklarowało w nich 50,6% respondentów, natomiast abstynencję 49,4% osób objętych badaniem [30]. Natomiast w badaniu przeprowadzonym przez Goluch-Koniuszy i Fabiańczyk, 34% kobiet i 53% mężczyzn zadeklarowało spożywanie alkoholu [7].

Palenie tytoniu powoduje szereg negatywnych konsekwencji, takich jak choroby układów oddechowego i krążenia, a także nowotwory złośliwe. Wyniki badań własnych pokazują, że 91,9% badanej grupy słuchaczy UTW nie paliło papierosów, natomiast 6,1% z nich było regularnymi palaczami. Zbliżone wyniki badania otrzymała Pałczyńska i wsp., wg których 96% słuchaczy UTW w Słupsku w ogóle nie paliło [20] oraz Suwała i Gerstenkorn, w których osoby palące stanowiły 10,8% [30]. Z kolei w badaniach przeprowadzonych wśród mieszkańców trzech krajów europejskich wykazano, że największy odsetek kobiet nigdy nie palących odnotowano w Rosji (85%), a największy odsetek mężczyzn w Czechach (31%). Biorąc pod uwagę częstość palenia w Polsce, Rosji i Czechach, była ona najwyższa wśród rosyjskich mężczyzn (50%), a najniższa wśród rosyjskich kobiet (10%) [31].

Codzienna aktywność fizyczna jest bardzo istotna u osób starszych, gdyż zapobiega negatywnym zmianom w układach kostnym i immunologicznym, a także wpływa na poprawę samopoczucia. W badaniu własnym, regularne uprawianie sportu deklarowało 59,1% respondentów, z czego 30,4% uczestniczyło w organizowanych zajęciach sportowych a 28,7% organizowało je sobie samodzielnie. Podobne wyniki uzyskali w swoich badaniach Pałczyńska i wsp., którzy wykazali, że spośród słuchaczy UTW w Słupsku sport uprawiało 58% mężczyzn i 49% kobiet [20] oraz Głowacka i wsp., gdzie regularną aktywność fizyczną zadeklarowało 52% spośród badanych osób [10]. Odmienne wyniki uzyskano natomiast w badaniu WOBASZ, gdzie uprawianie sportu zadeklarowało jedynie 35% respondentów pochodzących z dwóch województw objętych badaniem [26].

Analiza elementów stylu życia badanej grupy słuchaczy UTW wykazała występowanie wielu nieprawidłowości, w tym w szczególności dotyczących sposobu odżywiania. Koniecznością jest więc zmiana tych zachowań, do czego mogłoby przyczynić się opracowanie i wdrożenie programu edukacji zdrowotnej, a upowszechnianie owego programu mogłoby zostać powierzone m.in. działającym w całej Polsce Uniwersytetom Trzeciego Wieku.

Wnioski

1. Analiza wybranych elementów stylu życia słuchaczy Uniwersytetów Trzeciego Wieku wykazała występowanie licznych nieprawidłowości, w tym głównie dotyczących sposobu odżywiania.

2. Stwierdzono średnią częstość występowania zachowań prawidłowych oraz występowanie zależności pomiędzy wskaźnikiem masy ciała BMI i częstością występowania tych zachowań.

Piśmiennictwo

1. Podstawowe informacje o rozwoju demograficznym Polski do 2012 roku. Główny Urząd Statystyczny, Departament Badań Demograficznych i Rynku Pracy Materiał na konferencję prasową w dniu 29 stycznia 2013 roku
2. Frąckiewicz J., Kałuża J., Roszkowski W., Brzozowska A.: Wpływ wybranych czynników stylu życia i czynników żywieniowych na umieralność osób starszych zamieszkałych w Warszawie i wsiach rejonu warszawskiego. Przegl Epidemiol 2009; 63: 433-437
3. Grzanka-Tykwińska A., Kędziora-Kornatowska K.: Znaczenie wybranych form aktywności w życiu osób w podeszłym wieku. Gerontol Pol 2010; 18, 1, 29-32
4. Worach-Kardas H.: Starzenie się populacji jako wyznacznik potrzeb zdrowotnych i wyzwanie dla zdrowia publicznego. Zdr Publ 2006; 116, 1, 128-13.
5. Goluch-Koniuszy Z., Fabiańczyk E.: Ocena stanu odżywienia i sposobu żywienia osób przebywających na emeryturze do 6 miesięcy. Roczn PZH 2010; 61, 2, 191-199
6. Kaczmarczyk M., Trafiałek E.: Aktywizacja osób w starszym wieku jako szansa na pomyślne starzenie. Gerontol Pol, 2007, 15, 4, 116-118.
7. http://www.cbos.pl/SPISKOM.POL/2009/K_157_09.
8. http://www.cbos.pl/SPISKOM.POL/2010/K_150_10.PDF
9. Tokarz A., Stawarska A., Kolczewska M.: Ocena jakościowa sposobu żywienia ludzi starszych zrzeszonych w wybranych warszawskich stowarzyszeniach społecznych. Cz. I. Bromat Chem Toksykol 2007; 40, 4, 359-364
10. Głowacka M.D., Kwapisz U., Frankowska A.: Wybrane elementy stylu życia i problemy zdrowotne osób po 50 roku życia. Zdr Publ 2011; 121, 2, 135-140
11. Gacek M.: Zachowania żywieniowe grupy osób starszych zamieszkałych w Polsce i Niemczech. Probl Hig Epidemiol 2008; 89, 3, 401-406
12. Jarosz M., Respondek W.: Suplementy diety- ich znaczenie u osób w wieku starszym. W: Jarosz M. (red.): Suplementy diety a zdrowie- porady lekarzy i dietetyków. PZWL, Warszawa 2008; 100-105
13. Suliga E.: Zachowania zdrowotne związane z żywieniem osób dorosłych i starszych. Hygeia Public Health 2010; 45, 1, 44-48
14. Całyniuk B., Muc-Wierzgoń M., Niedworok E. i wsp.: Sposób żywienia osób po 65 roku życia zamieszkałych na terenie wybranych miast Śląska. Cz. I. Zawartość energii i podstawowych składników pokarmowych w diecie. Żyw Człow Metabol 2008; 35, 4, 289-300
15. Flaczyk E., Górecka D., Kobus J., Szymandera-Buszka K.: Porównanie częstotliwości spożycia przetworów zbożowych wśród osób młodych i starszych. Żyw Człow Matabol 2007; 34, 1/2, 766-771
16. Smoleń E., Gazdowicz L., Żyłka-Reut A.: Zachowania zdrowotne osób starszych. Pielęgniarstwo XXI wieku, 2011; 36, 3, 5-9
17. Niedźwiedzka E., Wądołowska L.: Analiza urozmaicenia spożycia żywność w kontekście statusu socjoekonomicznego polskich osób starszych. Probl Hig Epidemiol 2010; 91, 4, 576-584
18. Gabrowska E., Spodaryk M.: Zasady żywienia osób w starszym wieku. Gerontol Pol 2006; 14, 2, 57-62

19. Jabłoński E., Kaźmierczak U.: Odżywianie się osób w podeszłym wieku. Gerontol Pol 2005; 13, 1, 48-54
20. Pałczyńska K., Tkachenko H., Kurhalyuk N., Szornak M.: Sposoby odżywania się osób w różnym przedziale wiekowym na przykładzie młodzieży Akademii Pomorskiej i studentów słupskiego Uniwersytetu Trzeciego Wieku. Materiały z Konferencji nt. Ekofizjologiczne uwarunkowania zdrowia człowieka. Starsi i młodsi - dziedzictwo mądrości, Słupsk, 14 października 2010; 84-99
21. Dubuisson C., Lioret S., Touvier M. et al.: Trends in food and nutritional intakes of French adults from 1999 to 2007: results from the INCA surveys. Br J Nutr 2010; 103, 7, 1035-1048
22. Górecka D., Czarnocińska J., Owczarzak R.: Częstotliwość spożycia wybranych produktów spożywczych wśród osób w wieku starszym zależnie od ich miejsca zamieszkania. Probl Hig Epidemiol 2011; 92, 4, 926-930
23. Tokarz A., Stawarska A., Kolczewska M.: Ocena sposobu żywienia osób starszych (60-96 lat) z wybranymi schorzeniami. Bromat Chem Toksykol 2008; 41, 3, 419-423.
24. http://skjol.islandsbanki.is/servlet/file/store156/item49487/20080418_Seafood_EU. pdf- Glitnir Seafood Research 2008; 1-21
25. Varela-Moreiras G., Ávila J.M., Cuadrado C., del Poza S., Ruiz E., Moreiras O.: Evaluation of food consumption and dietary patterns in Spain by the Food Consumption Survey: updated information. Eur J Clin Nutr 2010; 64, Suppl 3, 37-43
26. Kwaśniewska M., Bielecki W., Kaczmarczyk-Chałas K., Pikala M., Drygas W.: Ocena rozpowszechnienia zdrowego stylu życia wśród dorosłych mieszkańców województwa łódzkiego i lubelskiego- Projekt WOBASZ. Przegląd Lekarski 2007; 64, 2, 61-64
27. Denison H.J., Jameson K.A., Syddall H.E. et al.: Patterns of dietary supplement use among older men and women in the UK: Finding from the Hertfordshire Cohort Study. J Nutr Health Aging 2012;16, 4, 307-311
28. Dąbrowska A., Babicz-Zielińska E., Wolska K.: Postawy konsumentów wobec suplementacji diety preparatami witaminowymi. Probl Hig Epidemiol 2011; 92, 3,663-666
29. Saran A., Duda G.: Wpływ wybranych czynników na zakup i stosowanie przez osoby starsze witaminowo-mineralnych suplementów diety. Żywność Nauka Technologia Jakość 2009; 65, 4, 271-277
30. Suwała M., Gerstenkorn A.: Palenie tytoniu i picie alkoholu w wielkomiejskiej populacji osób w starszym wieku. Psychogeriatria Polska 2006; 3(4): 191-200
31. Boylan S., Welch A., Pikhart H. et al.: Dietary habits in three Central and Eastern European countries: the HAPIEE study. BMC Public Health 2009; 9, 439- 452

Streszczenie

Wstęp: Znamienną cechą obecnych czasów jest ciągły wzrost odsetka osób starszych w społeczeństwie. Sytuacja ta dotyczy także Polski. Popularnym wśród seniorów sposobem spędzania wolnego czasu jest uczestnictwo w zajęciach organizowanych przez Uniwersytety Trzeciego Wieku. Celem pracy była analiza stylu życia słuchaczy tych placówek, ocena częstości występowania zachowań prawidłowych oraz analiza zależności pomiędzy częstością występowania tych zachowań i wskaźnikiem masy ciała badanych osób.

Materiał i metodyka: Badania zostały przeprowadzone wśród 296 słuchaczy Uniwersytetów Trzeciego Wieku. Narzędziem badawczym był autorski kwestionariusz ankiety.

Wyniki: Badane osoby najczęściej spożywały 3 posiłki w ciągu dnia. Codzienne spożycie pieczywa pełnoziarnistego deklarowało 33,8%, mleka lub napojów mlecznych 38,9% natomiast serów twarogowych kilka razy w tygodniu 38,5% badanych. Badane osoby spożywały mięso i/lub wędliny najczęściej 2-3 razy w tygodniu, natomiast ryby najczęściej okazjonalnie. Warzywa raz dziennie spożywało 39,9%, natomiast owoce 45,3% słuchaczy. 52,7% osób deklarowało stosowanie suplementów diety. Badani słuchacze najczęściej spożywali alkohol okazjonalnie a ponadto deklarowali, że nie palą papierosów oraz że uprawiają sport regularnie, najczęściej uczestnicząc w organizowanych zajęciach sportowych.

Wnioski: Analiza wybranych elementów stylu życia słuchaczy Uniwersytetów Trzeciego Wieku wykazała występowanie licznych nieprawidłowości, w tym głównie dotyczących sposobu odżywiania. Stwierdzono średnią częstość występowania zachowań prawidłowych oraz występowanie zależności pomiędzy wskaźnikiem masy ciała BMI i częstością występowania tych zachowań.

Słowa kluczowe: styl życia, sposób żywienia, seniorzy

Procentowa zawartość tkanki tłuszczowej w jamie brzusznej kobiet mierzona metodą bioimpedancji elektrycznej

Gabriela Wanat, Mateusz Grajek, Marcin Osowski

Otyłość u dorosłych osób jest czynnikiem ryzyka wielu chorób metabolicznych, takich jak: cukrzyca typu II, nadciśnienie, hipertriglicerydemia, insulinooporność. Rozróżnia się trzy typy otyłości [1]. Dwa z nich z wysoką wartością wskaźnika masy ciała (BMI>30 kg/m^2), różnią się występowaniem współistniejących zaburzeń metabolicznymi. W typie z prawidłowym profilem metabolicznym (20% osób otyłych) obserwuje się niski depozyt tłuszczu brzusznego, tj. poniżej 100 cm^2 w badaniu tomokomputerowym i obwodem talii poniżej 102 cm u mężczyzn oraz 88 cm u kobiet [1]. Hipoteza o trzecim typie otyłości pojawiła się pierwszy raz w pracy Rudermana i wsp. [2], która wyjaśnia występowanie insulinooporności (wartość wskaźnika HOMA>1,30; Homeostasis Model Assesment), podwyższonego stężenia triglicerydów (powyżej 150,0 mg/dl) oraz nieznacznie podwyższonego ciśnienia tętniczego u osób szczupłych osób z prawidłową wartością wskaźnika masy ciała (BMI <25 kg/m^2)[2,3]. Depozyt tkanki tłuszczowej trzewnej (zlokalizowanej centralnie) przekracza 130 cm^2 w badaniu tomokomputerowym jamy brzusznej, odsetek tkanki tłuszczowej całkowitej jest powyżej 35% i obserwowana jest niska masa beztłuszczowa. Szacuje się, że ten typ otyłości może występować u 13-18% osób pomiędzy 20 – 40 rokiem życia [1].W połowie XX-tego (Vague i wsp. 1956 r.) wieku zaobserwowano, że tkanka tłuszczowa zlokalizowana centralnie i osoby z widoczną otyłością brzuszną charakteryzowało większe ryzyko zdrowotne. Typ otyłości androidalnej jest związany z preferencyjnym osadzaniem się tłuszczu w przestrzeniach wewnętrznych i narządach wewnętrznych, co jest znaczącym czynnikiem ryzyka cukrzycy, zespołu metabolicznego i chorób sercowo-naczyniowych i mogą być spowodowane większą zawartością tłuszczu i trójglicerydów w osoczu oraz wyższą zawartością tłuszczu trzewnego [4]. Choć otyłość brzuszna jest określana jako akumulacja zarówno podskórnej tkanki tłuszczowej i tkanki tłuszczowej trzewnej, nadmiar akumulacji tej drugiej wydaje się odgrywać bardziej znaczącą rolę w patogenezie zespołu metabolicznego [3]. Mniej ryzykowna dla zdrowia jest otyłość gynoidalna gdy tłuszcz zostaje zmagazynowany w magazynach zewnętrznych czyli pod skórą. Badania Karelisa i wsp. oraz innych badaczy pozwoliły ustalić, że całkowita ilość tkanki tłuszczowej i jej rozmieszczenie są czynnikami ryzyka chorób układu krążenia i cukrzycy [5,6].

W celach profilaktycznych i wczesnym rozpoznawaniu otyłości typu brzusznego przez długi okres czasu podstawowym badaniem było określenie obwodu talii i porównanie go do obwodu bioder (WHR; Waist-Hip-Ratio) [5]. Niedokładność wskaźnika WHR polega jednak na tym, że o ile jest pomocny w ocenie ryzyka chorób metabolicznych podczas początkowego pomiaru o tyle w trakcie zmniejszania się masy ciała wskaźnik nie pokazuje poprawy ponieważ obwody zmieniają się równocześnie. Obecnie w profilaktycznej i nieinwazyjnej ocenie zawartości tkanki tłuszczowej w organizmie oblicza się wskaźnik BMI, mierzy się obwód pasa lub/i fałdu skórnego [7]. Pomiary antropometryczne korelują z całkowitą ilością tkanki tłuszczowej, która wpływa na masę ciała, aczkolwiek nie dają obrazu dystrybucji tkanki tłuszczowej w organizmie ani jej dokładnej zawartości [5,7,8]. Obwód mierzony na wysokości talii silnie koreluje z ilością tkanki tłuszczowej brzusznej mierzoną metodami obrazowymi i może reprezentować depozyt tkanki tłuszczowej visceralnej. Aczkolwiek sam pomiar nie poparty innymi badaniami antropometrycznymi może wskazywać na błędną ocenę ryzyka [6].

Dopiero wynalezienie technik obrazowania, takich jak tomografia komputerowa (CT) i rezonans magnetyczny ostatecznie pozwoliły na zobrazowanie depozytu tkanki tłuszczowej w organizmie. Inne możliwe techniki pomiaru składu ciała i oceny ilości tkanki tłuszczowej to: ultrasonografia, dwuwiązkowa absorpcjometria promieni rentgenowskich (DEXA), dwuwiązkowa absorpcjometria fotonowa, rezonans megnetyczny, techniki z zastosowaniem izotopów, analiza bioimpedancji elektrycznej (BIA, Bioelectrial Impedance Analysis). Nowoczesne metody pomiaru zawartości i rozmieszczenia tkanki tłuszczowej są drogie w użytkowaniu, co ogranicza ich zastosowanie w profilaktyce [9]. W przeciwieństwie do metody BIA, która jest prostą, szybką i nieinwazyjną metodą szacowania składu ciała. Metoda określa elektryczną impedancję tkanek ciała i bezpośrednio prowadzi do oznaczenia poziomu wody w organizmie (TBW; total body water). Na podstawie tego wskaźnika urządzenie szacuje poziom beztłuszczowej masy ciała (FFM; fat free mass) i poziom tkanki tłuszczowej całkowitej (BF; body fat). Urządzenie oznacza zawartość tkanki beztłuszczowej na podstawie zawartości wody i elektrolitów, które przewodzą prąd. Tkanka tłuszczowa jest dużo gorzej uwodniona i z tej przyczyny ma gorsze przewodnictwo. Te podstawowe pomiary służą nie tylko do określania stopnia otyłości, ale również są wykorzystywane przy szacowaniu masy komórkowej (body cell mass) i wody całkowitej w różnych stanach chorobowych. Impedancję komórek oznacza się mierząc opór komórek na przepływający prąd zmienny o małym natężeniu (mniejszym niż 1mA). Dostępne są liczne wzory do oszacowania TBW i FFM jako funkcji na podstawie zmierzonej impedancji i masy ciała, wzrostu, płci i wieku. Jakkolwiek kalkulacje BIA są indywidualne, granica błędu oznaczania tkanki tłuszczowej może wynosić 10% z powodu różnic w aparaturze i metodologii badań. Metoda bioimpedacji elektrycznej jest tańsza dzięki czemu bardziej powszechna [10]. Dokładność badań zależy od przygotowania do pomiaru. Uważa się, że do badań porównawczych osoby powinny przystępować minimalnie ubrane, z niewielką zawartością treści w przewodzie pokarmowym (faza poabsorpcyjna ok. 3 godziny od ostatniego posiłku), z opróżnionym pęcherzem. Całkowita zawartość wody (TBW) ulega fluktuacji w ciągu dnia +/- 5%, która jest spowodowana fizjologicznymi procesami, konsumpcją pokarmów. Większych wahań można się spodziewać w trakcie chorób, zwłaszcza nerek [11].

Cel pracy

Celem pracy było porównanie zawartości tkanki tłuszczowej w korpusie (TF%; trunk fat), tkanki trzewnej (VF; visceral fat) oraz obwodu mierzonego na wysokości pępka u kobiet w wieku między 20 a 45 rokiem życia, a następnie porównanie wyników analizy do obowiązujących norm oraz ocena zależności VF od wartości BMI, wieku i zawartości TF% w korpusie i określenie procentu osób z otyłością trzeciego typu.

Materiał i metodyka

Badaniem objęto 97 kobiet w wieku 20 - 45 lat zamieszkałych na terenie województwa śląskiego. Wskaźnik względnej masy ciała (BMI: min. 18,7 max. 32,5) obliczono na podstawie pomiaru masy ciała na urządzeniach BC-601 i MC-980MA firmy TANITA. Jako metodę pomiaru zawartości procentowej tkanki tłuszczowej korpusu zastosowano bioimpedancję elektryczną z użyciem urządzenia AB - 140 TANITA i zachowaniem wszystkich wymogów warunkujących dokładność pomiaru. Pomiary odbywały się podczas bezpłatnej akcji profilaktycznej. Badanie odbywało się na terenie Śląska w poradni dietetycznej od lipca do sierpnia 2014 roku. Taki charakter przeprowadzonych badań spowodował, że do badania dobrowolnie zgłaszały się osoby pomiędzy 20 a 45 rokiem życia. Z uczestnikami badania dietetyk przeprowadził wywiad na podstawie autorskiego kwestionariusza ankiety, który zawierał metryczkę i pytania o zdiagnozowane choroby oraz zażywane leki. Zdiagnozowane choroby przewlekłe typu cukrzyca, zespół metaboliczny, choroby sercowo-naczyniowe decydowały o wykluczeniu pomiarów z dalszej analizy. W badanej grupie nie odnotowano chorób nerek, które mogłyby w znaczący sposób wpłynąć na całkowity poziom wody w organizmie a w konsekwencji na wiarygodność pomiaru. Do badania zgłaszali się również mężczyźni, ale w związku z tym że stanowili bardzo małą i niereprezentatywną grupę ich pomiary nie zostały wzięte pod uwagę w końcowej analizie. Z końcowej analizy wykluczono również kobiety z BMI <18,5. Osoby już w trakcie rejestracji na badanie zostały poinformowane, że pomiar może odbyć się minimum 3 godziny po posiłku i po wcześniejszym opróżnieniu pęcherza. Pomiar odbywał się po odpoczynku, a badane nie miały intensywnego wysiłku w ciągu 48 godzin poprzedzających badanie. Osoby badane nie trenowały zawodowo i intensywnie co najmniej 6 miesięcy przed badaniem. Oceniano następujące parametry: TF%, VF oraz obwód na wysokości pępka (umbilical level).

Wyniki

Strukturę wieku badanej grupy przedstawia rycina 1. Najliczniejszą grupę stanowiły osoby w wieku 20-24 lat.

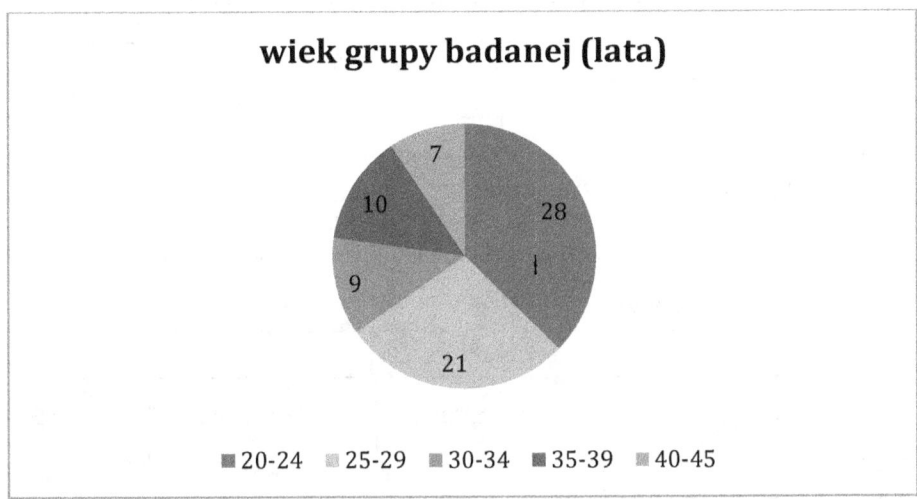

Rycina 1. Struktura badanej grupy z uwzględnieniem wieku.

Tabela I. Średnie wyniki pomiarów TF% i VF z podziałem na wiek [%]

Aparatura	Wiek (lata)				
	20-24 (N=28)	25-29 (N=21)	30-34 (N=9)	35-39 (N=10)	40-45 (N=7)
AB-140 TF[%]	27,48	21,02	23,18	23,01	24,93
AB-140 VF	3,88	2,81	5,00	4,60	7,50
NORMA TF	1	1	1	1	1
NORMA VF	1	1	1	1	2
BMI [średnia]	20,93	21,09	21,14	21,58	21,96

Najwyższy średni wynik pomiaru TF% wynosił 24,93 [%] a najniższy 21,02 [%]. Oba według skali aparatury AB – 140 mieściły się w normie. Średnia z pomiarów VF również mieściła się w normie, pomimo, że w grupie wiekowej 40 - 45 lat średnia wyników mieściła się już w przedziale wyższym (2) i miała wartość 7,50.

Tabela II. Normy TF% i VF dla urządzenia AB -140 [13]

TF [%]		VF	
24,3 - <29,4	1	1,0 - 6,0	1
29,4 - <39,5	2	6,5 - 12,5	2
39,5 - <44,5	3	13,0 - 15,0 (>130 cm²) powyżej normy	3
44,5 - <54,6 powyżej normy	4		

Tabela III. Średnie wyniki pomiarów TF i VF z podziałem wg BMI [%]

Aparatura	Wartość wskaźnika Body Mass Index		
	18,5-24,9 (N=76) waga prawidłowa	25,0-29,9 (N=11) nadwaga	30-39,9 (N=10) otyłość
AB-140 TF[%]	24,36	37,82	38,69
AB-140 VF	4,14	8,74	11,9
BMI [średnia]	21,18	26,93	32,03
NORMA TF	1	2	2
NORMA VF	1	2	2

Najwyższy średni wynik pomiaru TF% 38,69 [%] i VF o wartości 11,9 był w grupie ze wskaźnikiem BMI >30kg/m². Najniższy TF% 24,36[%] i VF o wartości 4,14 w grupie z prawidłowym wskaźnikiem BMI (<24,9kg/m²). Według skali aparatury wyniki mieściły się w prawidłowej normie.

Tabela IV. Uśrednione parametry w zależności od zawartości TF%

Parametry	TF% [9] (N=97)			
	1 [24,3 - < 29,4] N=32	2 [29,4 - < 39,5] N=26	3 [39,5 - < 44,5] N=20	4 [44,5 - <54,6] N=19
Wiek [średnia]	24,67	24,67	36,83	39,60
Obwód [cm]	81,61	87,58	97,17	115,20
TF% [średnia]	26,83	34,29	42,22	50,26
VF	3,69	5,38	9,18	12,00
NORMA VF[9]	1	1	2	2
BMI	21,47	22,20	26,48	32,48

Największy średni obwód mierzony na wysokości pępka i VF (115,2 cm; 50,26) był w przedziale TF% (44,5 - <54,6) powyżej normy – 4. Natomiast najniższy (81,61 cm; 3,69) w przedziale 1 (24,3 - < 29,4). Średni poziom tkanki tłuszczowej trzewnej mieścił się w przedziale prawidłowej normy.

Dyskusja

W podziale na grupy wiekowe zawartość tkanki tłuszczowej w korpusie (TF%) i tkanki tłuszczowej trzewnej (VF) mieściła się w przedziale niskiej normy (1 - 24,3% - < 29,4%). Tkanka tłuszczowa trzewna i tkanka tłuszczowa korpusu wzrastały w kolejnych grupach wiekowych. Wyjątek stanowiła grupa kobiet w wieku między 20-24 rokiem życia gdzie oba te wskaźniki były wyższe niż w grupie starszej. W badaniu Janiszewskiej [14] średnia zawartość tkanki tłuszczowej trzewnej wśród studentów, zarówno kobiet jak i mężczyzn, w wieku 20-24 lata wynosiła w badaniu 8,85 przy małej aktywności fizycznej, a przy większej aktywności fizycznej 5,68.[14] W badaniu własnym u młodych kobiet w tym samym wieku i o przeciętnej, nie intensywnej aktywności fizycznej wartość VF była niższa 3,88. Na różnicę pomiarów może wpływać dobór grupy badanej, ponieważ średnio u mężczyzn VF stanowi do 20% całkowitej ilości tłuszczu a u kobiet 5-8%.[3] Zastosowanie BIA jest bardzo powszechne ze względu na prostotę i dostępność danej metody. Jakkolwiek kalkulacje BIA są indywidualne, granica błędu oznaczania tkanki tłuszczowej może wynosić 10% z powodu różnic w aparaturze i metodologii badań. Równania i ich zmienne różnią się podobnie jak wybór metody referencyjnej [13,17].

Obliczanie wskaźnika BMI ma na celu ocenę stanu odżywienia i określenie w dalszej perspektywie ryzyka wystąpienia chorób metabolicznych współwystępujących. Badania potwierdziły silną korelację BMI z całkowitą zawartością tkanki tłuszczowej w organizmie [7]. Używany jako wskaźnik otłuszczenia ciała jest zależny od wieku i płci [15]. Według raportu World Health Organisation (WHO) z 1998 r. zaktualizowanego w roku 2004 dotyczącego postępowania i prewencji otyłości na świecie wskaźnik BMI został uznany za przydatny w profilaktyce nadwagi i otyłości [12,16]. Uwzględniając podział grupy badanych kobiet ze względu na wskaźnik BMI widoczny jest wzrost tkanki tłuszczowej w korpusie i tkanki trzewnej w zależności od wielkości wskaźnika. W grupie kobiet otyłych (BMI = 30 - 39,9) poziom tkanki trzewnej wynosił 11,9, ale nie przekroczył granicy normy dla aparatury (13=130cm^2). W grupie kobiet ze wskaźnikiem BMI > 30 kg/m^2 tkanka tłuszczowa korpusu i tkanki trzewnej mieściły się w normie, czyli w organizmie znajdowała się teoretycznie taka ilości tkanki tłuszczowej, która nie podwyższa ryzyka zmian metabolicznych. Badane kobiety nie chorowały na cukrzycę, choroby układu krwionośnego, ani zaburzenia lipidowe. Otyłość dzielimy na typy wśród których wyodrębnia się tą ze wskaźnikiem BMI powyżej 30 kg/m^2, ale bez zmian metabolicznych [6]. Wzrost zawartości tkanki tłuszczowej korpusu i tkanki trzewnej jest powiązany ze wzrostem wskaźnika BMI. Nie można natomiast jednoznacznie potwierdzić, że przy jego wzroście powyżej 30 kg/m^2 osoba jest otyła w rozumieniu nadmiaru tkanki tłuszczowej i dlatego nadal konieczne są dodatkowe pomiary innymi metodami antropometrycznymi. Biorąc pod uwagę zawartość tkanki tłuszczowej w korpusie wraz ze wzrostem jej zawartości rośnie obwód mierzony na wysokości pępka i wzrasta wartość VF. Nawet jeżeli tkanka tłuszcza korpusu wzrasta ponad normę, tkanka tłuszczowa trzewna pozostaje w granicach prawidłowej normy.

Zaburzenia metaboliczne u dorosłych osób są często związane z otyłością a ich stan polepsza się po wprowadzeniu reżimu kalorycznego. Są jednak pacjenci z tymi zaburzeniami, którzy nie są otyli według standardowych tabel masy ciała lub innych kryteriów antropometrycznych. Możliwość poprawy ich profilu metabolicznego upatruje się w zwiększeniu aktywności fizycznej z jednoczesnym reżimem kalorycznym [2,18].

Wnioski

Na podstawie przeprowadzonych badań oraz analizy dostępnego piśmiennictwa można zaproponować następujące wnioski:

- Ze wzrostem wskaźnika BMI wzrastała TF%, w tym wartość VF.
- Zawartość TF% i VF zwiększa się wraz z wiekiem.
- Ze wzrostem zawartości TF% rośnie obwód mierzony na wysokości pępka i wartość VF.
- Nie zaobserwowano typu otyłości z prawidłową wartością wskaźnika BMI i wysokim VF.

Piśmiennictwo

1. Milewicz A.: Fenotypy otyłości a skład masy ciała i profil metaboliczny. Endokrynologia, Otyłość i Zaburzenia Przemiany Materii 2005; 1 (1): 15–19
2. Karelis AD., St-Pierre DH., Conus F., Rabasa-Lhoret R., Poehlman ET.: Metabolic and body composition factors in subgroups of obesity: what do we know?; J Clin Endocrinol Metab. 2004;89(6): 2569-75.
3. Mohamed, EI., De Lorenzo A. : Mathematical models and their application in body composition research.; Acta Diabetol (2003) 40:S3–S8
4. Browning L,M., Dong Hsieh S., Ashwell M.: A systematic review of waist-to-height ratio as a screening tool for the prediction of cardiovascular disease and diabetes: 0·5 could be a suitable global boundary value; Nutrition Research Reviews 2010; 23, 247–269
5. Socha M., Karmińska K., Chwałczyńska A.: Porównanie zawartości tkanki tłuszczowej u młodych nieotyłych kobiet i mężczyzn oznaczonej metodą bioimpedancji (wersja bi- i tetrapolarna) i metodą fotooptyczną; Endocrinology, Obesity and Metabolic Disorders 2010; 6 (1), 18–25
6. Cyganek K., Katra B., Sieradzki J.: Porównanie pomiarów tkanki tłuszczowej u otyłych pacjentów z zastosowaniem metody bioimpedancji elektrycznej i densytometrycznej; Diabetologia Kliniczna 2007; 473-478

7. National Institutes of Health Technology Assesment Conference Statement: Bioelectrical impedence analysis in body composition measurment; Am J Clin Nutr 1996; 64: 524S-32S.
8. Seoung Woo L., Joon Ho S., Gyeong AK, Kyong Joo L., Moon-jae K.: Nephrology Dialysis Transplantation Assessment of total body water from anthropometry-based equations using bioelectrical impedance as reference in Korean adult control and haemodialysis subjects; Nephrol Dial Transplant 2001; 16: 91–97
9. Abdominal Fat Analyser AB-140; Instructions Manual ViScan: dostęp [11.11.2014] – http://f1c6e.skroc.pl
10. De Lorenzo A., Deurenberg P. Pietrantuono M., Di Daniele M., Cervelli N., Andreoli, AV: How fat is obese?; Acta Diabetol 2003; 40:S254–S257
11. WHO (1998) Obesity: Preventing and managing the global epidemic. Report on a WHO Consultation on Obesity, Geneva, 3–5 June, 1997 WHO/NUT/NCD/98.1, WHO, Geneva, Switzerland
12. Browning LM., Mugridge O., Chatfield MD., Dixon AK., Aitken SW., Joubert I., Prentice, AM., Jebb SA.: Validity of a New Abdominal Bioelectrical Impedance device to Measure Abdominal and Visceral Fat : comparison With MRI. Obesity 2009; 18(12): 2385-2391
13. Janiszewska R.: Ocena składu ciała metodą bioelektrycznej impedancji u studentów o różnym stopniu aktywności fizycznej; Medycyna Ogólna i Nauki o Zdrowiu 2013; 19(2) 173–176
14. Nakamura, TW., Abdul HM.: Abdominal Fat : Standardized Technique for Measurement at CT 1; Radiology 1999; 211:283–286
15. Ruderman NB, Schneider SH, Berchtold P: The "metabolically-obese," normal-weight individual; Am J Clin Nutr., 1981; 34(8):1617-21.
16. WHO Expert Consultation: Appropriate body-mass index for Asian populations and its implications for policy and intervention strategies; Lancet. 2004;10;363(9403):157-63.
17. Freedland E.S.: Role of a critical visce- ral adipose tissue threshold (CVATT) in metabolic syndrome: implications for controlling dietary carbohydrates: a review; Nutr. Metab. 2004; 1: 12–24.
18. Gallagher D, Visser M, Sepulveda D, Pierson RN, Harris T, Heymsfield SB (1996) How useful is BMI for comparison of body fatness across age, sex and ethnic groups. Am J Epide- miol 143:228–239

Streszczenie

Wstęp. Otyłość jest czynnikiem ryzyka wielu chorób metabolicznych. W piśmiennictwie rozróżnia się trzy typy. Najtrudniejszy do identyfikacji jest typ o niskim wskaźniku BMI (<25kg/m²), ale wysokim depozycie tkanki tłuszczowej trzewnej. Pomiar bioimpedancji elektrycznej okolic brzucha pozwala na określenie procentowej zawartości tkanki tłuszczowej w korpusie i ocenę ryzyka wystąpienia zaburzeń metabolicznych.

Cel. Celem pracy było porównanie zawartości tkanki tłuszczowej w korpusie (TF%), tkanki trzewnej (VF) oraz obwodu korpusu u kobiet w wieku między 20 a 45 rokiem życia.

Materiał i metodyka. Grupą badaną było 97 kobiet w wieku 20 - 45 lat. Oceniano następujące parametry: TF%, VF oraz obwód mierzony na wysokości pępka. Zawartość procentową tkanki tłuszczowej korpusu mierzono urządzeniem typu AB-140 Viscan (BIA).

Wyniki. Najwyższe wyniki pomiaru TF% 38,69[%] i VF o wartości 11,9 był w grupie ze wskaźnikiem BMI >30kg/m2. Poziom tkanki tłuszczowej trzewnej mieścił się w przedziale prawidłowej normy.

Wnioski. Ze wzrostem wartości BMI rośnie zawartości tkanki tłuszczowej korpusu. Depozyt tkanki tłuszczowej korpusu zwiększał się wraz z wiekiem, począwszy od 25 roku życia. Procentowa zawartość tkanki tłuszczowej korpusu przekraczająca normę nie oznaczała nadmiaru tkanki trzewnej.

Słowa kluczowe: tkanka tłuszczowa korpusu, tłuszcz trzewny, otyłość brzuszna, kobiety, bioimpedancja elektryczna

Ocena jadłospisów w żłobku miejskim w Bielsko-Białej

Izabela Maciejewska-Paszek, Anna Kastura, Katarzyna Leszczyńska,
Henryk Szczerba, Tomasz Irzyniec

W trakcie pierwszych trzech lat życia dziecka zaobserwować możemy jego intensywny rozwój fizyczny, umysłowy i motoryczny. W tym okresie zmienia się również sposób żywienia. Żywienie charakterystyczne dla okresu niemowlęcego zostaje zastąpione żywieniem typowym dla osób dorosłych, zapotrzebowanie na składniki odżywcze dziecka trzyletniego jest inne niż u osoby dorosłej [1].

Odżywianie to ważny czynnik wpływający na rozwój człowieka, jego zdrowie oraz sprawność. Dlatego też odgrywa znaczącą rolę w okresie wczesnego dzieciństwa, w którym wzrasta zapotrzebowanie na związki energetyczne i budulcowe. Składniki odżywcze dostarczane w nadmiarze lub w ilości niewystarczającej mogą mieć, negatywny wpływ zarówno na rozwój fizyczny jak i umysłowy dziecka, a także na wystąpienie chorób cywilizacyjnych w przyszłości [2].

W zaleceniach dotyczących bezpiecznego żywienia dzieci w wieku 1-3 lat szczególnie ważna jest wartość energetyczna i odżywcza diety dziecka, udział wszystkich grup produktów spożywczych oraz liczba posiłków przypadających na całodzienne zaplanowane racje pokarmowe [3]. Prawidłowy czyli pełnowartościowy dobowy jadłospis dziecka powinien zawierać produkty z pięciu grup:

- Mięso, ryby, wędliny, jaja
- Mleko i jego przetwory
- Warzywa i owoce
- Przetwory zbożowe
- Tłuszcze roślinne [4].

W styczniu 2013 roku Instytut Matki i Dziecka opublikował nowe zalecenia dotyczące żywienia dzieci w wieku 1-3. Należy pamiętać, że przenoszenie niektórych zasad nieprawidłowego żywienia osób dorosłych na dzieci może być przyczyną wystąpienia w przyszłości chorób degeneracyjnych (miażdżyca, nadciśnienie tętnicze, otyłość, osteoporoza) oraz spowodować zaburzenie tempa ich rozwoju fizycznego i psychicznego [5]. Dziecko uczęszczające do żłobka przebywa w nim zazwyczaj około dziewięciu godzin, spędzając tam większą część dnia. Jego sposób żywienia zależny jest od posiłków podawanych w placówce. Pracownicy Stacji Sanitarno-Epidemiologicznych odpowiedzialni są za jakościową ocenę jadłospisów układanych w żłobkach. Natomiast wykorzystywane w placówkach programy komputerowe umożliwiają ocenę zawartości energii oraz podstawowych i dodatkowych składników odżywczych w dietach dzieci [6]. Jakościowa ocena jadłospisów dzieci uczęszczających do żłobka może przynieść praktyczne zastosowanie w niwelowaniu występujących błędów żywieniowych, które mogą rzutować na stan odżywiania dziecka, a tym samym powodować opóźnione wzrastanie, możliwość wystąpienia chorób, skłonność do różnych infekcji.

Celem niniejszej pracy była ocena jadłospisów dla dzieci w wieku 1–3 lat uczęszczających do Żłobka Miejskiego w Bielsku-Białej.

Materiał i metodyka

Po uzyskaniu zgody od Dyrekcji Żłobka Miejskiego w Bielsku-Białej przeprowadzono badanie ilości odżywczej jadłospisów dla dzieci w wieku pomiędzy pierwszym a trzecim rokiem życia. Jadłospisy zbierano przez okres trzech miesięcy (od sierpnia 2013 roku do listopada 2013 roku). Oceniono jedenaście zestawień żywieniowych wszystkich pełnych tygodni pracy Żłobka Miejskiego w Bielsku-Białej, które poddano dalszej analizie.

Ocena jadłospisów obejmowała 4 posiłki, tj.: pierwsze i drugie śniadanie, obiad oraz podwieczorek. Do badań wykorzystano program „INTENDENT" opracowany przez firmę „Han-Mar", przeznaczony jest dla intendentów, prowadzących stołówkę w żłobku, przedszkolu, szkole, domu dziecka, domu pomocy społecznej, ośrodku wychowawczym. System umożliwia zaplanowanie i ułożenie jadłospisów. Program oblicza zawartość kaloryczną (kalorii) i innych wartości odżywczych w przygotowanym jadłospisie. Na podstawie zebranych danych oszacowano wartość energetyczną, zawartość białek, tłuszczów i węglowodanów w podawanych posiłkach. Przeciętną podaż energii i składników pokarmowych porównano z normami żywienia dla dzieci w wieku 1-3 lat, opracowanymi przez IZŻ w Warszawie. Racje pokarmowe zostały również przebadane testem według Starzyńskiej, który jest metodą jakościową, punktową. Sprawdza ona dokładność prawidłowo zaplanowanego jadłospisu.

Ocena jadłospisów sporządzonych w Żłobku Miejskim w Bielsku- Białej pomogła ustalić, czy posiłki tam serwowane, przygotowywane były zgodnie z obecnie stosowanymi normami oraz czy pokrywały one zapotrzebowanie organizmu dziecka w wieku 1-3 lat na energię oraz składniki odżywcze w porównaniu z innymi autorami [7].

Wyniki

Analizie poddano jedenaście zestawień żywieniowych (pięć kolejnych dni od poniedziałku do piątku) pełnych tygodni pracy żłobka. Jadłospis składał się z czterech posiłków: dwóch dań głównych (śniadania i dwudaniowego obiadu) oraz dwóch uzupełniających (II śniadania oraz podwieczorku).

Posiłki przygotowywane były oraz wydawane na miejscu (Żłobek Miejski w Bielsku-Białej posiadał własną kuchnię). Dzieci spożywały posiłki na jadalniach.

Średnia wartość energetyczna potraw podawanych w Żłobku Miejskim w Bielsku-Białej podczas jedenastu tygodni badań wyniosła 945,4 kcal. Ryc. 1 przedstawia średnie wartości energetyczne analizowanych jadłospisów w żłobku z kolejnych 11 tygodni. Zaobserwować możemy, że najwyższą wartość 1000,2 kcal osiągnęła ona w pierwszym tygodniu badań, natomiast najniższą 881,2 kcal w tygodniu dziewiątym. Średnie wartości energetyczne z czwartego oraz piątego tygodnia są do siebie najbardziej zbliżone. Wartości z tygodnia: pierwszego, czwartego, piątego oraz dziewiątego w największym stopniu odbiegają od średniej wynoszącej 945,4 kcal, wyliczonej z pełnych jedenastu analizowanych tygodni. Wartości najbliższe średniej wynoszącej 945,4 kcal obserwujemy w tygodniu: drugim oraz jedenastym.

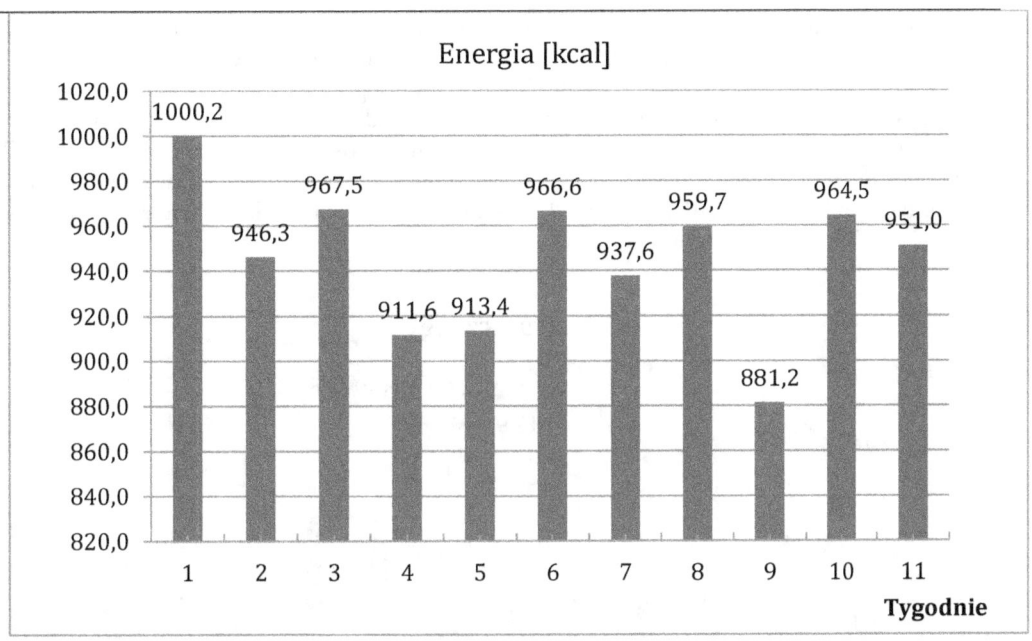

Rycina 1. Średnie wartości energetyczne analizowanych jadłospisów w żłobku z kolejnych 11 tygodni

Średnia wartość białka zawartego w potrawach podawanych w Żłobku Miejskim w Bielsku-Białej podczas jedenastu tygodni badań wyniosła 48,8 g. Analizując średnie wartości białka zawartego w potrawach z jedenastu kolejnych tygodni przedstawione na Ryc. 2, zaobserwować możemy, że najwyższą wartość 56,0 g osiągnęła ona w pierwszym tygodniu badań, natomiast najniższą 43,2 g w tygodniu dziewiątym. Średnie wartości energetyczne z trzeciego i siódmego tygodnia są do siebie zbliżone, różnią się jedynie o 0,1 g. Sytuacja w tygodniu drugim i dziewiątym wygląda podobnie, a różnica wynosi 0,5 g.

Wartości z tygodnia: pierwszego, czwartego, piątego i siódmego w największym stopniu odbiegają od średniej wynoszącej 48,8 g, wyliczonej z pełnych jedenastu analizowanych tygodni. Wartości najbliższe średniej wynoszącej 48,8 g obserwujemy w tygodniu: szóstym oraz ósmym.

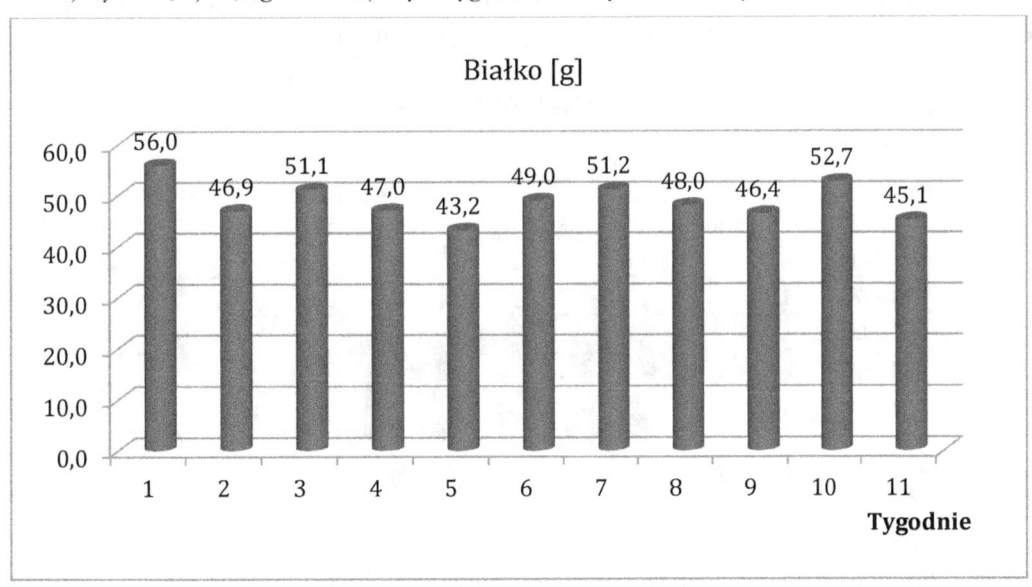

Rycina 2. Średnie wartości białka analizowanych jadłospisów w żłobku z kolejnych 11 tygodni

Średnia wartość tłuszczu zawartego w potrawach podawanych w Żłobku Miejskim w Bielsku-Białej podczas jedenastu tygodni badań wyniosła 21,5 g. Analizując wykresy przedstawione na Ryc. 3, zaobserwować możemy, że najwyższa wartość tłuszczu zawartego w potrawach z jadłospisów dla dzieci w wieku 1-3 lat wynosi 23,7 g, natomiast najniższa – 19,3 g. W dwóch tygodniach (drugim oraz szóstym) wartość tłuszczu zawartego w potrawach z analizowanych jadłospisów była taka sama i wynosiła 22,0 g. Podobna zawartość tłuszczu wyliczona została w tygodniu: dziesiątym (22,2 g) oraz jedenastym (22,3 g). W siódmym tygodniu wartość białka wynosiła 21,5 g. czyli była równa średniej wartości białka ze wszystkich jedenastu analizowanych tygodni.

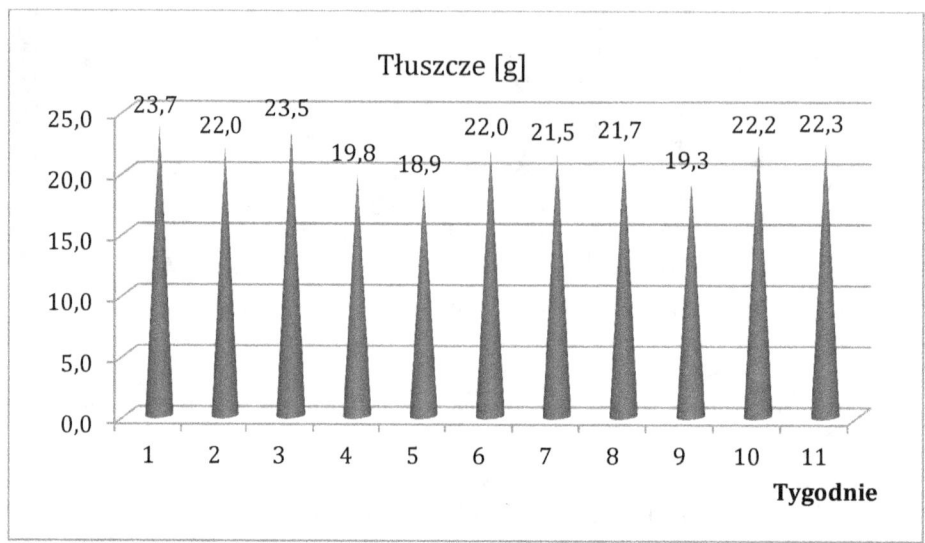

Rycina 3 . Średnie wartości tłuszczu analizowanych jadłospisów w żłobku z kolejnych 11 tygodni

Średnia wartość węglowodanów zawartych w potrawach podawanych w Żłobku Miejskim w Bielsku-Białej podczas jedenastu tygodni badań wyniosła 191,1 g. Zgodnie z danymi przedstawionymi na Ryc. 4, najwyższą zawartość węglowodanów miały potrawy serwowane w pierwszym tygodniu trwania badań (201,5 g), a najniższą w dziewiątym (177,3 g). Średnie wartości energetyczne jadłospisów w żłobku z siódmego i ósmego tygodnia są do siebie najbardziej zbliżone. Wartości najbliższe średniej wynoszącej 191,1 g obserwujemy w tygodniu piątym.

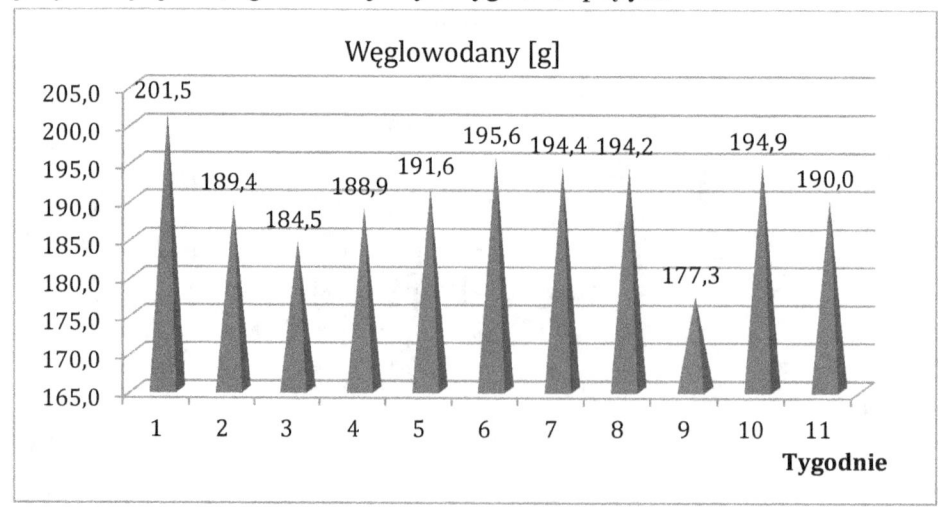

Rycina 4. Średnie wartości węglowodanów analizowanych jadłospisów w żłobku z 11 kolejnych tygodni

W Żłobku Miejskim w Bielsku-Białej jadłospis podzielony był na cztery posiłki: I śniadanie, II śniadanie, dwudaniowy obiad oraz podwieczorek. Wśród wszystkich przeanalizowanych zestawień żywieniowych obejmujących 11 tygodni, najbardziej kalorycznym posiłkiem okazał się obiad stanowiący średnio 37% energii.

Jedynie w jadłospisie przypadającym na drugi tydzień badań zaobserwowano inną zależność- najbardziej kalorycznym posiłkiem było I śniadanie (38%).

I śniadania wynosiły średnio około 34%, II śniadania- 13%, a podwieczorki- około 16%. Jadłospisy przygotowywane w żłobku nie obejmują kolacji, która stanowi 10-15%. Porównując procentowy podział wartości energetycznej całodziennej racji pokarmowej w żłobku z zaleceniami IŻŻ z 2010 roku dla prawidłowego podziału procentowego, zauważono, że danie obiadowe mieściło się w granicach normy, I śniadanie oraz podwieczorek nieco ją przekraczały, natomiast II śniadanie miało wartość niższą o około 2% od zalecanej.

Do oceny jadłospisów przygotowywanych w Żłobku Miejskim w Bielsku-Białej zastosowano również test wg Starzyńskiej, umożliwiający sprawdzenie, czy analizowane racje pokarmowe zostały skomponowane w sposób prawidłowy. Średnia ocena jadłospisów z jedenastu kolejnych tygodni uzyskana metodą punktową wg Starzyńskiej wynosiła 27 pkt., dając ocenę dostateczną. W bielskiej placówce dzieci codziennie spożywały 4 posiłki, z których w 75% występowały produkty dostarczające białka zwierzęcego, codziennie w dwóch posiłkach występowało mleko lub ser, co najmniej w trzech posiłkach występowały warzywa i owoce. Do dania obiadowego dzieci codziennie otrzymywały surówki, a na śniadania każdego dnia przygotowywane były kanapki z pieczywem razowym.

Dyskusja

Na jakość życia osoby dorosłej wpływ mają różne czynniki, w tym warunki życia w dzieciństwie i sposób odżywiania się. Prawidłowe żywienie dzieci jest taką determinantą środowiskową zdrowia, dla której edukacja z zakresu żywienia może odgrywać zasadniczą rolę. Istnieje ścisła zależność między żywieniem, a rozwojem umysłowym i fizycznym dziecka. Nieprawidłowe żywienie może spowodować niedobory ilościowe (brak dostatecznej ilości pożywienia), jak również niedobory jakościowe, które wynikają z braku poszczególnych składników odżywczych w pożywieniu [8].

Średnia wartość energetyczna diet w placówce wynosiła 945, 4 kcal co stanowi 94,54% realizacji dziennej normy dla dzieci w wieku 1-3 lat. W polskim piśmiennictwie jest niewiele prac dotyczących oceny jadłospisów dzieci uczęszczających do żłobka. Porównując procentowy podział wartości energetycznej całodziennej racji pokarmowych w żłobku z zaleceniami IŻŻ z 2010 roku dla prawidłowego podziału procentowego, zauważono, że danie obiadowe mieściło się w granicach normy, I śniadanie oraz podwieczorek nieco ją przekraczały, natomiast II śniadanie miało wartość niższą o około 2% od zalecanej. Przysiężna i wsp. [9] oceniając wartości energetyczne diet z czterech żłobków we Wrocławiu oceniła podaż energii na poziomie 76-115% zalecanego spożycia dla dzieci w wieku 13-36 miesięcy. Wyniki przedstawione w niniejszej pracy nie wskazują na tak duże różnice wartości energetycznych jadłospisów w poszczególnych tygodniach żywieniowych. W niektórych doniesieniach analizowano zestawienia żywieniowe dla dzieci w wieku od 1 do 6 roku życia, a ich wartość energetyczna była dużo przekraczająca zalecane wartości (50%) [10]. Badania te dotyczyły analizy jadłospisów obejmujących 4 posiłki, przygotowywanych dla dzieci z Domu Małego Dziecka.

Analiza jadłospisów przygotowywanych w Żłobku Miejskim w Bielsku-Białej wykazała bardzo wysoką zawartość białka, wynoszącą średnio 48,8 g. Wartości te stanowiły ponad 348% realizacji normy na ten składnik pokarmowy dla dzieci w wieku 1-3 lat na poziomie RDA (zalecane dzienne spożycie). Wysoka zawartość tego składnika pokarmowego może predysponować do niedoborów witamin z grupy B, spowodowanej zaburzeniami metabolizmu jednego z aminokwasów – metioniny Przy zbyt dużej ilości białka w diecie nerki oraz wątroba zmuszone są do wytężonej pracy w celu usunięcia z organizmu amoniaku [10].

Średnia zawartość tłuszczów w dietach dzieci uczęszczających do placówki wyniosła 21,5 g. na osobę, co stanowi około 61% zalecanej normy na ten składnik pokarmowy (średnia zawartość około 33-

39 g/dziecko w wieku 1-3 lat). Smorczewska i wsp.[6] oceniając diety dzieci w wieku 2-3 lat uczęszczających do żłobków w Białymstoku, wskazała, że zawartość tłuszczów z analizowanych tam jadłospisów stanowiła około 92% realizacji normy.

Średnia zawartość węglowodanów w posiłkach przygotowywanych w bielskiej placówce wynosiła 191,1 g. Zalecane spożycie RDA tego składnika pokarmowego dla dzieci w wieku 13-36 miesięcy wynosi 130g/osobę. W żłobku, w którym przeprowadzone zostało badanie zestawień żywieniowych, norma ta została przekroczona o 47%. Sochacka i wsp. [1] w swojej pracy na temat oceny sposobu żywienia dzieci w wieku przedszkolnym również wskazują na zbyt wysoką podaż tego składnika pokarmowego.

Dymkowska [12] w swojej pracy na temat udziału posiłków przedszkolnych w pokryciu zapotrzebowania na podstawowe składniki odżywcze i energię również posłużyły się testem wg Starzyńskiej. Ich średnia ocena była taka sama jak w bielskiej placówce (dostateczna), ale wyniosła mniej punktów (24 pkt.). Zaobserwowały one najmniejszą ilość punktów w kategorii ilości posiłków, w których występowały produkty dostarczające białka zwierzęcego, a także częstotliwości występowania w posiłkach mleka lub serów. Wynik uzyskany w ich pracy wskazuje, że błędy żywieniowe z łatwością można wyeliminować. Natomiast Kozioł i Schlegel [13] przeprowadziły ocenę jadłospisów na terenie Krakowa, w których zaobserwowały obciążenie dużymi błędami żywieniowymi, a wynik uzyskany przy pomocy testu wg Starzyńskiej wynosił 14,53 pkt.

Wnioski

Przeprowadzone badania oceny jakości żywienia przygotowywanych w Żłobku Miejskim w Bielsku-Białej pozwoliły na sformułowanie następujących wniosków:

1. Wartości średniej całodziennej racji pokarmowej dla dzieci w wieku 1-3 lat różniły się od modelowej racji pokarmowej dla tej grupy wiekowej.

2. Źródłem składników odżywczych w dietach dzieci uczęszczających do bielskiej placówki była żywność ze wszystkich analizowanych grup produktów.

3. Zwracając uwagę na fakt, że niewłaściwe nawyki żywieniowe kształtujące się w okresie rozwoju mogą mieć negatywny wpływ na stan zdrowia wieku dojrzałego, powinno się zintensyfikować działania edukacyjne skierowane do dzieci i osób odpowiedzialnych za przygotowywanie posiłków.

Piśmiennictwo

1. Sochacka-Tatara E., Jacek R., Sowa A., Musiał A. Ocena sposobu żywienia dzieci w wieku przedszkolnym. Probl Hig Epidemiol 2008; 89: 389-394
2. Bujko J., Szkupińska M. Wpływ uczęszczania do żłobka na sposób żywienia dzieci w wieku 1-3 lata: Ocena jakościowa, Żyw. Człow. Metab. 2009; 1: 157-166
3. Weker H., Barańska M., Riahi A., et al. Źródła składników odżywczych w dietach dzieci w wieku 13-36 miesięcy- Badanie ogólnopolskie. Bromat. Chem. Toksykol 2011; 3: 233-239
4. Zagórecka E., Socha P., Stolarczyk A., et al. Realizacja zaleceń żywienia niemowląt a zwyczaje żywieniowe. Żywienie w zdrowiu publicznym. Red. Januszewicz P., Socha P., Mazur A. Wydawnictwo Uniwersytetu Rzeszowskiego, Rzeszów 2009; 84-97
5. Ziemlański Ś. Zasady prawidłowego żywienia dzieci. Podstawy prawidłowego żywienia człowieka- Zalecenia żywieniowe dla ludności w Polsce. Ziemlański Ś. Instytut DANONE Fundacja Promocji Zdrowego Żywienia, Warszawa 1998; 18
6. Smorczewska-Czupryńska B., Ustymowicz-Farbiszewska .J, Rygorczuk B., et al. Wartość energetyczna i zawartość podstawowych składników odżywczych w dietach 2 i 3 letnich dzieci uczęszczających do żłobków w Białymstoku. Bromat. Chem. Toksykol 2011; 3: 380-384
7. Rapacka E., Kowalczyk E., Błaszczyk J., Fijałkowska P. Nadmierna masa ciała problemem wieku rozwojowego. Cz. 2. Żyw. Człow. Metab. 2005; 32: 172-175

8. Czerwionka-Szaflarska M., Adamska I. Żywienie a prawidłowy rozwój dziecka. Klinika Pediatryczna 2010; 18: 209-212
9. Przysiężna E., Zajączkowska E. Ocena sposobu żywienia w wybranych żłobkach Wrocławia. XIX Ogólnopolskie Sympozjum Bromatologiczne – Prawidłowa jakość żywności i racjonalne żywienie podstawą profilaktyki zdrowotnej. Łódź, 11-12 września 2008
10. Niedworok E., Całyniuk B., Szczepańska E., Bielaszka A., Bucki B., Nowakowska-Zajdel E. Dietary habits in the aspect of health risk. Pol.J.Environ.Stud.2008; 17: 314-318
11. Hamułka J., Wawrzyniak A. Ocena wartości odżywczej jadłospisów dekadowych dzieci w wieku 1-6 lat. Bromat. Chem. Toksykol. 2003; 36: 7-11
12. Dymkowska-Malesa M., Skibniewska K. Udział posiłków przedszkolnych w pokryciu zapotrzebowania na podstawowe składniki odżywcze i energię. Bromat. Chem. Toksykol. 2011; 3: 374-379
13. Kozioł-Kozłowska A., Schlegel-Zawadzka M. Jakościowa ocena jadłospisów przedszkolnych w regionie Krakowa. Żyw. Człow. Met. 2007; 34: 133-138

Streszczenie

Wstęp: Na jakość życia osoby dorosłej wpływają różne czynniki, w tym warunki życia w dzieciństwie i sposób odżywiania się. Dieta zróżnicowana w prawidłowy sposób zapewnia dziecku wszystkie niezbędne składniki odżywcze odpowiedzialne za rozwój oraz wzrastanie organizmu. Celem pracy była ocena jadłospisów dla dzieci w wieku 1–3 lat uczęszczających do Żłobka Miejskiego w Bielsku-Białej.

Materiał i metody: Zestawienia żywieniowe ilości odżywczej jadłospisów dla dzieci w wieku 1-3 lat, uczęszczających do Żłobka Miejskiego w Bielsku-Białej zbierano przez okres trzech miesięcy. Ocenie poddano jedenaście jadłospisów wszystkich pełnych tygodni pracy Żłobka. Przeciętną podaż energii i składników pokarmowych porównano z normami żywienia dla dzieci w wieku 1-3 lat, opracowanymi przez IŻŻ w Warszawie. Racje pokarmowe zostały przebadane testem według Starzyńskiej.

Wyniki: Średnia wartość energetyczna diet w placówce wynosiła 945,4 kcal. Analiza jadłospisów wykazała wysoką zawartość białka, wynoszącą średnio 48,8 g. Średnia zawartość tłuszczów w posiłkach w bielskiej placówce wyniosła 21,5 g. na osobę, a węglowodanów-191,1 g. Danie obiadowe mieściło się w granicach normy zalecanych przez IŻŻ, I śniadanie oraz podwieczorek nieco ją przekraczały, natomiast II śniadanie miało wartość niższą o około 2% od zalecanej. Średnia ocena jadłospisów uzyskana metodą punktową wg Starzyńskiej wynosiła 27 pkt., dając ocenę dostateczną.

Wnioski. Wartości średniej całodziennej racji pokarmowej dla dzieci w wieku 1-3 lat różniły się od modelowej racji pokarmowej dla tej grupy wiekowej. Źródłem składników odżywczych w dietach dzieci uczęszczających do bielskiej placówki była żywność ze wszystkich analizowanych grup produktów. Zwracając uwagę na fakt, że niewłaściwe nawyki żywieniowe kształtujące się w okresie rozwoju mogą mieć negatywny wpływ na stan zdrowia wieku dojrzałego, powinno się zintensyfikować działania edukacyjne skierowane do dzieci i osób odpowiedzialnych za przygotowywanie posiłków.

Słowa kluczowe: dzieci, żywienie, żłobek

Flawonoidy jako przykład naturalnie występujących w żywności substancji biologicznie aktywnych.

Joanna Nieć

Owoce i warzywa stanowią bardzo istotny składnik w diecie człowieka. Zawierają wiele cennych składników mineralnych i witamin, a także związków biologicznie aktywnych o charakterze podobnym do witamin - związków polifenolowych, których najliczniejszą grupą są flawonoidy [1, 2]. Związki te występują przede wszystkim w świeżych owocach i warzywach, oraz ich przetworach, a także produktach takich jak kawa, herbata (zwłaszcza zielona), przyprawy ziołowe oraz kakao czy czerwone wino. Badania naukowe wskazują na liczne prozdrowotne właściwości flawonoidów, ze szczególnym uwzględnieniem właściwości antyoksydacyjnych, polegających na zdolności neutralizowania reaktywnych form tlenu [3]. Te ostatnie związki powstają, jako naturalny produkt metaboliczny w organizmach żywych, gdy jednak ich liczba jest zbyt duża dochodzi do uszkadzania struktur komórkowych i zainicjowania procesów chorobowych. Organizm człowieka wyposażony jest w system ochrony przed wolnymi rodnikami. Należą do niego wewnątrzkomórkowe enzymatyczne systemy przeciwutleniające oraz naturalne przeciwutleniacze zawarte głównie w produktach pochodzenia roślinnego [4]. Dostarczenie organizmowi wraz z prawidłowo zbilansowaną dietą odpowiedniej ilości składników odżywczych, w tym związków polifenolowych to podstawowy element zdrowego stylu życia i jeden z najważniejszych czynników profilaktyki chorób stanowiących największe zagrożenie zdrowotne XXI wieku, czyli chorób układu sercowo - naczyniowego, nowotworów czy dietozależnych chorób niezakaźnych.

Celem podjętej pracy był przegląd piśmiennictwa na temat flawonoidów jako naturalnie występujących w żywności substancji biologicznie aktywnych. Przedstawiono krótką charakterystykę tych związków, główne źródła występowania oraz ich prozdrowotne właściwości dla organizmu ludzkiego.

Flawonoidy to duża grupa substancji, należąca do polifenoli roślinnych. Podstawowy szkielet tych związków zbudowany jest z dwóch pierścieni benzenowych (A i B), z czego każdy składa się z 15 atomów węgla, między którymi znajduje się pierścień piranu lub pironu (C) [Rys. 1].

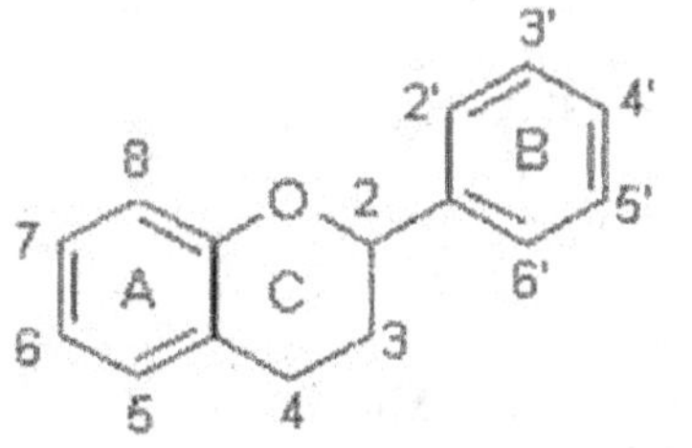

Rys. 1. Struktura flawonoidu [5].

Dotychczas wyodrębniono około 8000 wariantów pochodnych tych związków. Różnią się one m.in. liczbą i umiejscowieniem grup hydroksylowych, stopniem utlenienia łącznika trójtlenowego, czy występowaniem układów dimetrycznych, czyli powtarzaniem się struktury szkieletu węglowego (biflawonoidy). Pod względem fizykochemicznym są to żółte lub bezbarwne substancje stałe, o charakterze barwników, na ogół rozpuszczalne w wodzie i alkoholu etylowym, łatwo ulegają modyfikacji pod wpływem zmian pH jak i światła [6, 7].

Ze względu na różnice w budowie strukturalnej związki flawonoidowe dzieli się na: flawanony (naryngenina, naryngina, hesperetyna, hesperedyna), flawanole (epikatechina, epigallokatechina, katechina), flawony (apigenina, diosmetyna, luteolina), izoflawony (daidzeina, genisteina), flawonole (kwercetyna, kemferol, mirecytyna, fisteina, morina), antocyjany (cyjanidyna, pelargonidyna, malwidin). Wśród związków tych wyróżnia się również biflawonoidy (np. ginkgetyna), flawonolignany (np. sylibina), prenyloflawonoidy, glikozydoestry flawonoidowe, chalkony oraz proantocyjany. Ważnym związkiem zaliczanym do tej grupy jest także resweratrol [8, 9]. Różnice pomiędzy poszczególnymi flawonoidami, związane z umiejscowieniem podstawników w pierścieniach, wpływają na charakterystyczny dla danego związku metabolizm i aktywność biologiczną. Przykładem jest zależność pomiędzy ilością grup hydroksylowych, a aktywnością antyoksydacyjną (im większa ilość tych grup, tym większa zdolność do zmiatania wolnych rodników). W środowisku roślinnym flawonoidy występują jako aglikony lub β-glikozydy (połączenie aglikonu z cukrem prostym), ta ostatnia forma jest najczęściej spożywaną przez człowieka postacią flawonoidów [10]. Szacuje się, że człowiek w ciągu dnia przyjmuje wraz z dietą około 1 g związków flawonoidowych. W społeczeństwach zachodnich wielkość ta kształtuje się na poziomie ok. 50–800 mg natomiast we wschodnich nawet do 2 g (ze względu na duże spożycie produktów roślinnych, pochodzących głownie z roślin strączkowych, czy picia herbaty). Brak jest danych o zawartości omawianych związków w diecie Polaków. Wiadomo jednak, że głównym ich źródłem są herbata, jabłka i cebula [11, 12].

Prozdrowotne właściwości flawonoidów, jakie wywołują te związki na organizm ludzki związane są z ich biologicznymi i fizjologicznymi funkcjami w świecie roślinnym. Biorą one udział w regulacji wielu procesów biochemicznych polegających głównie na ochronie komórek roślinnych przed insektami, bakteriami, czy szkodliwym działaniem czynników środowiskowych (m.in. promieniowaniem UV). Niektóre substancje fenolowe (dzięki zdolności do nadawania cierpkiego, gorzkiego smaku) pełnią funkcje ochronne przed zwierzętami roślinożernymi [13]. Flawonoidy w największych stężeniach występują w zewnętrznych tkankach roślin (skórki owoców, m.in.: winogron, jabłek czy śliwek). Na zawartość omawianych związków w materiale roślinnym wpływa również pora roku, strefa klimatyczna, czy stopień nasłonecznienia terenów uprawnych. Im cieplejsza pora roku i większe nasłonecznienie tym większa zawartość flawonoidów [6].

Flawonoidy to związki wykazujące się bardzo szerokim spektrum biologicznego działania – od antyoksydacyjnego, przeciwzapalnego, antyagregacyjnego, hipotensyjnego przeciwmiażdżycowego, po przeciwnowotworowe [3, 9]. Do najważniejszych właściwości tych związków należy zdolność niwelowania działania wolnych rodników. Flawonoidy obok m.in. witaminy C, witaminy E, glutationu, kwasu alfa – liponowego, czy karotenoidów należą do grupy małocząsteczkowych przeciwutleniaczy nieenzymatycznych [14, 15]. Mają one zdolność hamowania powstawania reaktywnych form tlenu (RFT), chelatowania oraz redukowania jonów metali przejściowych, wychwytywania RFT (anionorodnika ponadtlenkowego, rodników hydroksylowych), wygaszania tlenu singletowego, przerywanie kaskady reakcji wolnorodnikowych (wychwyt rodników lipidowych oraz alkoksylowych) prowadzących do peroksydacji lipidów oraz ochranianie innych drobnocząsteczkowych antyoksydantów (np.: askorbinianu). Dowiedziono, że polifenole zawarte w owocach, warzywach i ziołach cechują się nawet dwu i trzy-krotnie wyższą aktywnością niż witaminy C i E [16, 17]. Zdolność tych związków do przeciwdziałania utleniania lipidów, zostaje wykorzystywana w przemyśle w postaci dodatków np.: ekstraktów z rozmarynu, majeranku, szałwii czy cząbru do olejów i mięsa, w celu zapobiegania psucia się tych produktów [18].

Działanie antynowotworowe i antymutagenne flawonoidów jest ściśle związane z ich zdolnością do zmiatania wolnych rodników. Szczególnie istotnymi w tej kwestii są kwercetyna, genisteina, apigenina i trycyna. Związki te hamują enzymy biorące udział w aktywacji wielu kancerogenów, takich jak m.in. wielopierścieniowe węglowodory aromatyczne czy aminy heterocykliczne. Potwierdzone jest także ich zdolność do chelatowania jonów metali (Mg^{2+}, Zn^{2+}) oraz zapobiegania uszkodzeniom DNA [19, 20, 21]. Spożywanie produktów zawierających flawonoidy działa modyfikująco na funkcje limfocytów T, które regulują uwalnianie interferonu i apoptozę komórek nowotworowych. Działanie przeciwnowotworowe flawonoidów związane jest także z oddziaływaniem na aktywność enzymów I i II fazy biotransformacji endo- i egzogennych związków czy blokowaniu replikacji DNA przez hamowanie aktywności enzymów biorących udział w tym procesie [22].

Ochronna rola flawonoidów w aspekcie chorób układu sercowo-naczyniowego polega na hamowaniu utleniania cholesterolu frakcji LDL, zwiększaniu zawartości cholesterolu HDL, zmniejszaniu ogólnej zawartości cholesterolu w surowicy i hamowani tworzenia się blaszek miażdżycowych [23]. Związkom tym przypisuje się także wpływ na zwiększanie drożności i uszczelnianie ścian naczyń krwionośnych, stąd ich zastosowanie w farmakologicznym zapobieganiu żylakom, krwawieniom, wybroczynom oraz miażdżycy, a także leczeniu chorób układu krwionośnego związanego ze zmniejszonym oporem naczyniowym. Powyższe właściwości przypisywane są m.in. rutozydowi, katechinie, epikatechinie oraz hesperydynie [24, 25]. Flawonoidy wspólnie z witaminą C zwiększają wytrzymałość naczyń krwionośnych (hamowanie aktywności hialuronidazy), co zmniejsza ich przepuszczalność i łamliwość. Właściwość ta pozwala na zastosowanie tych związków w leczeniu chorób naczyń krwionośnych o charakterze zakrzepowo-zatorowym [26]. Działanie przeciwmiażdżycowe flawonoidów polega na zmniejszeniu odczynu zapalnego w naczyniach krwionośnych przez unieczynnianie i wymiatanie RFT i NO, a także hamowanie napływu leukocytów do miejsc zapalenia. Związki te wykazują również korzystny wpływ na czynność płytek krwi, utrudniając ich zlepianie [23].

Mechanizm działania przeciwzapalnego flawonoidów (np. kwercetyny galanginy, apigeniny, naryngeniny, baikaleiny i innych) polega głównie na hamowaniu aktywności enzymów biorących udział w syntezie z kwasu arachidonowego prostaglandyn i leukotrienów – mediatorów odpowiedzi zapalnej [27]. Właściwościami przeciwalergicznymi wśród omawianych związków wykazują się głównie kwercetyna i luteolina, które oprócz obniżania syntezy mediatorów zapalnych hamują również uwalnianie histaminy. Prowadzone są badania mające na celu stworzenie leku dla astmatyków hispiduliny, fawonoidu rozluźniający mięśnie gładkie tchawicy [28].

Najważniejszym źródłem flawonoidów w diecie są produkty pochodzenia roślinnego. Wśród owoców o wysokiej zawartości tych związków należy wymienić m.in. jagody, porzeczki, owoce cytrusowe, jabłka, winogrona, a także morele, brzoskwinie, czy żurawinę. Każdy gatunek owoców odznacza się odmienną ilością związków fenolowych. Duży wpływ na powyższą prawidłowość mają warunki w jakich dane produkty wzrastały (nasłonecznienie, pH, temperatura, narażenie na warunki stresowe - infekcje grzybowe, mechaniczne zranienia) oraz warunki w jakich były przechowywane po zbiorze [29, 30, 31].

Tabela I. Główne źródła flawonoidów w diecie człowieka [8].

flawonoidy	występowanie
flawonole	cebula, jabłka, herbata, sałata, brokuły, ciemne winogrona, jagody bzu czarnego, kapusta
flawony	seler, czerwony pieprz, czerwona papryka, pietruszka, cytryna, tymianek
flawanony	pomarańcze, grejpfruty
flawanole	herbata, czerwone wino, czekolada, jabłka kiwi,
izoflawony	soja, produkty sojowe, rośliny strączkowe
antocyjany	wiśnie, truskawki, winogrona, czerwone wino, czarna porzeczka, czarny bez, aronia, borówka czernica

Tabela II. Zawartość wybranych grup związków o właściwościach przeciwutleniających w owocach niektórych roślin (mg/100 g suchego ekstraktu z owoców) [32].

owoce	antocyjany	flawonole	kwasy hydroksycynamonowe	całkowita zawartość polifenoli
aronia	1041	79	422	4210
czarna jagoda	2298-3090	54-130	113-231	3300-3820
czarna porzeczka	756-1064	72-87	58-93	2230-2790
żurawina	397	200	147	2200
malina	172-298	15-30	23-27	2730-2990
truskawka	184-232	10-20	47-63	1600-2410

Zdolność zmiatania wolnych rodników posiadają także przetworzone produkty owocowe i warzywne. Ich właściwości przeciwutleniające są w głównej mierze uzależnione od udziału masy surowca w produkcie oraz parametrów stosowanych podczas przetwarzania. Jednym z najbardziej efektywnych procesów, pod kątem zachowania wysokich właściwości przeciwutleniających jest mrożenie (zachowanie nawet 100% początkowej pojemności przeciwutleniającej). W przypadku termicznego utrwalania lub pasteryzacji dochodzi do ok. 10% utraty pojemności przeciwutleniającej. Najmniej korzystnym procesem pod kątem zachowania wszystkich właściwości przeciwutleniających jest suszenie - przyjmuje się, że w wyniku tego procesu następuje spadek pojemności do 50%. Badania przeprowadzone na polskim rynku soków i napojów wskazały, że najbogatszymi w związki fenolowe są soki z owoców aronii i czarnej porzeczki. W porównaniu do soków cytrusowych wykazano dwukrotnie większą, a w stosunku do soku jabłkowego nawet pięciokrotnie większą zdolność zmiatania wolnych rodników [33].

Spośród owocowych produktów przetworzonych, na szczególną uwagę zasługują wina. Są one źródłem przeciwutleniaczy o działaniu hamującym utlenianie tłuszczów oraz inhibitującym enzymy oksydacyjne. Porównując aktywność antyoksydacyjną poszczególnych odmian win największą wykazują się wina czerwone, następne w kolejności są wina różowe, a na końcu białe. Korzystny wpływ spożywania umiarkowanej ilości tego rodzaju alkoholu na zdrowie został określony mianem "francuskiego paradoksu". Wykazano, że wśród Francuzów pomimo wysokiego spożycia tłuszczu pochodzenia zwierzęcego w codziennej racji pokarmowej, społeczność ta rzadziej zapada na choroby układu sercowo - naczyniowego. Wytłumaczeniem powyższego zjawiska jest prawdopodobnie prozdrowotny wpływ związków fenolowych - w szczególności resweratrolu zawartego w wypijanym w znacznych ilościach przez ten naród winie (największą zawartością tego flawonoidu charakteryzują się czerwone winogrona odmiany Pinot noir, St.Laurent, Marzemino, Merlot i Blaufränkisch) [34, 35]. Resweratrol występuje także w owocach jagodowych (morwa, żurawina, borówka czernica, borówka brusznica, niejadalna czarna jagoda, borówka amerykańska, czarna porzeczka, truskawki, maliny), w owocach chlebowca, jabłkach, jak również w orzechach, orzeszkach ziemnych oraz w niektórych ziołach. Ponadto związek ten został zidentyfikowany w takich roślinach jak: orchidea, sosna zwyczajna, rabarbar, czy eukaliptus i świerk [36, 9].

Spośród owoców jagodowych najbogatszym źródłem flawonoidów jest aronia czarnoowocowa (*Aronia melanocarpa*). Roślina ta łączy w sobie zalety czerwonego wina i zielonej herbaty zawiera bowiem zarówno antocyjany, jak i katechiny, zawartość tych substancji wynosi łącznie nawet do 2-3%. Owoce aronii wyróżniają się także wysoką zawartością rutyny, kwercetyny oraz barwników antocyjanowych. Poza tym zawierają kwasy organiczne, witaminę C, cukry – glukozę, fruktozę i sacharozę, substancje pektynowe, karoten, kwas nikotynowy i związki garbnikowe [37]. Wyciąg z aronii wykazuje różnokierunkowe działanie. Badania naukowe wskazują, że zawarte w dużych ilościach w omawianej roślinie antocyjany, wykazują się działaniem przeciwzapalnym, przeciwskurczowym oraz wysoką aktywnością antyoksydacyjną [38]. Istnieją także doniesienia świadczące o korzystnym wpływie soku z owoców aronii na owrzodzenia żołądka wywołane zakwaszonym alkoholem etylowym. Stwierdzono, że preparaty antocyjanowe uzyskane z owoców aronii wpływają korzystnie na przebieg doświadczalnego zapalenia trzustki, co wyraża się znacznym złagodzeniem przebiegu choroby i poprawą badanych wskaźników laboratoryjnych [39]. Tworzone są także preparaty kosmetyczne, które stosowane miejscowo mogą chronić skórę przed szkodliwym działaniem promieni UV [40].

Innymi owocami o bardzo wysokiej zawartości związków flawonoidowych i licznych właściwościach prozdrowotnych są czarne jagody. Stosowane są jako lek przeciwbiegunkowy i przeciwzapalny, a także dla ochrony naczyń kapilarnych i zmniejszeniu przepuszczalności ścian naczyń krwionośnych. Zawarte w omawianych owocach karotenoidy (luteina, zeaksantyna) i antocyjany poprawiają widzenie nocne, zwiększają zdolności adaptacyjne do ciemności [41].

Źródłem cennych substancji biologicznie aktywnych jest także żurawina. Zawartość związków fenolowych w żurawinie błotnej wynosi ok. 20 mg/g s.m. Należą do nich: antocyjany (peonidyna, cyjanidyna), flawanony i procyjanidyna, flawonole (kwercytyna i myrycetyna) oraz pochodne kwasu hydroksycynamonowego [30]. Sok z żurawiny zapobiega zapaleniom dróg moczowych, chorobie wrzodowej i chorobom przyzębia. Związki fenolowe zmniejszają ryzyko arteriosklerozy i hamują rozwój komórek nowotworowych [42].

Wśród warzyw i przypraw bogatych we flawonoidy należy wymienić m.in.: cebulę, czosnek, brokuły, kapustę czerwoną, pomidor, paprykę, czy buraka ćwikłowego, a także przyprawy takie jak: cynamon, goździki, kurkuma, tymianek (Tab. 3., Tab. 4.) [43, 44].

Tabela III. Zawartość flawonoidów w wybranych warzywach [43].

Produkt	Podgrupa	Flawonoid	Średnia zawartość w mg/100 g produktu
Brokuły świeże	flawonole	Kempferol Kwercetyna	6,16 3,21
Brokuły gotowane	flawonole	Kempferol Kwercetyna	1,38 1,38
Cebula żółta	flawonole	Kwercetyna	13,27
Cebula czerwona	flawonole Antocyjanidyny	Kwercetyna Cyjanidyna	19,93 13,14
Fasola zielona świeża	flawonole	Kwercetyna	2,73
Gryka	flawonole	Kwercetyna	23,09
Kapary w zalewie	flawonole	Kempferol Kwercetyna	135,56 180,77
Pietruszka korzeń	flawony flawonole	Apigenina Mirycetyna	302,00 8,08
Pietruszka nać	flawony	Apigenina Luteolina	13506,2 19,75
Pomidor czerwony świeży	flawonole	Kwercetyna	4,12
Seler korzeń	flawony flawonole	Apigenina Luteolina Kwercetyna	4,61 1,31 3,50
Seler naciowy	flawony	Apigenina Luteolina	19,10 3,50
Szpinak świeży	flakony flawonole	Luteolina Kwercetyna	1,11 4,86

Tabela IV. Przeciwutleniacze występujące w ziołach [44].

gatunek	substancje i grupy substancji
rozmaryn	kwas karnozolowy, karnozol, kwas rozmarynowy, rozmanol
szałwia	karnozol, kwas karnozolowy, rozmanol, kwas rozmarynowy
oregano	pochodne kwasów fenolowych, flawonoidy, tokoferole
tymianek	karwakrol, tymol, p-cymen, kariofilen, karwon, borneol
majeranek	flawonoidy
cząber	kwas rozmarynowy, karnozol, karwakrol, tymol
melisa	flawonoidy

Ważną grupą produktów o wysokiej zawartości omawianych związków są produkty takie jak kawa, herbata, kakao czy czekolada [45, 46]. Spośród wyżej wymienionych na szczególną uwagę zasługuje herbata. Jej zielona odmiana jest źródłem bardzo dużej zawartości związków biologicznie aktywnych. Badania analityczne wykazały, że herbata niepoddana procesowi fermentacji jest źródłem ponad 300 różnych związków chemicznych [47]. Napar herbaciany bogaty jest przede wszystkim w katechiny (flawonoidy należące do grupy flawanoli), z przeważającym ilościowo galusanem epigallokatechiny (EGCG). Innymi flawonoidami obecnymi w herbacie są: kemferol, kwercetyna, mirycetyna i ich glikozydy. Doniesienia naukowe wskazują, że regularne spożywanie zielonej herbaty przyczynia się do wzrostu aktywności podstawowych enzymów antyoksydacyjnych – katalazy, dysmutazy ponadtlenkowej, reduktazy chininy oraz S-transferazy, reduktazy i peroksydazy glutationowej, a także zapobiegania utlenianiu antyoksydantów niskocząsteczkowych, w tym witaminy C, glutationu, witaminy E czy β-karotenu, co skutkuje podniesieniem potencjału antyutleniającego całego organizmu. Wykazano także, że potencjał antyoksydacyjny herbaty, zarówno odmiany czarnej i zielonej, wykazuje się większą zdolnością do neutralizacji wolnych rodników, niż inne produkty roślinne takie jak m.in. czosnek, szpinak czy brukselka [48, 49].

Produktem o wielu prozdrowotnych właściwościach jest także kakao. Zawiera ono liczne związki o charakterze przeciwutleniającym, głównie proantocyjanidyny (katechina), czy procyjanidyny (epikatechina). Powyższe związki wpływają na prawidłową funkcję śródbłonka naczyń krwionośnych, zapobiegają procesom zapalnym i zakrzepowym, prowadzącym do rozwoju miażdżycy [50]. Wśród popularnych produktów spożywczych, w których produkcji używane jest kakao, największą zawartością flawonoidów charakteryzuje się gorzka czekolada (na 100g przypada 170mg flawanoli i procyjanidyn). Dla porównania w mlecznej czekoladzie znajduje się tylko 70mg omawianych związków na 100g. W samym kakao zawartych jest 1400mg flawanoli i procyjanidyn na 100g, w jabłkach ilość ta wynosi 106mg, w czerwonym winie 22mg, a czarnej herbacie 40mg. Przypuszcza się, że już niewielka dawka czekolady może w istotny sposób zwiększyć efekt antyoksydacyjny i wywołać korzystny efekt zdrowotny [51]. Na biodostępność i aktywność przeciwutleniającą flawonoidów zawartych w kakao ma wpływ m.in. obecność białek mleka. Wyniki badań, w których porównywano zdolność przeciwutleniającą i biodostępność epikatechin zawartych w gorzkiej i mlecznej czekoladzie, sugerują obniżenie aktywności antyoksydacyjnej i biodostępności flawonoidów w jej mlecznym odpowiedniku [52]. Liczne badania potwierdzają hipotezę, że regularne spożywanie żywności bogatej we flawonoidy, w tym produktów o wysokiej zawartości kakao może zmniejszać ryzyko wystąpienia chorób układu sercowo-naczyniowego. Wykazano korzystny wpływ flawanoli na funkcję płytek krwi, funkcję śródbłonka naczyń oraz ciśnienie krwi. Substancje biologicznie aktywne zawarte w gorzkiej czekoladzie poprawiają ponadto profil lipidowy i wpływają na modyfikację oksydacyjną frakcji LDL cholesterolu we krwi [53].

Podsumowanie

Polifenole obecne w produktach spożywczych pełnią rolę ochronną w zapobieganiu takich niezakaźnych chorób przewlekłych jak m.in. nowotwory, choroby układu sercowo – naczyniowego, czy schorzenia neurodegeneracyjne. W związku z powyższym, niezwykle ważne jest dostarczanie do organizmu tych naturalnych substancji o działaniu antyoksydacyjnym wraz z przyjmowanymi pokarmami. Substancje flawonoidowe zawarte w pestkach, skórkach, liściach, kwiatach, korze, korzeniach roślin, wpływają m.in. na redukcję szkodliwych skutków wywołanych nadmiernym stresem oksydacyjnym, powodowanym przez nagromadzenie dużych ilości reaktywnych form tlenu. Jeżeli nie są one neutralizowane przez antyoksydacyjny system organizmu może doprowadzić to do wielu uszkodzeń. Dochodzi między innymi do degradacji struktur komórkowych, zmian w kodzie DNA, zaburzeń w prawidłowym funkcjonowaniu komórek lub ich obumarcia, czy nadmiernego namnażania i w efekcie rozwoju choroby nowotworowej. W celu zapobiegania wymienionym nieprawidłowościom, zaleca się aby dieta bogata w warzywa i owoce oraz inne produkty o wysokiej zawartości związków flawonoidowych, stała się elementem codziennej diety każdego człowieka.

Piśmiennictwo:

1. Szajdek A., Borowska J.: Właściwości przeciwutleniające żywności pochodzenia roślinnego. Żywność. Nauka. Technologia. Jakość, 2004, 4 (41), 5 – 28
2. Maniak B., Targoński Z.: Przeciwutleniacze naturalne występujące w żywności. Przem. Ferm., 1996, 4, 7-10
3. Heim K.E., Tagliaferro A.R., Bobilya D.J.: Flavonoid antioxidants: chemistry, metabolism and structure-activity relationships. J. Nutr. Biochem. 2002, 13, 10, 572-584
4. Stolarzewicz I. A., Ciekot J., Fabiszewska A. U., Białecka-Florjańczyk E.: Roślinne i mikrobiologiczne źródła przeciwutleniaczy. Postępy Hig Med Dosw, 2013; 67: 1359-1373
5. Ostrowska J., Skrzydlewska E.: Aktywność biologiczna flawonoidów. Postępy Fitoterapii 3-4, 2005, 71-79
6. Kołodziejczyk A.: Flawonoidy. [W:] Naturalne związki organiczne. Wydawnictwo Naukowe PWN, Warszawa 2013, 608 – 618
7. Kohlmünzer S.: Flawonoidy. [W:] Farmakognozja. Podręcznik dla studentów farmacji. Wydawnictwo Lekarskie PZWL, Warszawa, 1998
8. Czeczot H.: Biological activities of flavonoids – a review. Pol. J. Food Nutr. Sci. 2000, 50, 4, 3-13
9. Kopeć A., Piątkowska E., Leszczyńska T., Bieżanowska-Kopeć R.: Prozdrowotne właściwości resweratrolu. Żywność. Nauka. Technologia. Jakość, 2011, 5 (78), 5 – 15
10. Havsteen B.H.: The biochemistry and medical significance of the flavonoids. Pharmacol. Ther. 2002, 96, 2-3, 67-202
11. Wiczkowski W., Piskuła M.K.: Food flavonoids. Pol. J. Food Nutr. Sci. 2004, 13, 54, 101-114
12. Hollman P.C.H., Katan M.B.: Dietary flavonoids: intake, health effects and bioavailabity. Food Chem. Toxicol. 1999, 37, 9-10, 937-942
13. Kopcewicz J., Lewak S. (red.): Związki fenolowe. [W:] Fizjologia roślin. Wydawnictwo Naukowe PWN, Warszawa 2007, 373 - 378
14. Rice-Evans C.: Flavonoid antioxidants. Curr. Med. Chem., 2001; 8: 797-807
15. Sies H., Stahl W., Sevanian A.: Nutritional, dietary and post-prandial oxidative stress. J. Nutr., 2005; 135: 969-972
16. Nijveldt R.J., van Nood E., van Hoorn D.E., Boelens P.G., van Norren K., van Leeuwen P.A.: Flavonoids: a review of probable mechanism of action and potential applications. Am. J. Clin. Nutr,. 2001; 74(4): 418-25
17. Pietta P.G.: Flavonoids as antioxidants. J. Nat. Prod., 2000; 63: 1035-1042
18. Śledź M., Witrowa-Rajchert D.: Składniki biologicznie czynne w suszonych ziołach – czy ciągle aktywne? KOSMOS. Problemy Nauk Biologicznych, Tom 61, 2012, 2 (295), 319–329

19. Al-Fayez M., Cai H., Tunstall R., Steward W.P., Gescher A.J.: Differential modulation of cyclooxygenase-mediated prostaglandyn production by the putative cancer chemopreventive flavonoids tricin, apigenin and quercetin. Cancer Chemotherapy and Pharmacology, 2006, 58: 816–825
20. Banerjee S., Li Y., Wang Z., Sarkar F.H.: Multi-targeted therapy of cancer by genistein. Cancer Letters, 2008, 269: 226–242
21. Walle T., Ta N., Kawamori T., Wen X., Tsuji P.A., Walle U.K.: Cancer chemopreventive properties of orally bioavailable flavonoids - methylated versus unmethylated flavones. Biochemical Pharmacology, 2007, 73: 1288 – 1296
22. Webb M.R., Ebeler S.E.: Comparative analysis of topoisomerase IB inhibition and DNA intercalation by flavonoids and similar compounds: structural determinates of activity. Biochem. J. 2004, 384, 527-541
23. Gey K.F.: Ten-years retrospective on the antioxidant hypothesis of arteriosclerosis: threshold plasma levels of antioxidant micronutrients related to minimum cardiovascular risk. J. Nutr. Biochem., 1995, 6, 206-236
24. Di Carlo G., Mascolo N., Izzo A.A., Capasso F.: Flavonoids: old and new aspects of a class of natural therapeutic drugs. Life Science, 1999, 65 (4): 337-353
25. Arct J., Pytkowska K.: Flavonoids as components of biologically active cosmeceuticals. Clinics in Dermatology, 2008, 26: 347–357
26. Fuhrman B., Aviram M.: Flavonoids protect LDL from oxidation and attenuate atherosclerosis. Curr. Opin. Lipidol. 2001, 12, 1, 41-48
27. Yao L.H., Jiang Y.M., Shi J. i wsp.: Flavonoids in food and their health benefits. Plant Foods Hum. Nutr. 2004, 59, 3, 113-122
28. Olszewska M.: Flawonoidy i ich zastosowanie w lecznictwie. Farm. Pol. 2003, 59, 9, 391-401
29. Borowska J.: Owoce i warzywa jako źródło naturalnych przeciwutleniaczy (1). Przem. Ferm., 2003, 5, 11-12
30. Borowska J.: Owoce i warzywa jako źródło naturalnych przeciwutleniaczy (2). Przem. Ferm., 2003, 6, 29-30
31. Wang S.Y., Lin H-S.: Antioxidant activity in fruits and leaves of blackberry, raspberry, and strawberry varies with cultivar and developmental stage. J. Agric. Fod Chem., 2000, 48, 140-146
32. Wawer I.: Aronia polski paradoks. Agropharm S.A., Warszawa 2005.
33. Zając K. B., Podsędek A.: Skład i właściwości przeciwutleniające wybranych handlowych soków owocowych. Przem. Ferm., 2002, 2, 14-17
34. Stervbo U., Vang O., Bonnesen Ch.: A review of the content of the putative chemopreventive phytoalexin resveratrol in red wine. Food Chem., 2007, 2 (101), 449-457
35. Verhagen J.V., Haenen G.R., Bast A.: Nitric oxide radical scavenging by wines. J. Agricultural Food Chem., 1996; 44: 3733-3734
36. Zdrojewicz Z., Belowska-Bień K.: Resweratrol – działanie i znaczenie kliniczne. Adv. Clin. Exp. Med., 2005, 5 (14), 1051-1056
37. Wolski T., Kalisz O., Prasał M., Rolski A.: Aronia czarnoowocowa – *Aronia melanocarpa* (Michx.) Elliot – zasobne źródło antyoksydantów. Postępy Fitoterapii (3)2007, 145-154
38. Tamura H., Yamagami A.: Antioxidative activity of mono- acylated anthocyanins isolated from Muscat Bailey A. grape. J. Agric. Food Chem. 1994, 42, 1612
39. Jankowska B.: Wpływ naturalnych antocyjanin z *Aronia melanocarpa* na doświadczalne zapalenie trzustki wywołane czynnikiem aktywizującym płytki. Praca doktorska. WAM, Łódź 1994
40. Lamer-Zarawska E. i wsp.: 2nd Int. Symp. Natural Drugs. Maratea. 1997.
41. Kahkonen M.P., Hopia AI., Vuorela HJ. et al.: Antioxidant activity of plant extracts containing pfenolic compounds. J Agric Food Chem 1999; 47: 3954-3962
42. Kahkonen M.P., Hopia AI., Heinonen M.: Berry Phenolics and their antioxidant activity. J Agric Food Chem 2001; 49, 4076-4082
43. Wiczkowski W., Piskuła M.K.: Food flavonoids. Pol. J. Food Nutr. Sciences, 2004; 13(54): 101-114
44. Shylaja M.R., Peter K.V., 2004. The Functional role of herbal spices. [W:] Handbook of Herbs and Spices vol. 2. K.V. Peter (red.). Woodhead Publishing Limited and CRC Press LLC, 11–21

45. Aherne S.A., O'Brien N.M.: Dietary flavonols: chemistry, food content, and metabolism. Nutrition. 2002, 18, 1, 75-81
46. Beecher G.R.: Overview of Dietary Flavonoids: Nomenclature. Occurrence and Intake, J. Nutr., 2003; 133: 3248-3254
47. Stańczyk A., Rogala E., Wędzisz A.: Oznaczenie zawartości garbników oraz wybranych składników mineralnych w zielonych herbatach. Bromat. Chem. Toksykol., 2010, 43: 505–508
48. Donejko M., Niczyporuk M., Galicka E., Przylipiak A.: Właściwości antynowotworowe galusanu epigallokatechiny zawartego w zielonej herbacie, Postepy Hig Med Dosw, 2013, 67: 26-34
49. Cao G., Sofic E., Prior R.L.: Antioxidant capacity of tea and common vegetables. J. Agric. Food Chem., 1996, 44: 3426-3431
50. Vlachopoulos C., Alexopoluos N., Stefanadis C.: Wpływ gorzkiej czekolady na funkcję tętnic u zdrowych osób. Medycyna po Dyplomie 2006, 15:129-138
51. Steinberg F.M., Bearden MM., Keen CL.: Cocoa and chocolate flavonoids: Implications for cardiovascular health. J Am Diet Assoc 2003, 103:215-223
52. Serafini M., Bugianesi R., Maiani G. i wsp.: Plasma antioxidants from chocolate. Nature 2003, 424:1013
53. Erdman J.W. Jr., Carson L., Kwik-Uribe C. i wsp.: Effects of cocoa flavanols on risk factors for cardiovascular disease. Asia Pac J Clin Nutr 2008, 17 Suppl 1:284-7

Streszczenie

Wśród składników pokarmowych cechujących się wysoką aktywnością biologiczną na uwagę zasługują związki polifenolowe, ze szczególnym uwzględnieniem flawonoidów. Należą one do jednych z najbardziej rozpowszechnionych w świecie roślinnym związków. Ich źródłem w pożywieniu są głównie owoce, warzywa i ich przetwory. Ze względu na swoje właściwości antyoksydacyjne odgrywają kluczową rolę w profilaktyce chorób będących epidemią XXI wieku - niezakaźnych chorobach przewlekłych, dietozależnych oraz degenerujących, a także opóźnienia procesów starzenia organizmu. Aby zapewnić prawidłową ochronę przed stresem oksydacyjnym i zmniejszyć ryzyko ich wystąpienia, zasadnym wydaje się włączenie do diety większych ilości owoców i warzyw w postaci surowej, nie tylko z uwagi na źródło związków polifenolowych, ale również witamin, składników mineralnych oraz błonnika pokarmowego.

Słowa kluczowe: flawonoidy, antyoksydanty, produkty roślinne

Noty o autorach tomu

Białek-Dratwa, Agnieszka, mgr – wykładowca Zakładu Żywienia Człowieka, Katedry Dietetyki, Wydziału Zdrowia Publicznego w Bytomiu, Śląskiego Uniwersytetu Medycznego w Katowicach, dietetyk Centrum Dietetyki NutriSfera, autorka kilkunastu publikacji naukowych oraz ponad 50 doniesień zjazdowych o tematyce związanej z żywieniem, głównym tematem zainteresowań badawczych są skutki zdrowotne i psychospołeczne nadwagi i otyłości, nawyki żywieniowe w różnych grupach ludności, kampanie społeczne wykorzystywane w promowaniu zasad zdrowego żywienia oraz potencjał antyoksydacyjny produktów spożywczych.

Bielaszka, Agnieszka, dr inż. – doktor nauk medycznych, technolog żywności i żywienia człowieka. Pracownik naukowo-dydaktyczny Wydziału Zdrowia Publicznego, Śląskiego Uniwersytetu Medycznego w Katowicach, asystent w Zakładzie Technologii i Oceny Jakości Żywności Katedry Dietetyki. Autorka 35 publikacji naukowych (artykułów i rozdziałów) oraz 22 doniesień zjazdowych. W swoich pracach naukowych podejmuje tematykę racjonalnego żywienia oraz technologii produkcji potraw.

Całyniuk, Beata, dr n. med., pracownik Zakładu Żywienia Człowieka Wydziału Zdrowia Publicznego Śląskiego Uniwersytetu Medycznego w Katowicach; V-ce Prezes Polskiego Towarzystwa Dietetyki; autorka około 100 publikacji naukowych, głównym tematem zainteresowań są badania sposobu żywienia i stanu odżywienia ludności w różnym wieku zarówno w zdrowiu jak i chorobie.

Dul, Lechosław, mgr, Zakład Biostatystyki Katedry Epidemiologii i Biostatystyki Wydziału Zdrowia Publicznego w Bytomiu Śląskiego Uniwersytetu Medycznego w Katowicach; współautor 23 publikacji naukowych (artykułów, rozdziałów książek), głównym przedmiotem zainteresowań naukowych są zagadnienia związane ze statystyką medyczną, szczególnie stosowaną w dziedzinie epidemiologii środowiskowej oraz klinicznej, a także w badaniach żywieniowych.

Grajek, Mateusz, magister zdrowia publicznego w zakresie epidemiologii, biotechnolog, dietoterapeuta i psychodietetyk; pracownik naukowo-techniczny Zakładu Technologii i Oceny Jakości Żywności Katedry Dietetyki Śląskiego Uniwersytetu Medycznego w Katowicach; doktorant nauk o zdrowiu, w swoich pracach naukowo-badawczych łączy zagadnienia racjonalnego odżywiania, promocji zdrowego stylu życia i psychospołecznych czynników determinujących stan zdrowia populacji.

Grochowska-Niedworok, Elżbieta, dr hab. n. farm., Dziekan Wydziału Zdrowia Publicznego; kierownik Katedry Dietetyki i Zakładu Żywienia Człowieka Wydziału Zdrowia Publicznego Śląskiego Uniwersytetu Medycznego w Katowicach; autorka około 200 publikacji naukowych; głównym tematem zainteresowań są badania sposobu żywienia ludności w różnym wieku oraz eksperymenty dotyczące oddziaływań magnezu w warunkach in vitro na hepatocyty; przedstawiciel Polski do działań wspólnoty krajów UE w zakresie otyłości u dzieci.

Irzyniec, Tomasz., dr hab. n. med. specjalista nefrolog, endokrynolog, kierownik Katedry Pielęgniarstwa i Zakładu Promocji Zdrowia i Opieki Środowiskowej Wydziału Nauk o Zdrowiu Śląskiego Uniwersytetu Medycznego w Katowicach, ordynator Oddziału Nefrologii ze Stacją Dializ Szpitala MSW w Katowicach; autor około 100 publikacji naukowych (książek, artykułów, rozdziałów), głównym tematem zainteresowań badawczych jest dziedzina nefrologii, endokrynologii, a także promocji zdrowia.

Janion, Karolina, absolwentka studiów licencjackich, obecnie studentka studiów II stopnia na kierunku dietetyka Śląskiego Uniwersytetu Medycznego w Katowicach. Przewodnicząca Studenckiego Koła Naukowego Młodych Edukatorów działającego przy Zakładzie Żywienia Człowieka Katedry Dietetyki Wydziału Zdrowia Publicznego w Bytomiu. Jej zainteresowania koncentrują się na zagadnieniach związanych z kształtowaniem prawidłowych zachowań żywieniowych wśród różnych grup ludności oraz psychologii żywienia.

Jędrzejowska, Katarzyna, lekarz medycyny, absolwentka Wydziału Lekarskiego w Katowicach Śląskiego Uniwersytetu Medycznego, pracuje w Uniwersyteckim Szpitalu Dziecięcym w Krakowie; od pierwszych lat studiów aktywnie uczestniczyła w pracach naukowo-badawczych Studenckiego Koła Naukowego. Obecnie przygotowuje rozprawę doktorską w Zakładzie Żywienia Człowieka Katedry Dietetyki Śląskiego Uniwersytetu Medycznego w Katowicach. W obszarze jej zainteresowań badawczych znajduje się tematyka przemian metabolicznych w hodowlach komórkowych in vitro, a także biochemia żywienia człowieka i dietetyki.

Kardas, Marek, dr inż., technolog żywności i żywienia człowieka; kierownik Zakładu Technologii i Oceny Jakości Żywności Katedry Dietetyki Wydziału Zdrowia Publicznego Śląskiego Uniwersytetu Medycznego w Katowicach; autor licznych publikacji naukowych polskich oraz zagranicznych; aktualne zainteresowania naukowo-badawcze związane są z zagadnieniami dotyczącymi sensorycznej oceny jakości żywności ze szczególnym uwzględnieniem produktów zawierających dodatki bioaktywne i prozdrowotne.

Kastura, Anna, magistrantka Wydziału Nauk o Zdrowiu Śląskiego Uniwersytetu Medycznego w Katowicach.

Kiciak, Agata, dr n. med., pracownik Zakładu Technologii i Oceny Jakości Żywności Katedry Dietetyki Wydziału Zdrowia Publicznego Śląskiego Uniwersytetu Medycznego w Katowicach; współautor 35 publikacji naukowych (artykułów, rozdziałów, książek), głównym tematem zainteresowań badawczych jest ocena sposobu żywienia oraz nawyków żywieniowych różnych grup populacyjnych oraz ocena wiedzy konsumenckiej w zakresie problematyki zdrowotnej żywności.

Kukielczak, Anna, mgr – doktorantka Katedry i Zakładu Medycyny i Epidemiologii Środowiskowej, Śląskiego Uniwersytetu Medycznego w Katowicach Wydziału Lekarskiego z Oddziałem Lekarsko-Dentystycznym w Zabrzu, autorka kilkunastu publikacji naukowych o tematyce promocji zdrowia oraz jakości życia pacjentów w różnych jednostkach chorobowych, głównym tematem zainteresowań badawczych są kampanie społeczne dotyczące promocji zdrowia oraz jakość życia pacjentów.

Leszczyńska, Katarzyna D., dr n. med., pracownik Katedry Pielęgniarstwa, Zakładu Promocji Zdrowia i Pielęgniarstwa Środowiskowego Wydziału Nauk o Zdrowiu w Katowicach Śląskiego Uniwersytetu Medycznego w Katowicach; autorka 80 publikacji naukowych (książek, artykułów, rozdziałów), głównym tematem zainteresowań w pracy badawczej jest przestrzeganie praw pacjenta podczas hospitalizacji szczególnie w odniesieniu do kobiet a także tematyka związana z jakością życia pacjentów z różnymi problemami zdrowotnymi.

Łabuś, Paulina, mgr fizjoterapii, absolwentka Wydziału Nauk o Zdrowiu w Katowicach Śląskiego Uniwersytetu Medycznego w Katowicach, główny temat zainteresowań pracy badawczej wiąże się z czynnie wykonywanym zawodem, autorka w przebiegu pracy zawodowej prowadzi rehabilitację osób z różnymi problemami zdrowotnymi, dającymi wieloletnie powikłania.

Maciejewska-Paszek, Izabela U., dr n farm., Zakład Promocji Zdrowia i Pielęgniarstwa Środowiskowego Katedra Pielęgniarstwa Wydziału Nauk o Zdrowiu Śląskiego Uniwersytetu Medycznego w Katowicach; autor około 40 publikacji i doniesień naukowych (artykułów, rozdziałów), głównym tematem zainteresowań badawczych są badania wskaźnika ketonowego (AKBR), jako determinanta sprawności metabolicznej wątroby, oznaczanie leptyny i greliny w różnych stanach klinicznych i otyłość u dzieci jako problem społeczny, zdrowotny i leczniczy.

Niebrój, Lesław T., dr hab. n. hum., kierownik Katedry Filozofii i Nauk Humanistycznych Wydziału Nauk o Zdrowiu Śląskiego Uniwersytetu Medycznego w Katowicach; autor około 200 publikacji naukowych (książek, artykułów, rozdziałów), głównym tematem zainteresowań badawczych są dylematy etyczne związane z uzyskiwaniem świadomej zgody pacjenta zwłaszcza w odniesieniu do tzw. grup szczególnie podatnych na wykorzystanie (*vulnerable subjects*) oraz zagadnienia z zakresu meta-bioetyki.

Nieć, Joanna M., magister Zdrowia Publicznego, specjalność Zdrowie Środowiskowe, pracownik Zakładu Zdrowia Środowiskowego Wydziału Zdrowia Publicznego w Bytomiu Śląskiego Uniwersytetu Medycznego w Katowicach; autor publikacji naukowych, a także uczestnik konferencji oraz autor i współautor doniesień naukowych; do głównych obszarów zainteresowań badawczych należą: zdrowie środowiskowe, promocja zdrowia, bezpieczeństwo żywności.

Osowski, Marcin, mgr dietetyki, doktorant Wydziału Zdrowia Publicznego Śląskiego Uniwersytetu Medycznego w Katowicach, głównym tematem zainteresowań badawczych jest analiza składu ciała oraz wpływ substancji bioaktywnych zawartych w kawie na proces nowotworowy w komórkach raka jelita grubego *in vitro*.

Pietrowska, Monika, magister dietetyki, absolwentka Wydziału Zdrowia Publicznego Śląskiego Uniwersytetu Medycznego w Katowicach. Interesuje się tematyką zdrowego odżywiania.

Pilch, Patrycja, magister dietetyki, absolwentka Wydziału Zdrowia Publicznego Śląskiego Uniwersytetu Medycznego w Katowicach.

Podsiadło, Beata, dr n. o zdrowiu, wykładowca w Zakładzie Propedeutyki Położnictwa Wydziału Nauk o Zdrowiu Śląskiego Uniwersytetu Medycznego w Katowicach; autor około 83 publikacji naukowych (książek, artykułów, rozdziałów), głównym tematem zainteresowań badawczych jest opieka okołoporodowa nad matką i noworodkiem, kobietą w różnych okresach życia, ochrona zdrowia pracowników medycznych oraz jakość usług medycznych w systemie ochrony zdrowia

Polaniak, Renata, dr hab. n. med. w zakresie biologii medycznej, adiunkt w Zakładzie Żywienia Człowieka Katedry Dietetyki Śląskiego Uniwersytetu Medycznego w Katowicach; w obszarze jej zainteresowań naukowych znajdują się przemiany biochemiczne w organizmach żywych; w swoich pracach badawczych zajmuje się tematyką przemian metabolicznych układu prooksydacyjno/antyoksydacyjnego m.in. w hodowlach komórkowych in vitro, również w połączeniu z biochemią żywienia człowieka i dietetyki.

Preidl, Katarzyna, mgr, absolwentka kierunku dietetyka na Wydziale Zdrowia Publicznego Śląskiego Uniwersytetu Medycznego w Katowicach; członek Polskiego Towarzystwa Dietetyki.

Rydelek, Jagoda S., mgr, nauczyciel akademicki Zakładu Promocji Zdrowia Katedry Dietetyki Śląskiego Uniwersytetu Medycznego w Katowicach; autor programów edukacyjnych z zakresu dietetyki realizowanych na terenie woj. śląskiego i opolskiego; zainteresowania badawcze dotyczą oceny sposobu żywienia, szacowania wielkości porcji oraz edukacji żywieniowej.

Serzysko, Bogusława, dr n. ekonomicznych, Śląskie Centrum Chorób Serca w Zabrzu Katedra Kardiologii Wad Wrodzonych Serca i Elektroterapii z Oddziałem Kardiologii Dziecięcej Śląskiego Uniwersytetu Medycznego w Katowicach; autor około 73 publikacji naukowych (książek, artykułów, rozdziałów), głównym tematem zainteresowań badawczych jest jakość usług medycznych w systemie ochrony zdrowia, opieka okołoporodowa nad matką i noworodkiem oraz ochrona zdrowia pracowników medycznych

Stanuch, Beata, absolwentka studiów licencjackich, obecnie studentka studiów II stopnia na kierunku dietetyka Śląskiego Uniwersytetu Medycznego w Katowicach. Członek Studenckiego Koła Naukowego Młodych Edukatorów działającego przy Zakładzie Żywienia Człowieka Katedry Dietetyki Wydziału Zdrowia Publicznego w Bytomiu. Jej zainteresowania koncentrują się na zagadnieniach związanych z nawykami żywieniowymi, poziomem wiedzy żywieniowej oraz propagowaniem wiedzy dotyczącej prawidłowego odżywiania.

Szczepańska, Elżbieta, dr n. med., pracownik naukowo-dydaktyczny Zakładu Żywienia Człowieka Katedry Dietetyki Wydziału Zdrowia Publicznego w Bytomiu, Śląskiego Uniwersytetu Medycznego w Katowicach, członek Polskiego Towarzystwa Dietetyki; autorka wielu publikacji naukowych z zakresu oceny sposobu żywienia różnych grup ludności, jej zainteresowania naukowe koncentrują się na zagadnieniach związanych z żywieniem człowieka zdrowego, dietoterapią oraz edukacją i poradnictwem żywieniowym.

Szczerba, Henryk., dr n med. specjalista chirurg, Dyrektor Szpitala MSW w Katowicach, Zakład Promocji Zdrowia i Pielęgniarstwa Środowiskowego Katedra Pielęgniarstwa Wydziału Nauk o Zdrowiu Śląskiego Uniwersytetu Medycznego w Katowicach; autor około 20 publikacji i doniesień naukowych (artykułów, rozdziałów), głównym tematem zainteresowań badawczych jest medycyna ratunkowa.

Szeja, Nicola, dietetyk kliniczny, studentka studiów II stopnia na kierunku dietetyka Śląskiego Uniwersytetu Medycznego w Katowicach. Członek Studenckiego Koła Naukowego Młodych Edukatorów działającego przy Zakładzie Żywienia Człowieka Katedry Dietetyki Wydziału Zdrowia Publicznego w Bytomiu. Jej zainteresowania koncentrują się na zagadnieniach związanych z edukacją żywieniową, żywieniem sportowców oraz zaburzeniami odżywiania.

Wanat, Gabriela, mgr, dietetyk; wykładowca w Katedrze Dietetyki, Wydziału Zdrowia Publicznego Śląskiego Uniwersytetu Medycznego w Katowicach; dyplomowany menadżer projektów badawczych; autor publikacji i rozdziału podręcznika o tematyce edukacji żywieniowej; tematy zainteresowań to skład ciała ze szczególnym uwzględnieniem tkanki tłuszczowej i jej rozmieszczenia w organizmie człowieka oraz zagadnienia dotyczące *food science*

Więckowska, Monika, studentka kierunku dietetyka Śląskiego Uniwersytetu Medycznego w Katowicach. Jej zainteresowania to żywienie dzieci zdrowych i chorych oraz dietoterapia nadwagi i otyłości.

www.ingramcontent.com/pod-product-compliance
Lightning Source LLC
Chambersburg PA
CBHW080916170526
45158CB00008B/2129